新工科 · 建筑信息化BIM应用系列教材

BIM 土建建模及应用

主　编　麻文娜
副主编　岳亚锋　王彩雪

西安交通大学出版社
XI'AN JIAOTONG UNIVERSITY PRESS
国家一级出版社
全国百佳图书出版单位

内容简介

本书较为系统地介绍了 BIM 土建建模的相关内容，其中侧重 BIM 建模原理、流程、基于不同专业特点及需求的建模操作等知识的讲解，相对弱化了单纯的软件介绍，本书还配有学习视频。

本书分为三个模块，共 5 章内容。模块一为基础概述（第 1 章），主要介绍 BIM 概述、建模规范及建模流程等。模块二为建模实操（第 2、3、4 章），其中，第 2 章主要介绍图元的创建方法，即族与体量的相关内容；第 3 章主要介绍结构模型创建，即结构相关专业知识及模型创建方法；第 4 章主要介绍建筑模型创建，即建筑相关专业知识及模型创建方法。模块三为模型应用（第 5 章），主要介绍已创建的建筑、结构模型的协同及成果输出等。

本书可作为高等院校 BIM 建模相关课程的配套教材，也可作为 BIM 建模基础的培训教材或相关从业人员 BIM 入门自学的参考用书。

图书在版编目(CIP)数据

BIM 土建建模及应用 / 麻文娜主编. —西安：西安交通大学出版社，2021.1(2022.12 重印)
ISBN 978-7-5693-2104-3

Ⅰ. ①B… Ⅱ. ①麻… Ⅲ. ①土木工程-建筑设计-计算机辅助设计-应用软件-教材 Ⅳ. ①TU201.4

中国版本图书馆 CIP 数据核字(2021)第 016686 号

书　　名 BIM 土建建模及应用
主　　编 麻文娜
责任编辑 祝翠华
责任校对 王建洪

出版发行 西安交通大学出版社
（西安市兴庆南路 1 号　邮政编码 710048）
网　　址 http://www.xjtupress.com
电　　话 (029)82668357　82667874(市场营销中心)
(029)82668315(总编办)
传　　真 (029)82668280
印　　刷 西安五星印刷有限公司

开　　本 787mm×1092mm　1/16　**印张** 13　**字数** 363千字
版次印次 2021 年 1 月第 1 版　2022 年 12 月第 3 次印刷
书　　号 ISBN 978-7-5693-2104-3
定　　价 39.80元

如发现印装质量问题，请与本社市场营销中心联系、调换。
订购热线：(029)82665248　(029)82667874
投稿热线：(029)82664840
读者信箱：BIM_xj@163.com

前 言

目前，信息化是建筑产业现代化的主要特征之一，BIM 技术应用作为建筑业信息化的重要组成部分，极大地促进了建筑领域生产方式的变革。从 2011 年 5 月住房和城乡建设部在《2011—2015 年建筑业信息化发展纲要》中正式提出加快推进建筑信息化开始，国家、各级地方政府及建筑企业陆续从不同层面、不同角度提出了推进建筑信息化的政策、目标及落地措施。但是，随着 BIM 的大力推广和普及，企业对 BIM 人才的需求旺盛，而目前市场 BIM 人才缺乏，尤其既懂专业又掌握 BIM 技术的人才更缺乏。BIM 人才的短缺已成为制约我国建筑行业 BIM 技术应用的瓶颈。

为进一步推动 BIM 技术的落地推广，培养 BIM 专业应用人才，编者希望通过本书使读者对 BIM 理念、BIM 建模的规范、流程及建模技能有一定的理解，并对创建的 BIM 模型应用有一定的认知。本书对 BIM 土建建模相关内容进行了系统介绍，并侧重 BIM 建模原理、流程、基于不同专业特点及需求的建模技能的讲授，结合实际工程案例淡化了枯燥的软件操作，并配套学习视频，方便读者随时查看学习。BIM 建模离不开建模软件，本书以房建领域主流的 Revit 软件为主要建模工具，旨在通过软件工具的介绍使读者更加清晰地了解 BIM 模型的生成过程、不同专业模型的区别及协同，以及建模过程及应用环境方面应注意的事项。

本书分为三个模块，共 5 章内容。模块一为基础概述(第 1 章)。该部分主要介绍 BIM 概述、建模规范及建模流程等知识。该模块内容旨在让读者对 BIM 本身有一个宏观的认识，对 BIM 建模工作建立框架意识，理解建模的意义，为下一步建模打好基础。模块二为实操建模(第 2、3、4 章)。其中，第 2 章主要介绍族与体量的知识。族是 Revit 建模的基础和核心，通过对族与体量创建方法的介绍使读者掌握各类图元的生成过程，以便更好地辅助读者对后续专业模型创建原理的理解及应用。第 3 章主要介绍结构模型创建，具体内容包括结构与建筑模型在专业层面、创建内容等方面的区别，结构基础、柱、墙、梁、板、钢支撑与桁架以及钢筋等结构构件的创建方法，相关插件介绍等。第 4 章主要介绍建筑模型创建，具体内容包括创建建筑模型的方法和步骤、建筑模型各类构件的创建方法以及最终形成整体模型的过程、场地及房间的布置等。模块三为模型应用(第 5 章)。该部分主要介绍视图的创建和调整、出图、工程数据统计、建筑模型的表现、Revit 模型之间的协同等内容。通过这一部分的学习，读者可以掌握 Revit 模型的应用及操作流程，从而更好地解决相关工程项目的实际问题。

目前，国内大部分高校的土建类相关专业都以必修或选修的方式开设了 BIM 建模基础等相关课程。本书的编写团队具有 5 年以上 BIM 相关课程的教学经验，并承担过许多大型工程项目的建模工作，指导的学生在国内众多BIM大赛中屡次获奖。因此，编者建议可将此书作为各类学校的“BIM建模基础”“建筑信息化建模”等课程的教学教材，以及BIM相关培训教材和土建类专业技术人员自学参考书。同时，根据编写团队经验，建议此类课程教学切忌以纯软件技能教学为主，可结合学生专业背景以真实项目任务为导向，以项目图纸为载体，以构件建模为抓手，以小组协作为推进方式完成主体模型创建，最终以成果汇报、行业专家点评等多维度评价方式考核，侧重考查建模原理、BIM思维及模型应用等方面的理解。

本书由西安欧亚学院麻文娜担任主编，西安欧亚学院岳亚锋和王彩雪担任副主编，具体分工如下：麻文娜编写第1章、第2章和第5章，岳亚锋编写第3章，王彩雪编写第4章，最后由麻文娜统稿并审核。在此感谢西安欧亚学院徐立博、任建宏为本书提供的部分素材。

BIM作为推动建筑行业发展的新思维、新技术，其自身正处于发展阶段，BIM模型创建无论从方法手段还是软件版本都在不断更新中，加之作者水平有限，编写时间仓促，书中难免存在不尽完善之处，衷心希望广大读者批评指正。

编　者

2021年1月

目　录

模块一　基础概述

模块二　建模实操

模块一　基础概述

第 1 章　BIM 建模概述

本章学习内容

本章主要对 BIM 的相关概念、BIM 建模以及 BIM 软件等相关内容进行概述，包括 BIM 与模型的关系、BIM 与软件的关系、BIM 模型创建的基本规范、Revit 软件与 BIM 的关系、Revit 软件概述、BIM 模型创建基本流程和模型基准体系创建等内容。通过本章学习，读者可对 BIM 模型的基本概念和基本流程有所了解，为后续章节的学习打下基础。

本章学习目标

了解 BIM 的概念、BIM 与模型的关系、BIM 与软件的关系，理解 BIM 模型创建的基本规范和建模流程，掌握 Revit 软件创建模型基准体系的构建方法及其应用。

1.1　BIM 概述

1.1.1　BIM 与模型

BIM 可译为建筑信息模型(building information modeling)或建筑信息管理(building information management)，即在工程项目的规划设计、建造施工、运营维护的整个或者某个阶段中，应用信息技术(3D，4D，…，nD)进行系统设计、协同施工、虚拟建造、工程量计算、造价管理、设施运维的技术和管理手段。BIM 具有可视化、协调性、模拟性、优化性和可出图性五大特点。BIM 应用项目通过其外在可视化、内在信息传递共享性的技术手段，实现全专业上下游的协同和全过程的虚拟建造，最终达到对项目精细化管理"降本增效"的目标。

提到 BIM 总是离不开模型，BIM 的初始定义就是从建筑信息模型开始，模型是 BIM 技术实施全过程的可视化表达，是信息传递的载体，是专业协同的媒介，是 BIM 实施过程的成果；模型在 BIM 技术应用和最终目标实现中起着重要的作用。BIM 模型创建是 BIM 规划之后具体实施的第一步，BIM 建模能力也是 BIM 技术人员最基础的要求。但需注意，此处的模型指的是信息模型，是承载了 BIM 应用目标实现所需的各阶段信息的模型。这个模型不是静态的，而是随着建筑生命周期的不断发展而逐步演进、丰富的，从前期的初步方案到详细设计、施工图设计、建造和运营维护等各个阶段的信息都可以不断集成到这个模型之中。因此，可以说 BIM 模型就是真实建筑物在电脑中的数字化记录，它是工程建设全过程的"数字化模型"。如图 1-1 所示，BIM 信息模型中的任意一个构件(以墙体为例)，在建模过程中可根据应用要求添加所需要的所有信息，包括位置信息、结构信息、尺寸信息、后期分析所需的物理信息及运维信息，并且利用这些信息可以自动统计模型的实物工程量。

我们所熟知的模型中较多的是三维立体几何模型(见图 1-2)，这类模型虽然也体现了一定的建筑信息，但其承载的信息量有限，并且是静态的、不可传递的，这样的模型只能起到可视化表达的作用，无法提供工程设计阶段、施工阶段及维护管理阶段所需的全部信息(如：施工阶段的工程项目施工顺序、项目起讫时间、施工成本控制和管理及材料采购控制管理，还有后期维护管理阶段的设施管理等相关信息)。所以 BIM 模型需要的是在三维立体几何模型基础之上更多维度的信息。当然并不是 BIM 模型信息量越大越好,如果这样反而导致建模的过程耗时耗力,并且信息越多模型存储量也会越大,所以适度建模是 BIM 建模的基本原则,即根据 BIM 应用目标确定模型精度和信息量的范围。

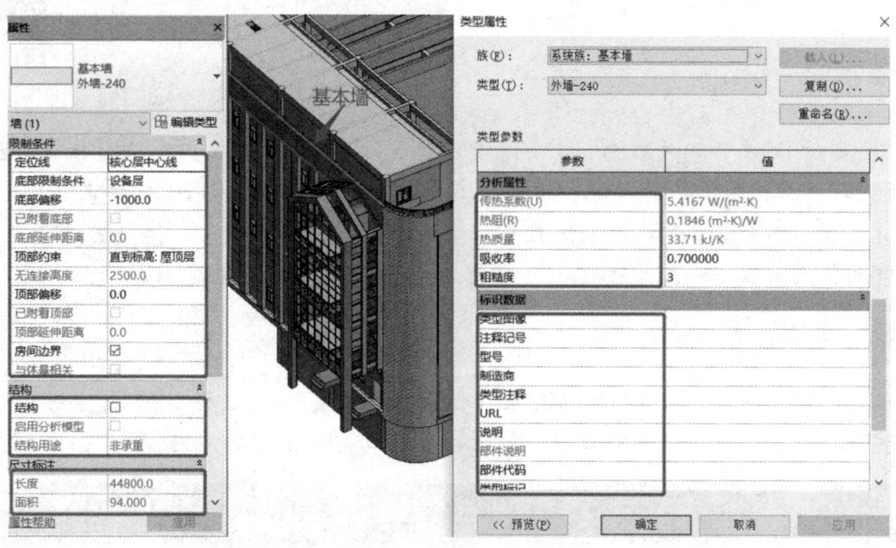

图 1-1　BIM 信息模型

图 1-2　传统的三维立体几何模型(此图片来源于网络)

根据模型建立及应用阶段的不同,BIM 模型可以分为方案阶段模型、设计阶段模型、施工阶段模型、竣工模型以及交付使用后的运维模型。根据专业的不同,BIM 模型可分为建筑 BIM 模型、结构 BIM 模型、幕墙 BIM 模型、水暖电 BIM 模型、施工措施 BIM 模型等。不同阶段、不同专业的 BIM 模型所体现的信息量是不同的,用处也不同。不是建设项目的每一条信息都有必要放到 BIM 模型中,决定 BIM 模型应该包含哪些元素的判断条件是这些元素是否为 BIM 应用目标所必需的。因为上游 BIM 模型的输出直接影响下游的 BIM 应用,所以 BIM 规划团队需要根据下游的应用目标确定上游 BIM 模型的信息量和精度,以及哪些信息在什么时候由哪一个参与方创建。

1.1.2　BIM 与软件

BIM 应用目标的实现需要一系列的软件,但 BIM 不是软件。软件是实现 BIM 理念的主要工具,不同对象、不同阶段、不同目标选择不同的软件。没有最好的软件只有最适合某一阶段BIM目标完成的软件,软件的选择除考虑它的适用性还需要兼顾通用性,即上下游数据的交互性、经济性等因素。

目前市面上的BIM软件种类繁多,大约有上百种,每一种软件都有其优势,但又无法满足所有项目各阶段要求,所以工程建设中的BIM团队需要根据项目特点和企业情况选择合适的BIM软件。BIM软件按照应用阶段不同,有BIM建模类软件、BIM建筑方案设计软件、BIM结构分析类软件、BIM可视化类软件、BIM模型综合碰撞检查类软件、BIM造价管理软件、BIM运营软件和平台管理类软件。在每个阶段的应用中会用到国内外多款软件,在此笔者将其划分为以下三大类。

1.以建模为主辅助设计的基础类软件

BIM的成熟发展阶段一定是设计牵头的BIM正向设计,设计方的BIM模型向后传递,但现阶段建筑行业的BIM发展还处于二维设计与BIM设计的过渡阶段,相当一部分项目在BIM实施中还采取的是"专业团队+BIM辅助团队"模式。BIM基础软件就是常规的以建模为主的软件,通过建模过程中基础信息的添加,为下游BIM应用软件提供可使用的BIM数据,同时辅助设计方案的优化。以单专业为例,通过基于BIM的建筑设计软件创建的建筑模型,该模型可导入后期的能耗分析软件、日照分析软件等BIM应用软件。在多专业协作中,如建筑、结构专业的基础模型可导入机电深化类BIM应用软件中,从而辅助机电管线优化。目前基础类软件主要是美国Autodesk公司的Revit系列软件,它包括建筑、结构和机电三个专业,由于专业比较全、各专业模型之间可无缝对接,再加上软件本身的功能优势,Revit系列软件使用比较普遍。美国Bentley系列软件也属于全专业的软件,主要在工业和基础设施(道路、桥梁、市政、水利等)领域比较有优势。匈牙利GRAPHISOFT公司的Archicad软件在建筑专业领域优势突出,法国Dassault systèmes公司的CATIA在建筑复杂形体建模的表现能力和信息管理能力等方面都具有明显优势。在钢结构专业方面,美国Trimble公司的Tekla系列软件应用较多。在机电专业方面,日本的莱辅络公司的Rebro软件应用较多。为了更高效地建模以及实现软件本土化,国内很多企业也开发了以上这些建模软件的插件,以辅助用户更高效精准地建模。

2.以提高单业务点工作效率为主的BIM工具类软件

BIM工具软件是基于上游BIM模型数据开展提高单业务点工作效率的应用软件。比如美国Autodesk公司的Ecotect软件、国内的斯维尔软件等,这些软件可通过导入前期的建筑模型进行建筑专业的绿色节能分析;Autodesk Navisworks应用类软件可通过导入前期模型进行碰撞检查及进度模拟等;广联达造价软件可通过模型导入进行相关成本工程量计算的应用。这些工具类软件根据单业务点需求不同可划分为不同的类型,在软件选择时除考虑其专业表现之外,数据能否完整准确的传递也是需要考虑的重要因素。

3.以协同和集成应用为主的BIM平台类软件

BIM平台类软件可以实现对各类BIM数据的有效管理,以便支持建筑全生命周期的数据共享。该类软件支持工程项目的多参与方及各专业的工作人员之间通过统一的平台实时更新数据、实时共享辅助管理。目前这类软件较多地应用在项目的不同阶段,国外的此类软件有Autodesk公司的BIM 360 Glue、Bentley公司的ProjectWise、GRAPHISOFT公司的BIM Server等,设施管理方面的如美国的ARCHIBUS等;国内的有译筑信息科技(上海)有限公司的 EBIM 平台、中国建筑科学研究院建研科技股份有限公司的 PBIMS 平台、广联达科技股份有限公司及上海鲁班软件股份有限公司的 5D 平台等，这些平台软件都试图让更多参与方加入，汇聚更多阶段数据，从而实现协同管理的目标。

1.2 BIM 建模规范

BIM 模型是整个 BIM 应用过程的基础，所有的 BIM 应用都是基于 BIM 模型开展的。BIM 应用的核心是协同，协同体现在 BIM 应用的全过程，最基础的 BIM 建模也不例外。一个项目中各阶段的 BIM 模型、同一阶段各专业的 BIM 模型、同一阶段同一专业的模型一般都需要不同人员甚至不同团队协同完成，为实现多用户不同专业间在同一项目上的协作，各阶段不同专业建模人员需要按照一定的规范和标准去执行，以方便模型在各阶段的传递与应用。

理论上模型产生应该经过如下流程：首先由设计单位基于正向设计完成全专业 BIM 设计模型，并提交给施工单位；在施工阶段，施工单位在设计模型的基础上，完成基于设计模型的深化设计及施工过程信息的添加，形成施工 BIM 模型；在竣工阶段，施工单位进行最终竣工及相关设施信息的添加，形成 BIM 竣工模型并交付给业主；在运维阶段，业主或运维单位在竣工模型基础上，制订项目运营维护计划和空间管理方案，进行应急预案制订和人流疏散分析，随时查阅检索机电设备信息进行运维管理。然而，由于目前 BIM 推进还处在初期阶段，项目参与各方对 BIM 的认识和应用深度不同，在具体实施中受到多重因素制约，按照上述理想的流程形成各阶段 BIM 模型的项目并不多。实际 BIM 模型的来源较为复杂，有设计单位提供的设计模型，有 BIM 咨询单位提供的各阶段模型，还有施工单位自行创建的模型。模型的质量直接决定 BIM 应用的优劣，不论来自哪种渠道的模型，都需要遵守约定的建模规范才能保证模型质量，这是 BIM 各阶段应用的基础。

建模规范约定的维度、内容和深度根据企业、项目情况不同也会有所差别，一般包括模型深度的规定、单位和坐标的规定、建模依据、模型拆分规定、各专业项目文件命名规定、各专业模型构件命名规定、各专业模型族类型命名规定、模型色彩规定、BIM 建模管控要点等要求，以及关于协同建模中协同方式及工作集拆分原则等内容的约定。

1.2.1 模型深度

BIM 模型是 BIM 实施的基础，所有的 BIM 应用都是基于模型完成的，所以在建模之初就需要根据应用要求确定各阶段不同专业的建模深度，即明确哪些信息需要在建模中体现及体现到何种程度。建模的总原则就是既要满足应用需求，又要避免过度建模。

模型深度不够会导致信息不足，细节度过高又会导致模型的操作效率低下。因此，需要明确规定项目模型的细化程度，以便达到此程度后即可停止建模，转向 2D 详图工作，准备出图。在完善模型的同时，可以使用 2D 线条来改善 2D 视图的效果，同时不过度增加硬件需求，尽量多地使用详图和增强技术，在不牺牲模型完整性的前提下，尽可能地降低模型的复杂度。

1.模型深度等级划分

美国建筑师协会(American Institute of Architects，AIA)为了规范 BIM 参与各方及项目各阶段的界限，在 2008 年提出了 LOD 的概念。模型深度即模型的详细程度，国际上通用 LOD(level of details)等级来体现模型详细程度。LOD 共分为 LOD100、LOD200、LOD300、LOD400 和 LOD500 等五个等级，LOD 数值越高代表模型越细致，因此 LOD 也可理解为“level of development”的简称。它描述了 BIM 模型构件单元从最低级的近似概念化的程度发展到最高级的演示级精度的步骤。LOD 具体的每个等级常用的阶段和详细描述见表 1-1。

表 1-1　模型深度等级划分及详细描述

模型深度	阶段	信息描述
LOD100	概念设计	模型通常为表现建筑整体类型分析的建筑体量，包括基本形状、粗略的尺寸等，能表达清楚基本位置关系即可
LOD200	方案及扩初设计	模型可用于方案表达，包含能够反映物体本身大致的几何特性的参数，如大小、形状、数量、位置以及方向近似几何尺寸，主要外观尺寸不得变更，细部尺寸可调整，构件宜包含几何尺寸、材质、产品基本信息等
LOD300	施工图设计	模型可用于成本估算以及施工协调，包括碰撞检查、施工进度计划以及可视化；模型中物体的主要组成部分必须在几何上表述准确，能够反映物体的实际外形，保证不会在施工模拟和碰撞检查中产生错误判断；构件应包含几何尺寸、材质、产品基本信息等；模型包含信息量与施工图设计完成时的 CAD 图纸上的信息量应该保持一致
LOD400	施工及加工制造	模型可以用于模型单元的加工和安装，应当包括详细的模型实体、最终确定的模型尺寸；能够根据该模型进行构件的加工制造；构件除包括几何尺寸、材质产品信息外，还应附加模型的施工信息，包括生产、运输、安装等方面；此模型常被专门的承包商和制造商用于加工和制造项目的构件，包括水电暖系统
LOD500	竣工及运维	模型将作为中心数据库整合到建筑运营和维护系统中，除最终的基本信息外，还需包含业主 BIM 模型提交说明里制订的完整的构件参数和属性；还应包括其他竣工资料提交时所需的信息，具体应包括工艺设备的技术参数、产品说明书/运行操作手册、保养及维修手册、售后信息等

在 BIM 实际应用中，首要任务就是根据项目的不同阶段以及项目的具体目的来确定 LOD 的等级，根据不同等级所概括的模型精度要求来确定建模精度，这样的划分使 BIM 应用有据可循。当然在实际应用中，根据项目目标的不同，LOD 在应用过程中可以适当调整。

表 1-1 从项目应用阶段的角度描述了不同 LOD 模型应包含的信息，表 1-2 详细列出了建筑专业建模过程中不同等级模型需要体现的信息，表 1-3 详细列出了结构专业建模过程中不同等级模型需要体现的信息(摘自《建筑工程设计信息模型交付标准》)。

表 1-2　建筑专业 BIM 模型精度标准

构件	详细等级(LOD)				
	100	200	300	400	500
场地	有高差的场地布置	简单的场地布置(部分构件用体量表示)	按图纸尺寸准确建模	按图精确建模(景观、人物、植物、道路贴近真实)	赋予各构件的参数信息
墙	包含墙体物理属性(长度,厚度,高度及表面颜色)	增加材质信息,含粗略面层划分	包含详细面层信息,材质附节点图	墙材、材质供应商信息、材质价格	产品运营信息(厂商,价格,维护等)
散水	不表示	表示	表示	表示	表示

续表

构件	详细等级(LOD)				
	100	200	300	400	500
幕墙	表示体现方案意图	嵌板加分格	具体的竖梃截面,有连接构件	幕墙与结构连接方式	幕墙与结构连接方式及厂商信息
建筑柱	尺寸,高度	带装饰面,材质	带参数信息	柱材质供应商信息,材质价格	物业管理详细信息
门、窗	同类型的基本族	按实际需求插入门、窗	门窗大样图,门窗详图	门窗及门窗五金件的厂商信息	门窗的厂商信息,物业管理信息
屋顶	悬挑、厚度、坡度	加材质、檐口、封檐带、排水沟	节点详图	屋顶材质供应商信息,材质价格	屋顶材质供应商信息,物业管理信息
楼板	物理特征(坡度、厚度、材质)	楼板分层,降板,洞口,楼板边缘	楼板分层、降板、洞口、楼板边缘、楼板材质信息	楼板材质供应商信息,材质价格	楼板材质供应商信息,材质价格,物业管理信息
天花板	用一块整板代替,只体现边界	厚度,局部降板,准确分割,并有材质信息	龙骨、预留洞口、风口等,带节点详图	天花板材质供应商信息,材质价格	天花板材质供应商信息,材质价格,物业管理信息
楼梯(含坡道、台阶)	几何形体	详细建模有栏杆	楼梯详图	参数信息	运营信息、物业管理全部参数信息
电梯(直梯)	电梯门,带简单二维符号表示	详细的二维符号表示	节点详图	电梯厂商信息	运营信息,物业管理全部参数信息
家具	不表示	简单布置	详细布置加上二维表示	家具厂商信息	运营信息,物业管理参数信息

表 1-3 结构专业 BIM 模型精度标准

构件	详细等级(LOD)				
	100	200	300	400	500
混凝土结构柱	大概尺寸	材质与类型,精确尺寸	材质与类型,精确尺寸	材质与类型,精确尺寸	实际安装的柱模型
混凝土结构梁	大概尺寸	材质与类型,精确尺寸	材质与类型,精确尺寸	材质与类型,精确尺寸	实际安装的梁模型
预留洞	大概尺寸	精确尺寸,标高信息	精确尺寸,标高信息	精确尺寸,标高信息	实际预留洞口

续表

构件	详细等级(LOD)				
	100	200	300	400	500
剪力墙	大概尺寸	墙体的类型、精确厚度、尺寸	墙体的类型、精确厚度、尺寸	墙体的类型、精确厚度、尺寸	实际安装的墙体模型
楼梯	楼梯的基本尺寸、形状	楼梯的类型、精确厚度、具体形状	楼梯的类型、精确厚度、具体形状	楼梯的类型、精确厚度、具体形状	实际安装的楼梯模型
楼板	大致厚度	精确厚度、楼板类型	精确厚度、楼板类型	精确厚度、楼板类型	实际安装的楼板模型
基坑	大致形状、尺寸、位置	精确形状、尺寸、坐标位置	精确形状、尺寸、坐标位置	精确形状、尺寸、坐标位置	实际安装的模型

2.模型深度划分的意义

模型深度的划分使 BIM 应用有据可循,具体体现在以下两个方面。

(1)有助于确定模型阶段的输出结果。

随着设计模型的不断完善和深化,不同的模型构件单元会在不同阶段从一个 LOD 等级提升到下一等级。例如,在传统的项目设计中,大多数的构件单元在施工图设计阶段完成时需要达到 LOD300 的等级,同时在施工阶段中的深化施工图设计阶段大多数构件单元会达到 LOD400 的等级。但是有一些单元,例如墙面粉刷,则始终不会超过 LOD100 的层次,即粉刷层实际上是不需要建模的,它的造价以及其他属性都附着在相应的墙体中。

(2)方便任务分配。

在三维表现之外,BIM 模型构件单元实际包含大量的信息,这些信息是由多个参与方提供的。例如,一面三维的墙体可能是建筑师创建的,但是总承包方要提供造价信息,暖通空调工程师要提供保温层信息,隔声承包商要提供隔声值的信息,等等。为了解决信息输入多样性的问题,美国建筑师协会文件委员会提出了"模型单元作者"的概念,该作者需要负责创建三维构件单元,但是并不一定需要为该构件单元添加其他非本专业的信息。在一个传统项目流程中,模型单元作者的分配基本上是和设计阶段一致的。设计团队会一直将建模进行到施工图设计阶段,而分包商和供应商将会完成需要的施工图建模深化工作。然而,在一个综合项目交付的项目中,任务分配的原则是"交给最好的人",因此在项目设计过程中不同的进度点会发生任务的切换。例如,暖通空调的分包商可能在施工图设计阶段就将作为模型单元作者来负责管道方面的设计建模工作。

1.2.2 模型拆分及协同

实际项目的 BIM 模型都是根据专业、区域的不同,由不同人员对模型进行拆分建模,最后再通过软件提供的协同方式整合成完整模型。为了保证模型最终能够顺利整合,在拆分建模时需按照一定的规则进行拆分。拆分的规则与项目特点有很大关系,一般是按照专业、区域及界面三个层面来拆分,同时模型拆分最好由一个人负责整体规划并进行拆分,这样将有利于后期各专业的协同。模型拆分原则见表 1-4。

表 1-4 模型拆分原则

专业	拆分原则	
	区域拆分	界面拆分
结构	按分区、楼号、施工缝	按楼层、结构形式
建筑	按建筑分区、楼号、施工缝	按楼层、建筑构件
机电	按分区、楼号、施工缝	按楼层、系统、子系统

协同设计通常有两种工作模式，即工作集和模型链接。这两种模式各有优缺点，其根本的区别是：工作集模式可以多人在同一个中心文件平台上工作，并同时可以看到其他人的设计模型；而模型链接采用的是独立模型，在设计过程中无法实时协同。虽然工作集是理想的设计模式，但由于工作集模式在软件实现上比较复杂并且要求较高，而模型链接模式相对成熟、性能稳定，尤其是在大型模型的协同工作时，其性能表现优异，因此在实际应用中更为普遍。

1.2.3 项目文件及模型构件命名

为了提升工程项目各阶段工程信息交换的准确性和提取的效率，工程建设的各类文件以及各阶段 BIM 模型构件命名，都需要按照科学的分类和统一的编码标准。建筑工程设计信息模型应根据使用需求，提供足够的分类和编码信息，以保障信息沟通的有效性和流畅性。信息的分类和编码在国外建筑工程行业使用广泛，如美国采用 OmniClass 分类系统和 Masterformat 分类系统，英国采用 UniClass 分类系统。

我国发布的《建筑工程设计信息模型交付标准》(GB/T 51301—2018)，规定建筑设计信息模型及其交付物的命名做如下规定：①文件的命名应包含项目、分区或系统、专业、类型、标高和补充的描述信息，由连字符“-”隔开，如“目代码-分区/系统-专业代码-类型-标高-描述项”这样的规则。②文件的命名宜使用汉字、拼音或英文字符、数字和连字符“-”的组合。③同一项目中，全过程应使用统一的文件命名格式。

2.某项目文件及构件命名的规定示例

(1)各专业项目中心文件命名。

建筑文件名称：项目名称-栋号-建筑。

结构文件名称：项目名称-栋号-结构。

管线综合文件名称：项目名称-栋号-电气(暖通、给排水)。

①项目划分。

建筑、结构专业命名规则：按楼层划分工作集，例如 B01、B02 等。

机电专业命名规则：按照系统和功能等划分工作集，例如送风、空调热水回水等。

②项目视图命名。

A.建筑、结构专业命名。

平面视图命名规则：按照楼层标高划分，例如 B01(−3.500)等。

剖面视图命名规则：按照内容划分，例如 A－A 剖面、集水坑剖面等。

墙身详图命名规则：按照内容划分，例如××墙身详图等。

B.管线综合专业命名。

根据专业系统不同，建立不同的子规程，如通风、空调水、给排水、消防、电气等。每个系统的平面图、详图、剖面视图，放置在其子规程中，且命名按照如下规则。

平面视图命名规则：按照楼层-专业系统/系统划分，例如B01-给排水、B01-照明等。

平面详图命名规则：按照楼层-内容-系统划分，例如B01-卫生间-通风排烟等。

剖面视图命名规则：按照内容划分，例如A－A剖面、集水坑剖面等。

(2)模型详细构件命名。

①建筑专业命名。

建筑柱命名规则：按照层名＋外形＋尺寸命名，例如B01-矩形柱-300×300。

建筑墙及幕墙命名规则：按照层名＋内容＋尺寸命名，例如B01-外墙-250。

建筑楼板或天花板命名规则：按照层名＋内容＋尺寸命名，例如B01-复合天花板-150。

建筑屋顶命名规则：按照内容命名，例如复合屋顶。

建筑楼梯命名规则：按照编号＋专业＋内容命名，例如3＃建筑楼梯。

门窗族命名规则：按照层名＋内容＋型号命名，例如B01-防火门-GF2027A。

②结构专业

结构基础命名规则：按照层名＋内容＋尺寸命名，例如B05-基础筏板-800。

结构梁命名规则：按照层名＋型号＋尺寸命名，例如B01－CL68(2)－500×700。

结构柱命名规则：按照层名＋型号＋尺寸命名，例如B01－B－KZ－1－300×300。

结构墙命名规则：按照层名＋尺寸命名，例如B01-结构墙200。

结构楼板命名规则：按照层名＋尺寸命名，例如B01-结构板200。

以上列出的为常规命名规范，具体实施过程中根据项目特点和实际情况也可适当调整，对一些小型项目，一个模型文件中可能包含该项目的所有内容，这时命名即可简化。当项目模型拆分较细、文件较多、文件命名过长的情况下，其文件命名前缀可适当减少。总之，模型文件命名和模型划分是密不可分的，这就需要在清晰度和管理的有效性之间进行平衡。所以，在项目开始之前，BIM规划方案及实施细则就显得尤为重要。

1.2.4 BIM建模的基本要求

上述主要对建模的基本规范进行了介绍，但在具体每个专业的建模过程中还需要注意以下基本要求。

1.图纸与模型一致

项目各阶段BIM模型需根据项目情况实时更新，以保证BIM模型与所出具的二维图纸保持一致。

2.构件位置关系准确

梁、柱、墙、板位置关系应按照实际情况设置，避免出现构件之间相互重复建模，影响最终模型工程量的统计。虽然软件本身能够自动处理一部分扣减，但需要仔细检查确保构件位置关系的准确性。

3.模型合理

建模过程中需要考虑项目实际情况，而不是仅仅表面上一致。在施工阶段的BIM结构模型中，构件的创建顺序要符合施工流程。如本层的楼板是楼板周边的梁划分的一块一块的楼板，而不是整层通铺的一块楼板；层与层之间同一位置的柱子，需按照本层所在的标高起点和终点逐层创建，而不是一根柱子通到顶层。这些不符合实际情况的模型直接影响下一阶段模型应用的结果。

1.2.5 BIM建模管控要点

在满足建模规范和基本要求的前提下，在建模过程中还应注意以下几点。

(1)在建筑专业方面，要求楼梯间、电梯间、管井、楼梯、配电间、空调机房、泵房的位置，以及换热站管廊的尺寸、天花板的高度等，都必须准确。

(2)在结构专业方面，要求梁、板、柱的截面尺寸和定位尺寸须与图纸一致，管廊内梁底标高需要与设计要求一致，如遇到管线穿梁需要设计方给出详细的配筋图，在BIM模型中列出管线穿梁的节点。

(3)在给排水专业方面，各系统的命名须与图纸保持一致，需要增加坡度的水管按图纸要求建出坡度；系统中的各类阀门须按图纸中的位置加入；有保温层的管线须在模型中设计保温层。

(4)在暖通专业方面，要求各系统的命名须与图纸一致；影响管线综合的一些设备末端须按图纸要求建模，如风机盘管、风口等；暖通水系统建模要求与给排水专业一致。

(5)在电气专业方面，要求各系统名称与图纸一致。

综上所述，BIM模型的成功创建不仅需要建模人员对建模软件熟练掌握，而且需要建模人员具备扎实的专业基础，工程项目具有清晰的BIM应用目标，行业管理部门提出规范统一的建模标准。

1.3 Revit概述

1.3.1 Revit与BIM

一个工程项目(建筑物)的建设、交付及正常使用需要全寿命周期各阶段、各专业、各参与方的所有信息集成、传递、共享及管理，所以，它需要各种类型和功能(建模、模型应用、模型展示、浏览等)的工具及软件。因此，在建模的不同阶段有不同的应用软件，Revit是行业目前BIM模型创建的主流软件之一，主要应用在设计阶段，此外在不同阶段不同领域有众多的BIM软件。

Revit软件经过多年的开发和完善，已经成为针对建筑设计行业重要的三维参数化设计软件平台。在Revit模型中，所有的图纸、二维视图和三维视图以及明细表都是同一个基本建筑模型数据库的信息表现形式。Revit作为一款BIM建模软件，它的建模与其他建模软件，如SketchUp、Rhino等，具有较大区别。如果把常用的SketchUp、Rhino比作手工模型的话，那就应将Revit比作实际建造。SketchUp、Rhino等软件的建模是通过形体组合来完成的，而Revit的建模是通过组合不同的建筑元素来完成的，如梁、柱、门、窗等。既然Revit是模拟实际建造，那么就要求建模人员掌握实际建造的一些特点，如掌握建筑各部分的精确尺寸，了解建筑材料的运用以及构造做法等。

Revit全面创新的概念设计功能，可以方便用户进行自由形状建模、参数化设计和基础分析。借助这些功能，用户可以自由绘制草图，快速创建三维形状并进行交互处理。使用Revit能够围绕最复杂的形状自动构建参数化框架，从概念性研究到最详细的施工图纸和明细表的整个设计流程都可以在同一个直观可视化的环境中完成。Revit能解决多专业的问题，它具有建筑、结构、设备三大专业模块，还有专业协同、远程协同，可以带材质输入到3DMAX进行渲染，还有云渲染、碰撞分析、绿色建筑分析等功能。另外，Revit还具有强大的联动功能，平面视图、立面视图、剖面视图和明细表双向关联，一处修改，处处更新，自动避免低级错误。Revit MEP除可进行机电的设计和建模之外，还可以进行管道综合、碰撞检查等工作，对机电管线和设备进行优化使其更加合理的布置。Revit中的项目样板文件在实际设计过程中起着非常重要的作用，其统一的标准设置为设计提供了便利，在满足设计标准的同时大大提高了设计师的效率。

上述提到的诸多Revit优势使其快速成为BIM领域主流的建模软件之一，但是Revit在结构模块应用、轻量化以及中国本土化等方面还需要持续改进。

1.3.2 Revit基础术语

1.项目与项目样板

项目文件的格式是.rvt。在项目文件中存储着项目从几何图形到构造数据、从一维到多维所有的设计信息。在Revit中，项目就是单个的设计信息数据库，项目文件包含了完整的三维建筑模型、所有设计视图（平面视图、立面视图、剖面视图、大样节点、明细表等）和施工图图纸等信息。

项目样板的文件格式是.rte。项目样板为新项目提供了起点。样板文件是一个模板，它定义了新建项目中默认的初始参数，包括视图样板、已载入的族、楼层数量的设置、层高信息、已定义的设置（如单位、填充样式、线样式、线宽、视图比例等）和基准体系。Revit提供了默认的样板文件（见图1－3），用户也可以创建自己的样板。基于样板创建的新项目均继承来自样板的族、参数设置以及几何图形。样板文件一般只提供基本模板而没有图元，项目是样板文件的实例化。

项目文件（.rvt）的创建需要以项目的样板文件（.rte）为基础。

图1－3　项目样板选择

2.族与族样板

族文件格式为.rfa。族是包含通用属性（称作参数）集和相关图形表示的图元组，它是某一类别图元的分类，也是图元的一种创建方式。比如可以将梁看成一个类别，而矩形梁和T形梁可视为其中的一个族，构成这两类族的梁可能会有不同的尺寸、材质等控制参数。族中包含许多可以自由调节的参数，这些参数记录着图元在项目中的尺寸、材质、安装位置等信息，修改这些参数可以改变图元的尺寸、位置等。每个族图元能够在其中定义多种类型，每种类型可以具有不同的尺寸、形状、材质设置或其他参数变量。属于一个族的不同图元的部分或全部参数可能有不同的值，但是参数（其名称与含义）的集合是相同的，族可以看作是一种参数化的组件。

族样板文件格式为.rft。族样板是创建族的初始文件，创建族时可选择对应的族样板（软件自带）。样板里面已设置了各种族类型所需的基本参数和参照体系，以方便族的创建。

3.图元及图元分类

Revit 模型中基本的图形单元统称为图元，如在项目中建立的梁、柱、墙、板、门窗、文字、尺寸标注等都被称为图元。这些图元可以按照横向和纵向两个维度进行分类，了解图元分类可以更好地理解通过图元搭建 Revit 模型的过程。图元的每个实例都由参数定义和控制，参数化是 Revit 的核心，了解 Revit 的图元纵向架构是理解其参数化的基础。

(1)横向图元分类。

Revit 图元从横向维度可分为模型图元、基准图元和视图专有图元三类（见图 1－4）。

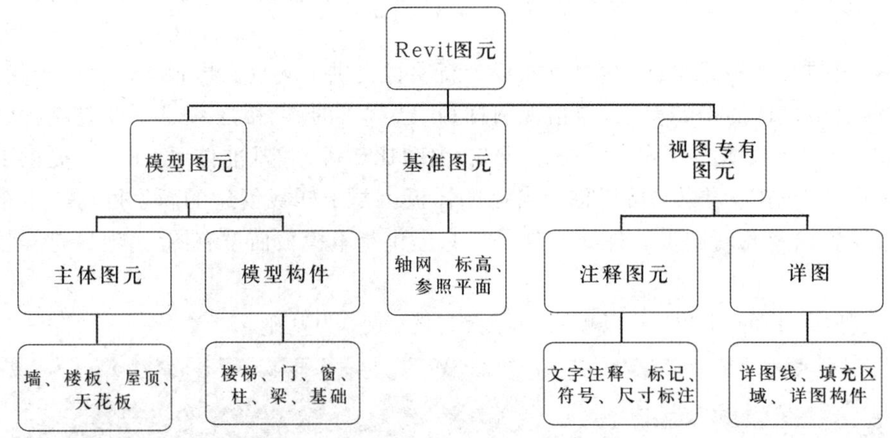

图 1－4　图元类型

模型图元表示建筑的实际三维几何图形。模型图元有主体图元和模型构件两种类型。主体图元通常在构造场地在位构建，模型构件是建筑模型中其他所有类型的图元。

基准图元是放置和定位模型图元的基准框架，如轴网、标高和参照平面，都属于基准图元。

视图专有图元是对模型和基准图元进行描述解释和归档的图元，只存在于其放置的视图中。如尺寸标注、文字注释、详图线等都是视图专有图元。视图专有图元有两种类型，即注释图元和详图。注释图元是对模型进行归档并在图纸上保持比例的二维构件。例如，尺寸标注、标记和注释记号都是注释图元。详图是在特定视图中提供有关建筑模型详细信息的二维项，主要包括详图线、填充区域和二维详图构件。

(2)纵向图元层级分类。

Revit 图元按照纵向层级高低可分为四个级别，从高到低分别是类别、族、类型和实例（见图 1－5，此处级别高低体现了参数的控制关系）。以模型图元为例，模型图元的类别是基于图元的建筑特性进行划分的，例如某图元在类别这一级是属于建筑构件还是结构构件，是建筑构件中的墙、板、门、窗还是结构中的柱、基础、梁。以结构柱类别为例，柱又可分为圆柱、矩形柱、方柱、其他异形柱等多个类别的族。每一种柱族有多个族类型，如圆柱族，它包括不同直径的族类型，直径就属于柱族的类型参数之一。每一个族类型在项目中也可能有多种存在形式。

如圆柱 600，它处于项目的首层时，是柱高 4.6 m、材质为 C30 混凝土的圆柱 600；当它处于工程项目的三层时，是柱高 3.6 m、材质为 C25 混凝土的圆柱 600。这两类柱子虽然属于同一族类型，但其项目中的参数是被分别定义的，并被划分成不同的实例，这些实例具备同一族类型参数和不同的实例参数。因此，实例就是具体的单个图元。

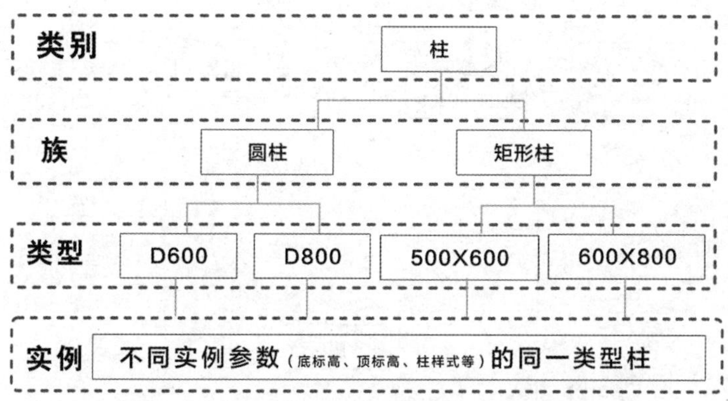

图 1－5　图元纵向层级

1.3.3　Revit 界面

双击桌面上的 Revit 快捷图标，打开 Revit 程序进入如图 1－6 所示界面。在这一界面有项目和族两部分，根据需要可以进行项目、项目样板，以及族的新建、打开和新建体量等操作。选择左侧“项目”模块的“新建”，此时弹出“新建项目”对话框，在这个对话框中需要为新建的项目选择合适的项目样板。Revit 为各专业提供了系统样板，也可根据项目特点创建新的样板。通过“样板文件”选择模块的“浏览”将样板文件载入项目中，这种方式可新建“项目”也可新建“项目样板”，所以还需要检查“新建”模块选择的是否为“项目”，点击“确定”即可完成新项目的创建。此时进入 Revit 的绘图界面。Revit 绘图界面(见图 1－7)主要由应用程序菜单、快速访问工具栏、选项卡及功能区、面板、属性栏、项目浏览器、状态栏、视图控制栏、绘图区域、帮助与信息中心等模块组成。

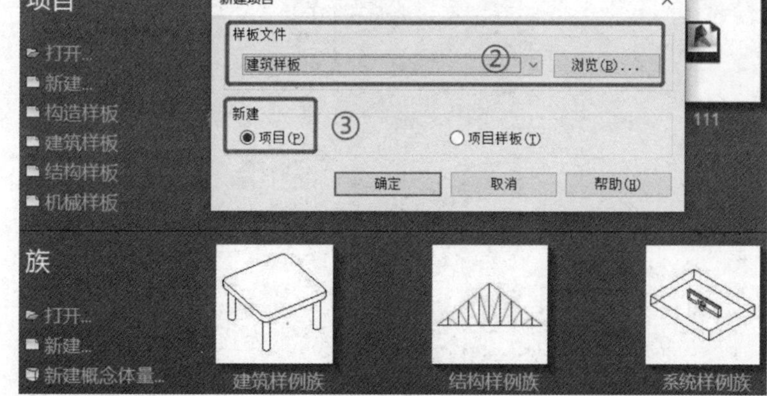

操作视频
Revit 界面介绍

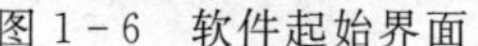

图 1－6　软件起始界面

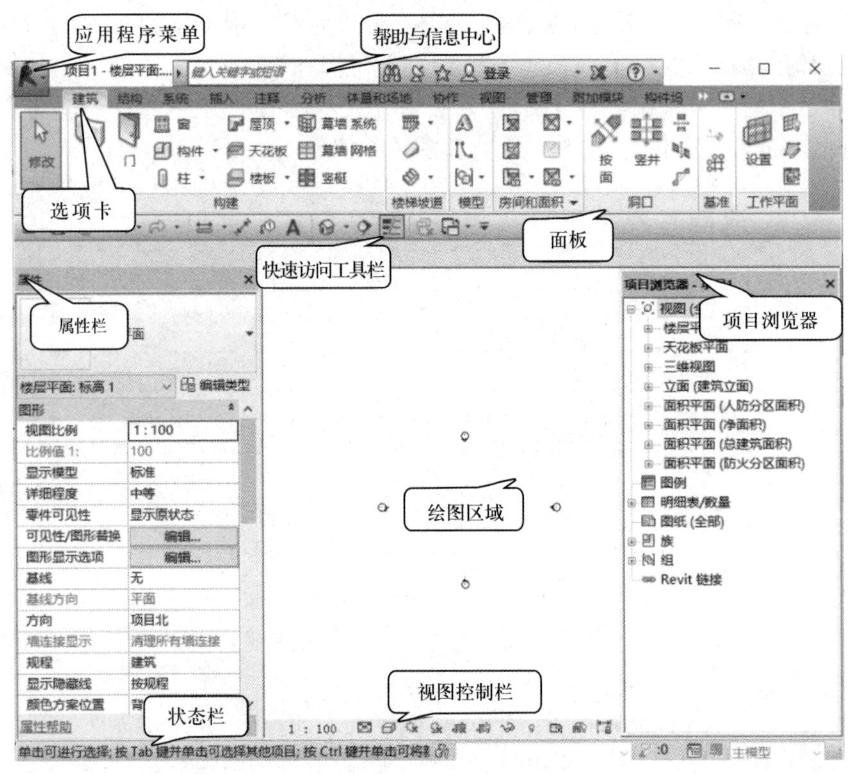

图1-7 Revit绘图界面

1.应用程序菜单

在Revit操作界面左上角打开应用程序菜单(见图1-8),这里就是Revit文件菜单,可对Revit文件进行新建、打开、另存、导出等操作。打开应用程序菜单的右下角“选项”按钮,在这里可对软件的一些公共属性进行设置,如“常规”菜单中的文件保存间隔(见图1-9)、用户界面选项卡的隐藏、软件快捷键文件的导入导出、操作界面背景色的设置、文件及样板的默认存储位置等属性设置。

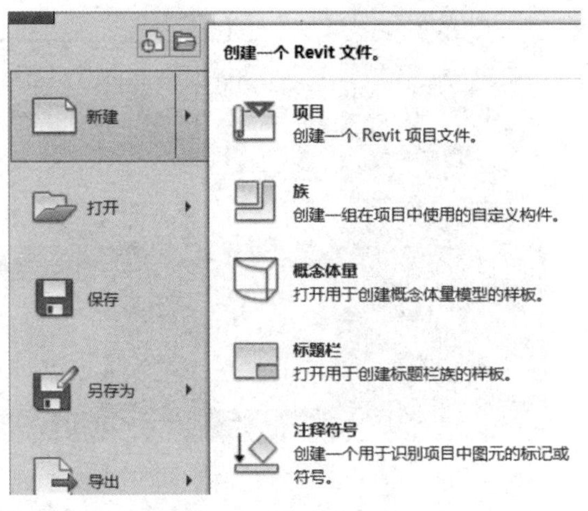

图1-8 应用程序菜单

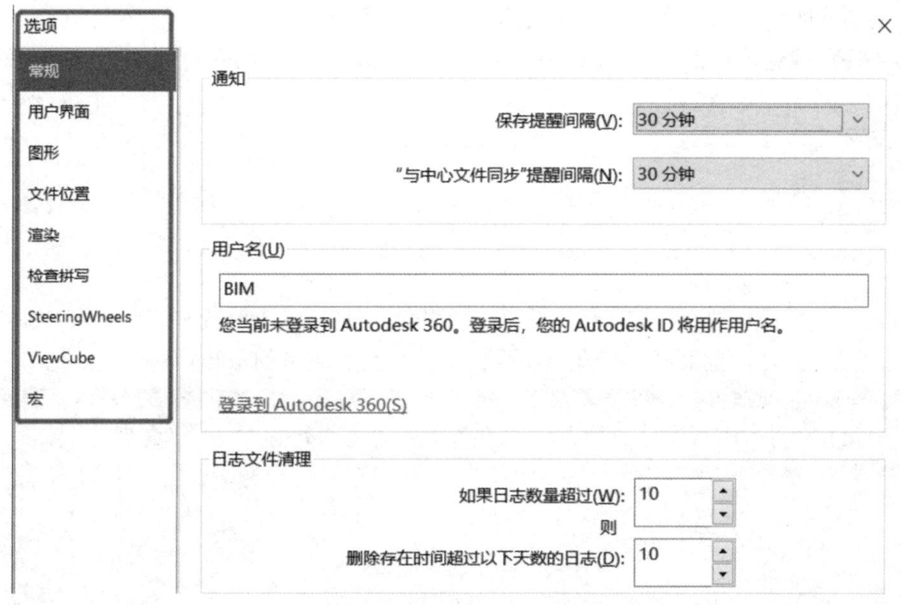

图 1-9 "选项"菜单中的"常规"设置

2.选项卡及功能区

如图 1-10 所示，选项卡及功能区是 Revit 的基本工具，几乎包含了 Revit 建模的所有工具，具体有"建筑""结构""系统""插入""注释""分析""体量和场地""协作""视图""管理"等选项，每个选项下的所有功能又分布在不同的面板上。"建筑""结构""系统"三个选项卡中主要包括三个专业模块各自组成构件的创建工具，如"建筑"选项卡包括"墙""门""窗""幕墙"等工具，"结构"选项卡包括"柱""梁""基础"等工具，"系统"选项卡包括"管道""管件"等工具。

图 1-10 选项卡及功能区

如图 1-11 所示，"插入"选项卡是 Revit 的建模过程与外部文件对接的一个窗口。如通过"链接 Revit"或"链接 IFC"格式的外部文件可以与该项目模型进行同专业或不同专业之间协同，"链接 CAD"或"导入 CAD"是将外部二维图纸形导入项目中形成建模的参照，"载入族"是将 Revit 族库或者新建的族载入该项目进行应用。

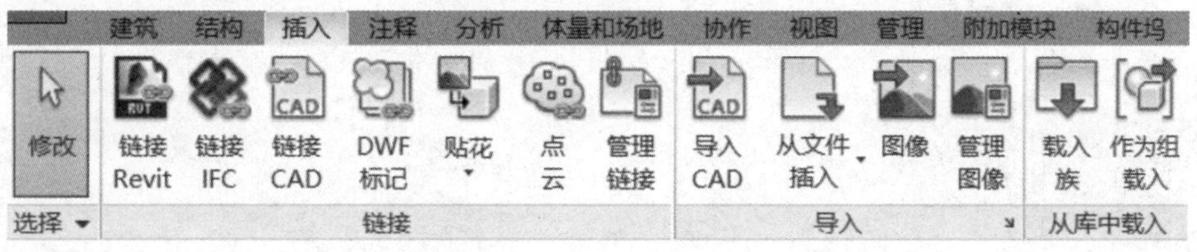

图 1-11 "插入"选项卡

如图 1-12 所示，"注释"选项卡中包含了"尺寸标注""详图""文字""标记""颜色填充"和

“符号”等面板，主要是对模型、构件、视图等进行标注说明。

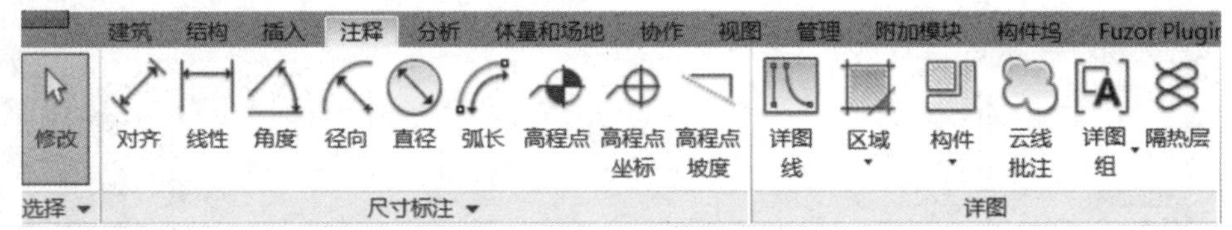

图 1－12 “注释”选项卡

如图 1－13 所示，“视图”选项卡主要用于模型的各种视图的设置和成果输出，如各类图元的可见性、视图的切换、剖面视图的生成、图纸及明细表等成果的输出等。

图 1－13 “视图”选项卡

3.项目浏览器

项目浏览器面板(见图 1－14)主要用于组织和管理项目中的所有信息，包括三维的模型、模型中各类族、二维的各类视图、基于模型导出的图纸和明细表，同时把这些信息按照逻辑层次关系进行目录整理，方便用户随时切换和调用。

4.属性栏

属性栏是对当前视图下所选择的图元基本信息的呈现。通过属性栏可对所选构件信息进行编辑修改，如图 1－15 所示为选中一道墙的属性信息，包括墙体的上下标高、长度、面积、体积以及标识数据模块备注的所有信息。点击“编辑类型”可以查看墙体的厚度、构造层及材质等信息，若未选择任意图元，属性栏呈现的就是当前视图的属性信息。

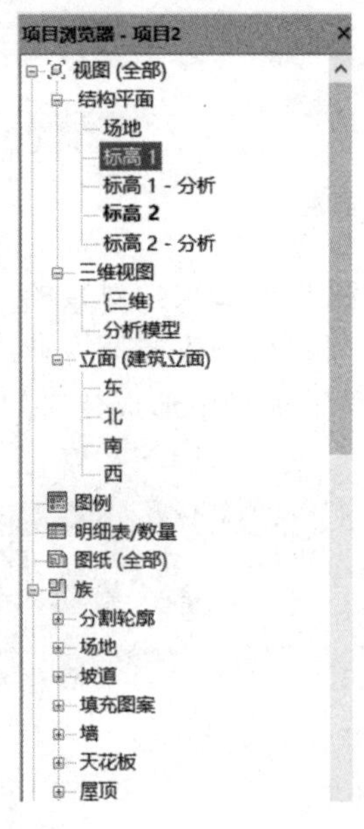

图 1－14 项目浏览器

图 1－15 墙的属性信息

5.视图控制栏

视图控制栏一般处于软件界面的底部，主要用于调整视图的显示属性，包括比例调整、详细程度、视图样式、临时隐藏/隔离图元、显示/隐藏图元等工具，辅助用户完成在建模过程中的各种视图调整，见图1-16。

1 : 100

图1-16　视图控制栏

1.4　Revit基础操作

1.4.1　图元选择

对Revit图元的选择有点选、框选、链选、滤选等多种方式。

1.点选

点选是所有软件中对象选择最常用的方式。对单个图元的点选操作，直接点击鼠标左键即可；对多个图元的点选操作，要按住Ctrl键，再点击需要加选的图元。如要取消图元，则应按住Shift键，点击需要取消的图元，即可将该图元从选择集中取消。

2.框选

框选分为从上向下框和从下向上框两种方式。采取从上向下框操作时，只有图元整体进入框选范围才可被选择，而仅部分被框住的图元则不能被选。采取从下向上框选也被称为触选，即只要图元接触到选择框就会被选择，不需要整体进入选择框。

3.链选

链选是对相连的一组图元或者重叠在一起的图元进行精确选择的一种方式。具体操作是移动光标到图元附近，当图元高亮显示时，按Tab键切换，与高亮显示的图元相连部分的整组或者部分图元可轮换高亮显示，然后点击左键即可选择。

4.滤选

滤选主要用来快速地选择某类图元，即当视图中有多种类型的图元需要选择其中一类时，可框选所有图元，此时选项卡功能区会出现“过滤器”图标，点击该图标会出现“过滤器”选对话框（见图1-17），勾选需要的构件类型取消不需要的类型，点击“确定”，视图中所需要的图元类型即被选中。在滤选过程中，还可以在选中某一图元后，点击鼠标右键在选项菜单中选择“选择全部实例”，视图中同一实例属性的图元就会被选中（见图1-18）。这种方法和“过滤器”选择是有区别的，因为“过滤器”命令可以选择多种类别的图元，而利用鼠标右键选中“选择全部实例”这种操作方法只能选择同一构件类型中同一实例的图元。

1.4.2　图元修改

选择某一图元时，功能区“修改”面板上会出现如图1-19所示的图元基本修改工具，其中包括对齐、偏移、镜像、拆分图元、移动、复制、旋转、修剪、延伸、锁定等工具，通过这些基本的修改工具可实现对图元形状、位置的编辑修改，有助于用户完成更高效便捷的建模工作。这些工具的使用比较简单，但需要注意，在Revit中对图元进行编辑时一般应先选择图元再点选修改工具。

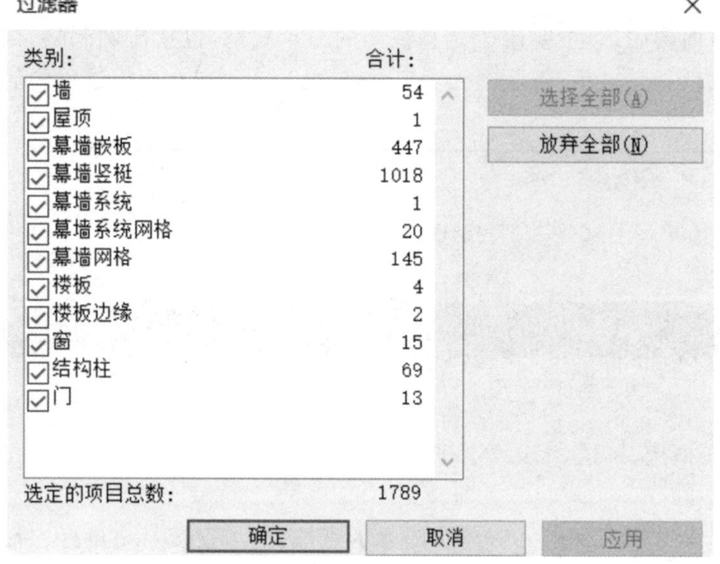

图 1－17 “过滤器”窗口

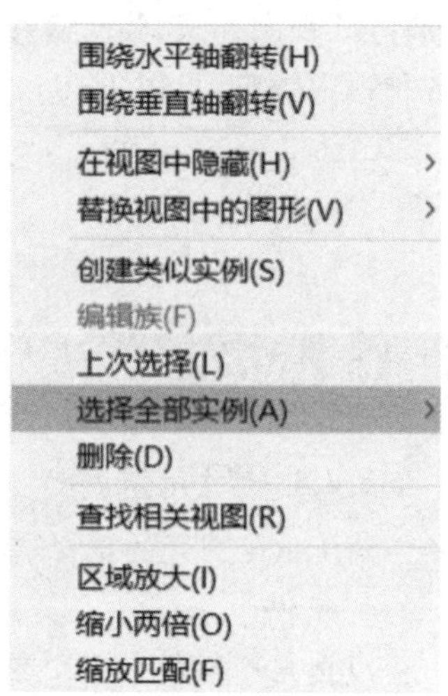

图 1－18 选中“选择全部实例”

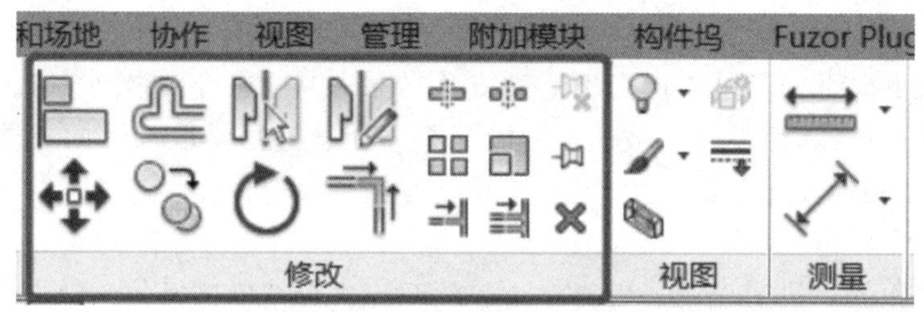

图 1－19 图元修改面板

1.4.3 视图操作

不同视图可通过“项目浏览器”面板进行切换，同一个界面可用“视图”→“窗口”→“平铺”操作或快捷键“WT”同时打开当前所有视图。若想在平面视图中查看三维视图，那么在快速访问栏中选择“三维视图”按钮即可。若想查看局部三维视图，则需打开三维视图，然后在“属性”栏中勾选“剖面框”，当三维界面中出现线框时，即可拖曳控制点调整剖切范围。除使用键盘、鼠标控制视图外，Revit 还在三维视图右上侧提供了如图 1－20 所示的工具，用于三维模型动态查看。

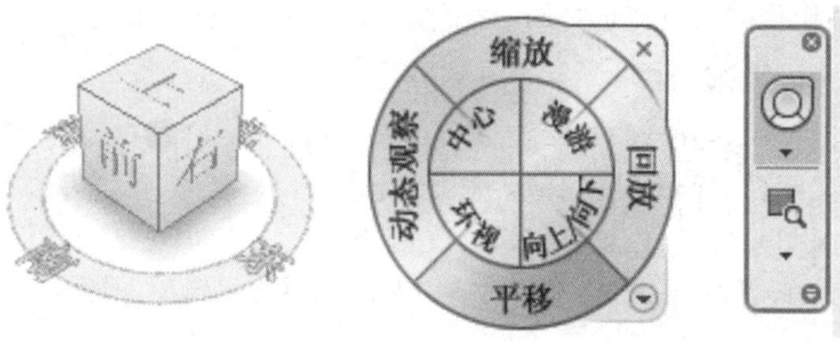

图 1－20 导航栏与导航盘

1.5 Revit 建模基本流程

BIM 的成熟发展阶段一定是设计方牵头进行的 BIM 正向设计。设计师的设计过程就是设计模型创建的过程，设计方的 BIM 模型向后传递，施工方在设计模型的基础上再添加施工阶段信息，以此类推。然而，现阶段建筑行业的 BIM 发展还处于二维设计与 BIM 设计的过渡阶段，相当一部分项目在 BIM 实施中还是采用“专业团队＋BIM 辅助团队”的模式，即专业设计师出具设计图纸，BIM 团队辅助建模，尤其对刚开始接触 BIM 技术的人员来讲，了解常规的 BIM 建模流程是非常有必要的。以下介绍 BIM 辅助团队在配合专业团队过程中的基本建模流程。

1.5.1 文件夹创建

每个 BIM 工程师在开始一个工程项目之前，首先需要创建符合统一命名规范的项目文件夹。如果负责的是多个项目，每个项目都应有相应的文件夹，文件夹命名应符合统一的命名规范。每个项目文件夹一般都有如图 1-21 所示的子文件夹。

图 1-21　项目子文件夹

1.5.2 图纸收集

在工程项目中，一般由该项目的 BIM 负责人专门收集图纸，放在特定文件夹中，该文件夹以日期时间命名(见图 1-22)，并填写土建图纸目录确认表。

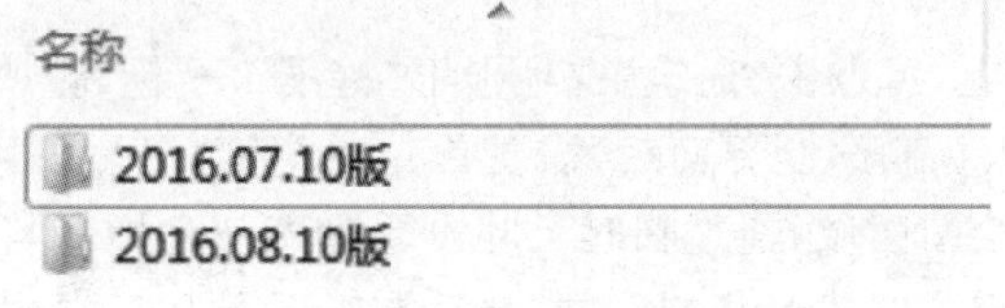

图 1-22　图纸文件命名

1.5.3 图纸会审

在工程项目中，一般由项目的 BIM 负责人组织进行图纸会审，并填写各专业图纸会审表等。

1.5.4 任务分工

根据图纸会审结果，掌握项目基本情况后，由项目的 BIM 负责人根据项目情况进行任务分配，确定任务划分、模型文件名称以及完成时间，并填写各专业任务分工表，交付 BIM 总监。

1.5.5 样板创建

项目 BIM 负责人根据企业项目样板创建该项目样板，样板包括图纸会审中基本构件的创建规则及标高和轴网。在这里需要注意，项目基点与测量点坐标均应为(0.0.0)。

标高和轴网基准体系先由土建专业完成，机电专业通过链接土建项目样板再创建标高轴网。需要注意的是标高的建立以相对标高为准，若原图使用绝对标高，要转化为相对标高，不得使用绝对标高。标高包括结构标高和建筑标高,其命名应符合命名规则。

1.5.6 模型创建

模型文件夹中各个文件夹应符合该项目文件夹的统一命名规范。BIM模型需按照该项目BIM建模规范进行创建,提交模型时删除模型中不必要的CAD图纸、线、剖面视图,机电模型删除链接的土建模型,通过"管理"→"设置"→"清除未使用项"等操作,清除未使用项,减少项目内存。

1.5.7 模型成果提交

BIM的实施贯穿于工程项目的全寿命周期,这对甲方及参建各方都提出了更高的要求。在BIM的实际应用中也可根据甲方及各参建方的需求及项目目标,选择应用阶段或节点。BIM建模阶段结束后需要提交的成果也是根据甲方需求来定,一般需要提交以下成果:符合项目阶段需求的各专业模型、专业之间的碰撞报告及BIM协调表、基于模型的工程量统计数据。

1.6 基准体系创建

新建项目进入创建界面后,一般需要创建项目的基准体系,即标高和轴网。通常先创建标高再创建轴网,因为每一个标高对应一个平面视图,所以先创建项目所需的所有标高意味着项目的所有平面视图同步被创建,这样在某一个平面视图上创建一次轴网,所有楼层平面上都会同步创建轴网体系。标高需要在立面视图或者剖面视图中创建或编辑。

1.6.1 标高

1.创建标高

创建标高有直接绘制、拾取、复制、阵列等多种方式。打开新建项目任意方向的立面视图,会发现项目中自带有两个标高,可在此基础上继续创建也可删除自带标高重新创建。

(1)绘制标高。

在项目的立面视图上,可点击"建筑"选项卡下"基准"→"标高"或者使用快捷键"LL"绘制标高。Revit默认在进入标高绘制界面后,需要首先在左侧"属性"栏选择合适的标高类型(见图1-23),然后再进入绘图区域,通过临时尺寸设置输入新建标高与原标高线之间的距离(见图1-24),这一距离决定了新建标高的位置,最后在视图上从一端到另一端画出这条标高(见图1-25),即"标高3",这时"项目浏览器"面板中"标高3"的平面视图也被同步创建。

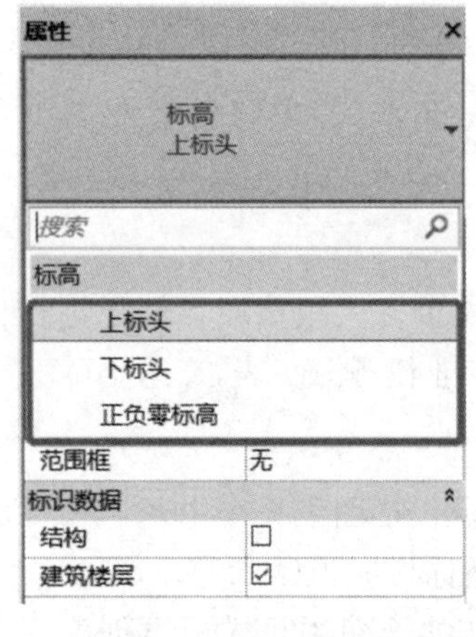

图1-23 标高类型选择

图1-24 通过临时尺寸设置确定标高位置

图 1 - 25　标高创建

上述绘制是在系统自带的标高基础上直接绘制，也可以删除原有标高重新绘制，但是一般正负零标高没必要删除。

(2)拾取标高。

除直接绘制标高外还可以选择“拾取线”选项拾取所需要的标高。通过“拾取线”选项进入绘图界面，首先需要在左侧“属性”栏选择合适的标高样式，然后在选项栏输入新建标高与拾取线之间偏移的距离(见图 1 - 26)。注意此处不用区别正负，具体可在绘图界面上下调整;进入绘图区域后，点击拾取参考对象即可确定所需的标高线(见图 1 - 27)。这种方法是通过拾取参照对象的位置与设置“偏移量”控制标高的最终位置。

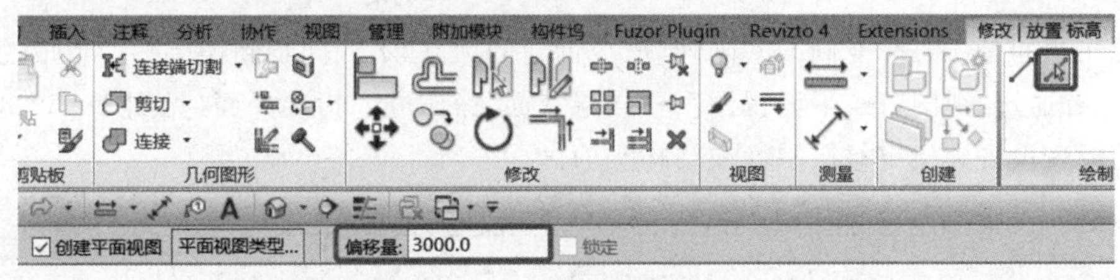

图 1 - 26　标高偏移量输入

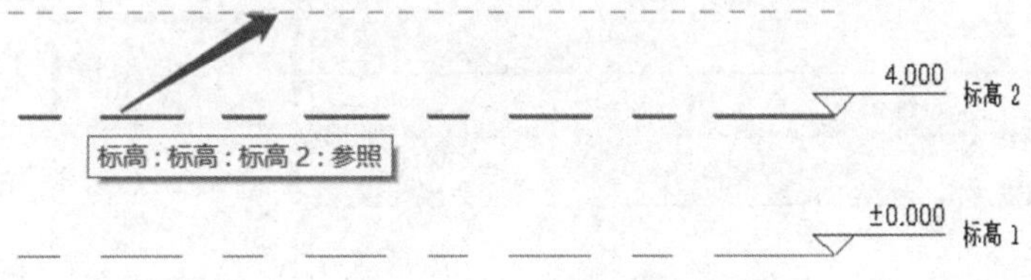

图 1 - 27　标高拾取

(3)复制标高。

对于多个标高，逐个创建比较麻烦，这时可使用“修改”工具中的“复制”命令，通过在原有标高基础上多次复制实现多个标高连续创建的效果。首先，选择被复制的标高，点击“修改”工具中的“复制”命令，同时勾选选项栏的“约束”和“多个”(见图 1 - 28)，根据软件提示确定复制的起点，然后输入移动的距离即可完成标高的复制。

(4)阵列标高。

阵列标高与复制标高方式类似，通过“修改”工具的“阵列”命令即可实现多个标高的一次创建。“阵列”命令能实现间距相同的多个标高创建，建筑物标准层的标高创建常使用阵列方式实现。首先选择被阵列的标高，点击“修改”工具中的“阵列”命令，同时关掉选项栏的“成组并关联”，输入“项目数”(见图 1 - 29)。“项目数”是需要阵列的个数加上被阵列对象个数之和。然后根据软件提示确定阵列的起点，然后输入阵列的距离即可完成标高的阵列。

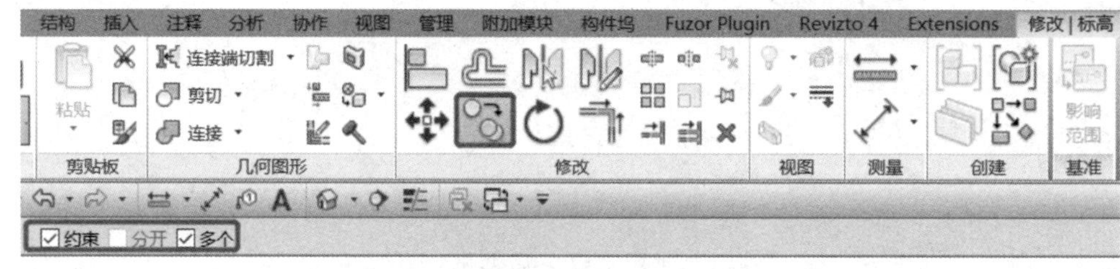

图 1－28 标高复制选择

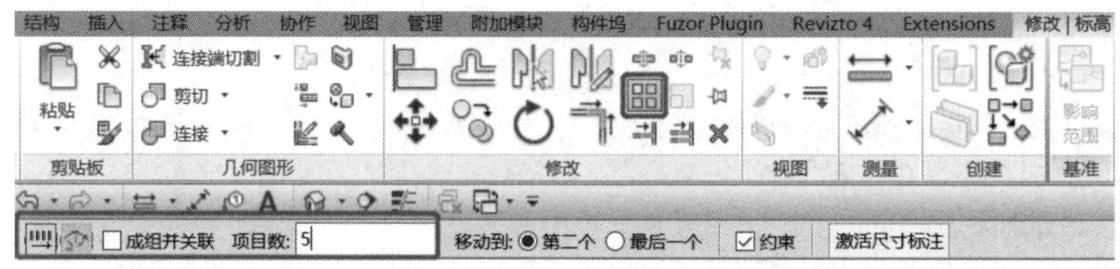

图 1－29 阵列方式创建标高选择

需要注意的是，通过“复制”和“阵列”命令创建的标高，不能同步到楼层平面形成的平面视图中，只能有通过“视图”→“平面视图”→“楼层平面”操作进入指定界面（见图 1－30），才能将未同步的标高设置到指定楼层平面或结构平面。

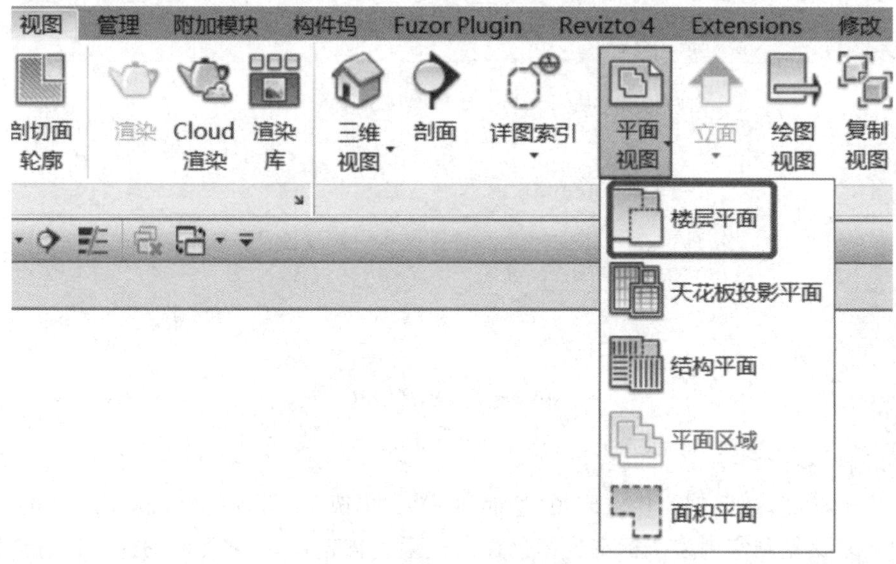

图 1－30 在“平面视图”界面选中“楼层平面”

2.修改标高

标高创建后，可对标高位置、标高名称、标高样式等进行编辑修改。

（1）标高位置。

如图 1－31 所示，若调整标高 3 的位置，首先应选中标高 3，通过单击右侧的标高数值重新输入或者修改左侧标高 3 与上下标高的临时尺寸的距离进行调整，还可通过“修改”面板的“移动”命令进行调整。

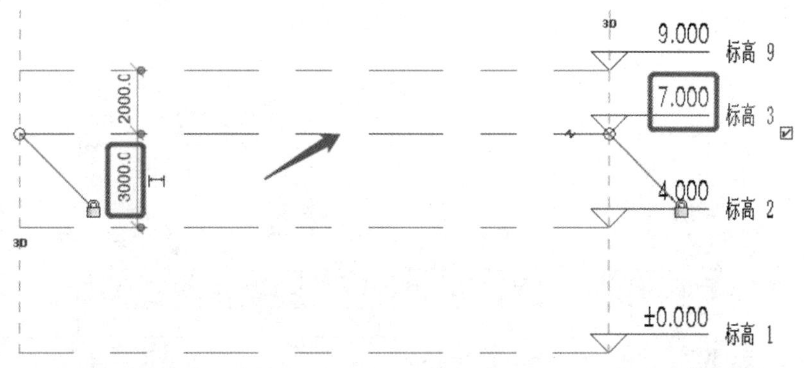

图 1-31 标高位置修改

(2)标高名称。

Revit 默认创建的标高是以“标高××”的名称命名,可直接单击标高名称进行修改。如图 1-32 所示,将标高 2 改成“F2”,此时会弹出“是否希望重命名相应视图”的提示,选择“是”即可完成标高名称修改,也可直接在“项目浏览器”面板的“标高 2 平面视图”选项中进行重命名,两种操作效果是一样的。

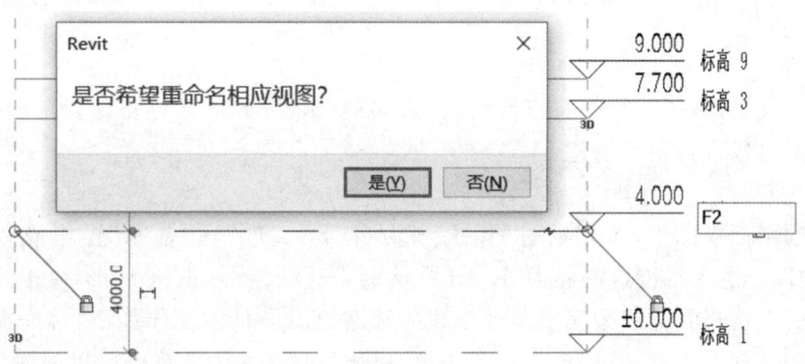

图 1-32 标高名称修改

(3)标高样式。

标高样式指的是标高的标头类型、标高线的样式、线宽、颜色等。这些根据项目的统一标准都可以调整修改。选中标高后,左侧“属性”栏就会显示该标高的类型,此时通过下拉菜单即可进行选择修改;同时,对已选择的标高类型,也可通过修改其类型参数进行标高样式的编辑(见图 1-33)。一般不直接修改系统族的类型参数,而是复制一个新的类型后再进行修改。如“端点 1 处的默认符号”未勾选,标高符号及名称就在对应的左侧不显示,“端点 2 处的默认符号”已勾选,则标高符号及名称就会在对应的右侧显示,这里的标高符号及名称都可以选择已有样式或载入新的族样式替换。

操作视频

标高创建及修改

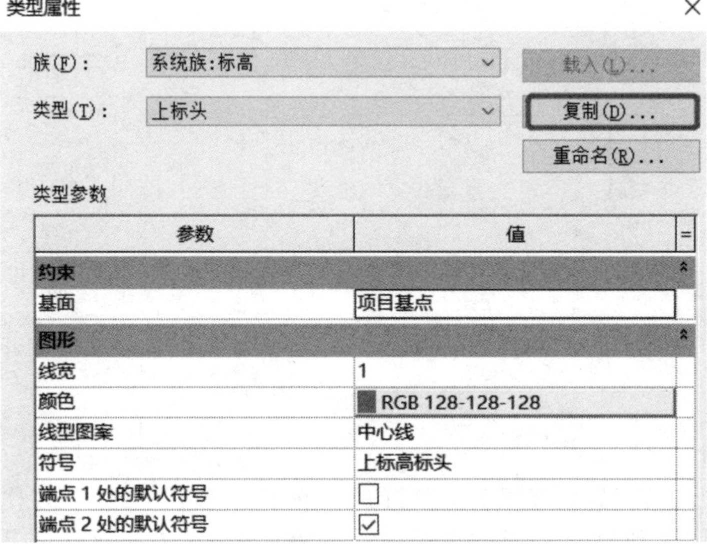

图 1－33　标高样式修改

1.6.2　轴网

1.轴网创建

与创建标高类似，创建轴网有直接绘制、拾取、复制、阵列等多种方式，打开新建项目的任意平面视图都可以进行轴网创建。

(1)绘制轴网。

在项目的平面视图上，可以通过"建筑"选项卡下"基准"→"轴网"操作或者输入快捷键"GR"绘制轴网。进入轴网绘制界面，Revit 默认的是直线绘制(见图 1－34)，根据需要可在轴网"绘制"面板上选择其他线型完成多种形式的轴网绘制。具体操作如下：首先在左侧"属性"栏选择合适的轴网族类型，然后进入绘图区域，通过临时尺寸设置输入新建轴网与原轴网之间的距离从而确定新绘制轴网的位置，以此类推可完成项目所需要的纵横方向所有轴网的绘制(见图 1－35)，同时在当前平面视图创建的轴网也会同步到项目已创建的其他平面视图。

图 1－34　轴网线型选择

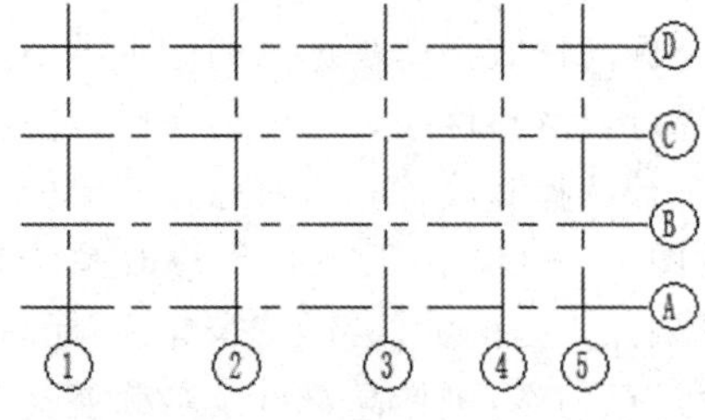

图 1－35　直线轴网绘制

上述是关于直线轴线的绘制，在实际项目当中会遇到弧形或者多种线型组合的轴线形式，此时单纯选择轴线中的直线或弧线是不可行的，这就需要选择"绘制"面板上的"多段"命令即多段线绘制(见图 1－36)。通过"多段"命令，可以完成多种线型的组合，最终实现复杂轴线的绘制(见图 1－37)。

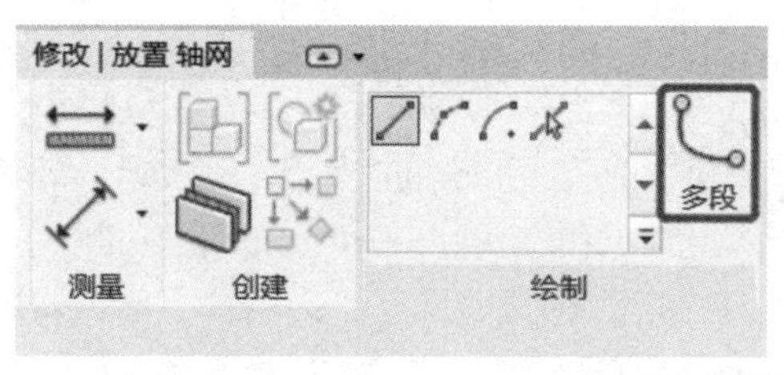

图 1-36　轴网多段线型选择

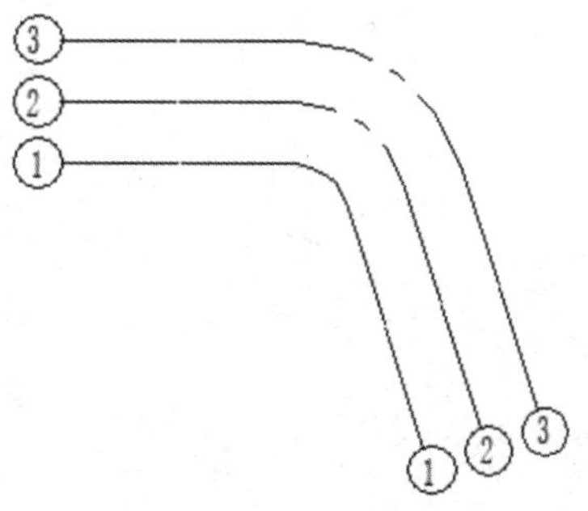

图 1-37　多段线轴网绘制

操作视频
轴网创建及修改

(2)拾取轴网。

在项目的平面视图中,点击“建筑”选项卡下“基准”→“轴网”或者通过快捷键“GR”绘制轴网。除直接绘制轴网外还可以选择拾取线拾取参照对象创建所需要的轴线。参照对象可以是已创建的轴网或其他构件边界,具体的拾取方式与标高拾取类似,此处不再赘述。常见的是导入已有项目图纸的轴网体系,然后直接拾取。具体操作如下:通过“插入”→“导入 CAD”命令导入项目底图(见图 1-38),然后拾取底图中的轴网体系即可完成创建,拾取完成后可关闭或删除原始底图。拾取底图的方法简单便捷,但需要注意原始图纸的准确性,所以导入前应仔细检查底图或在拾取完成后再次核对创建的轴网,这样才能为后期建模提供准确的基准体系。

(3)复制、阵列轴网。

对多个轴网的连续创建,通过逐个创建的方式比较麻烦,通常使用“修改”工具中的“复制”或者“阵列”命令,在原有轴网基础上多次复制或阵列实现多个轴网连续创建的效果。具体方法与标高的复制、阵列类似,在此不再赘述。

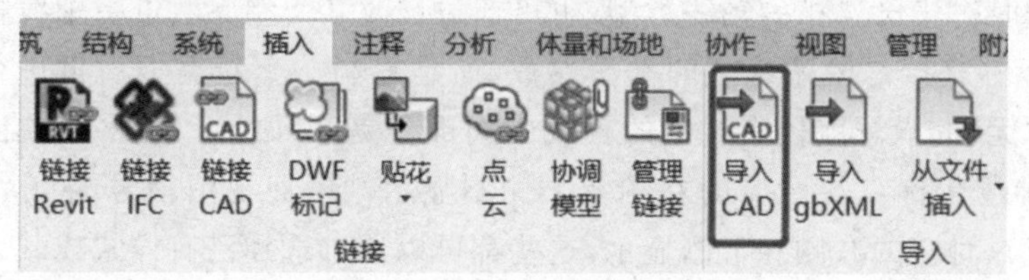

图 1-38　导入项目底图

操作视频
轴网快速创建及拾取

2.修改轴网

轴网创建后,可对轴网的位置、名称、轴线样式等进行编辑和修改。

(1)轴线位置修改。

轴线位置修改的方法很多,可在选择轴线之后,通过修改轴线之间临时尺寸的方法修改,也可使用“修改”工具栏中的“移动”命令进行修改。如图 1-39 所示,若调整轴线 C 与轴线 B 的位置,则首先选中轴线 C,通过单击 C 轴与 B 轴之间的距离“1200”,重新输入所需数值即可进行轴线 B 的位置调整。

(2)轴线名称修改。

轴线名称的修改比较简单,如图 1-40 所示,对轴线 D 的名称修改,双击轴线名称重新输入即可。

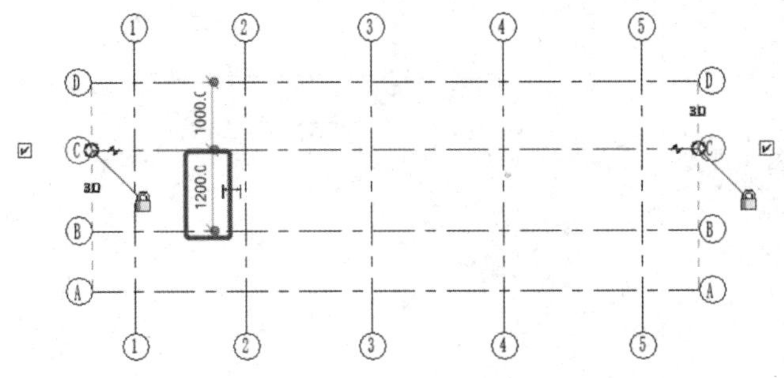

图 1－39　轴线位置修改

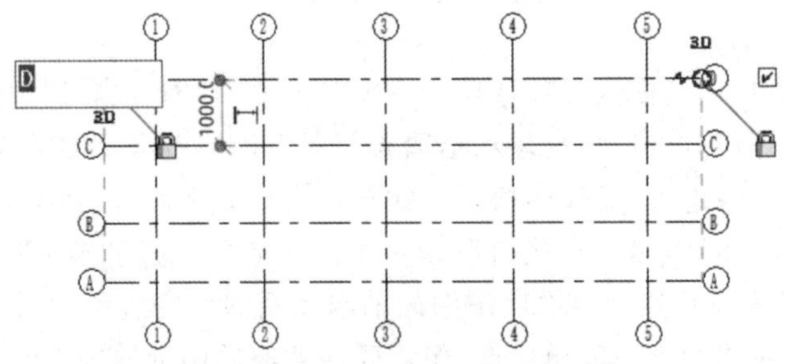

图 1－40　轴线名称修改

(3)轴线样式修改。

轴线样式指的是轴线的显示样式，如轴线的线型、线宽、颜色、轴头是否显示等，这些根据项目的统一标准都可以调整修改。选择相应轴线后，左侧“属性”栏就会显示轴线的类型，通过下拉菜单即可进行修改，同时对于已选择的轴线类型，也可通过修改其类型参数进行轴线样式的编辑(见图 1－41)。一般不直接修改系统族的类型参数，而是复制一个新类型后再进行修改。如轴线中段的选项为“无”的设置就代表绘制的轴线中间部分是断开的。如“平面视图轴号端点 1(默认)”未勾选，轴线名称就在对应的左侧及上侧不显示，“平面视图轴号端点 2(默认)”已勾选，则轴线名称就在对应的右侧和下侧显示，这些都可以通过选择已有样式或载入新的族样式替换。

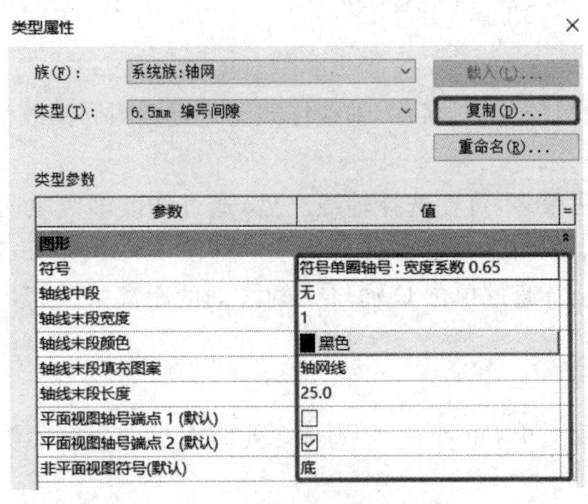

图 1－41　轴线样式修改

3.使用“范围框”进行轴网修改

在实际工程项目中，常会遇到由于建筑物外形变化，导致不同平面视图轴网体系不同的情况，如带裙房或者塔楼的建筑物。图1-42为某建筑1—3层的轴网体系，图1-43为4—5层轴网体系。此时会发现4—5层建筑只有部分轴网（横向1—4轴），这种情况的修改就需要用到“视图”选项卡下的“范围框”或者“应用范围”命令，切忌不能直接删除，而是需要调整轴网在所需视图中的可见性。“范围框”就是用于控制特定视图的基准图元（轴网、标高等）的可见性。通过“范围框”命令修改轴网的操作有两步，即第一步创建范围框并命名，第二步将创建的范围框指定到相应视图。

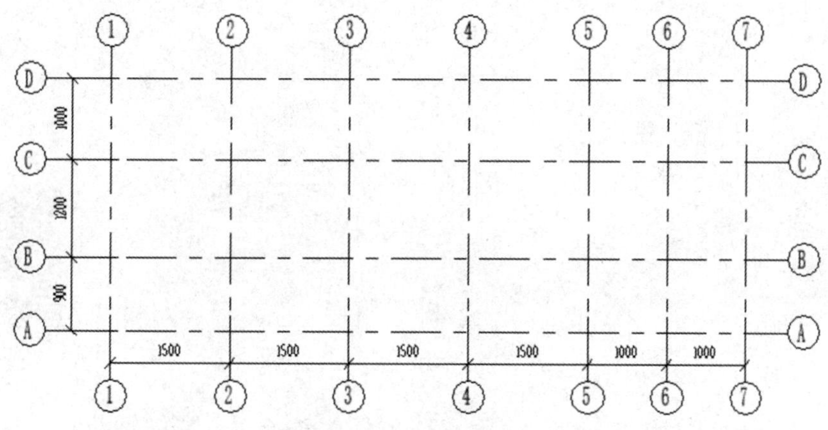

图1-42　1—3层轴网

要实现图1-42和图1-43的轴网变化，首先在第3层平面视图中，采用“范围框”命令框选出需要显示的部分（见图1-44），将此范围框在左侧属性栏命名为“4—5层范围框”（见图1-45），然后进入第4屋和第5层平面视图，将其左侧属性栏的范围框改成新建的“4—5层范围框”（见图1-46），这样第4屋和第5层平面视图的轴网就只显示范围框内的轴线。

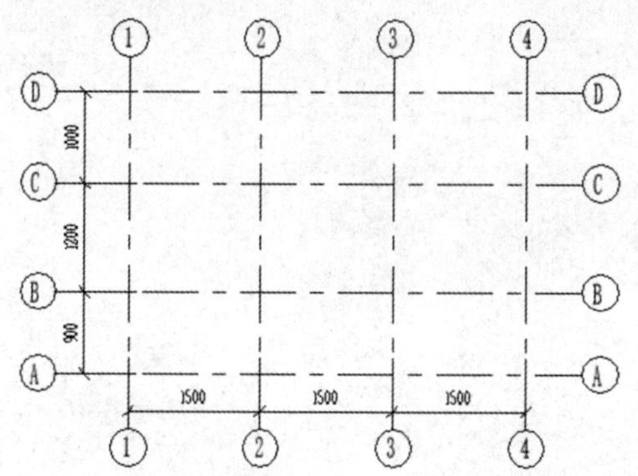

图1-43　4—5层轴网

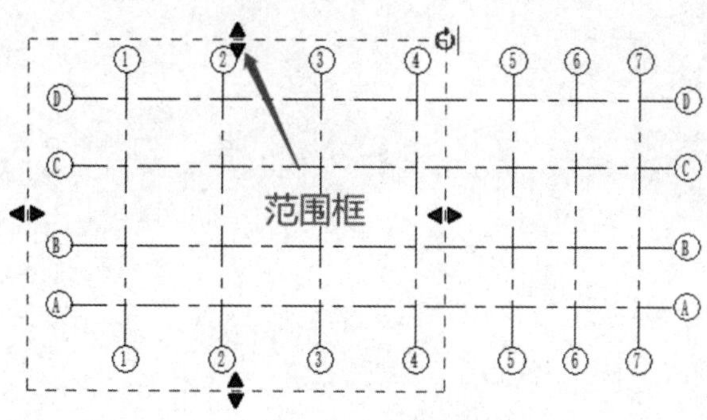

图1-44　设置范围框

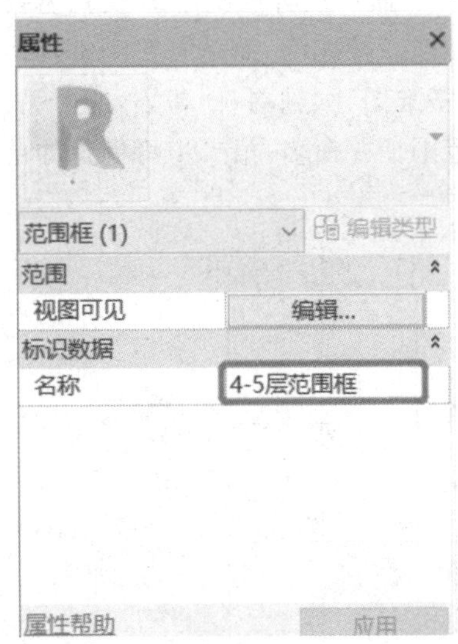

图 1-45 范围框命名

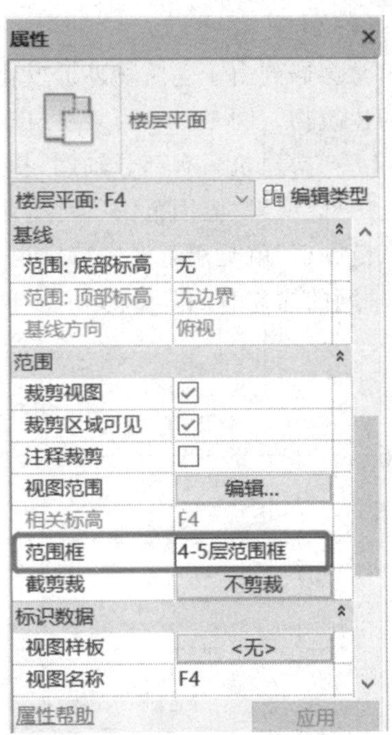

图 1-46 指定范围框

操作视频
使用范围框修改轴网

模块二　建模实操

第2章　族与体量

本章学习内容

Revit 建模过程类似于搭积木，通过软件将所需要的各类建筑构件拼搭在一起，最终即可形成预期的建筑模型或道路、桥梁的模型。在已有所需各类构件模型的前提下，拼搭过程将较为简单。但由于不同的建筑单体其功能、造型不尽相同，组成的单元也千变万化，所以如何快速有效地创建出模型所需要的构件单元是 Revit 建模的关键。这些组成 Revit 模型的基本单元叫作“族”，族是 Revit 学习的核心，也是基本单元的创建方式之一，另一种创建方式叫作体量。本章主要介绍族与体量的概念、族与体量的创建及编辑方法、族与体量的应用等内容。

本章学习目标

了解族与体量的作用和概念，理解族与体量的创建原理和异同，熟练掌握族与体量的创建流程并能熟练运用所介绍的方法完成不同形体的创建。

2.1　族

族是 Revit 建模的基础，Revit 各类图元都是由不同形式的族构成的。族是一个包含通用属性(参数) 集和相关图形表示的图元组，同一个族的不同图元的部分或全部参数可能有不同的值，但是参数(其名称与含义) 的集合是相同的。族中的这些变体称作族类型或类型。例如，家具族包含可用于创建不同家具(如桌子、椅子和橱柜) 的族和族类型。尽管这些族具有不同的用途并由不同的材质构成，但它们的用法却是相关的。族中的每一类型都具有相关的图形表示和一组相同的参数，称作族类型参数。

2.1.1　族类型

族的类型与分类标准有关，本节介绍常见的按照族来源和图元特性两种标准划分的类型。

1.按族来源

按照族来源不同，族分为系统族、可载入族和内建族。

系统族，是系统样板自带的无须新建，只要正常安装 Revit 就存在。可以将系统族类型载入项目样板中，在不同项目中对其进行复制和粘贴，或使用“传递项目标准”命令在项目之间传递。系统族包含基本建筑图元，如墙、屋顶、天花板、楼板、楼梯、梁、柱等项目常用的模型图元，还有标高、轴网、图纸和基本的视图类型等图元。

可载入族，是指在项目外创建的，保存为区别于项目文件格式(.rvt)的专有族文件格式(.rfa)，可加载到需要的任意项目中，也可以在项目之间进行复制和粘贴的族类型。可载入族具有高度可自定义的特征，可重复使用，用于创建项目所需的各类型图元，如窗、门、橱柜、装置、家具、植物和一些常规自定义的注释图元(如标注样式、符号和标题栏等)。

内建族，是在当前项目内创建的供当前项目使用的专有族，它属于项目的一部分，保存为项目文件格式(.rvt),一般不能重复使用。如有必要,可以将内建族复制和粘贴到其他项目,或将它们作为族保存并加载到其他项目中。在项目内能创建的内建族类型与可载入族一样,项目所需的各种类型都可创建。

系统族和可载入族是样板文件的重要组成部分,而样板文件是设计的工作环境设置,对软件的应用至关重要。可载入族中的注释族与构建族参数设置以及明细表之间的关系密不可分。

2.按图元特性

按照图元特性,族可分为模型类族、基准类族和视图类族三个类型。

模型类族主要是指三维构件族,如打开 Revit 界面就能看到的墙、门窗、楼梯、屋顶等。基准类族主要是指用于定位的图元,包括轴网、标高、参照平面等。视图类族是指在特定视图下使用的一些二维图元,如文字注释、尺寸标注、详图线、填充图案等。

2.1.2 族的调用

族在 Revit 建模中是必不可少、时刻都在用的基本单元。Revit 正常安装完成后,就会自带有系统族和必要的可载入族库,并且族库可以根据项目需要不断丰富完善。然而,考虑到软件轻量化运行,自带的系统族和可载入族没有全部在软件界面上体现,而是根据需要添加或调用。当项目需要的时候如何去调用、不需要的时候去清理,这些知识是本小节要介绍的主要内容。

1.系统族

在项目环境中调用系统族,有以下两种方式(以门为例)。

(1)通过"属性"调用族。

这种方式首先应在功能区选项卡选择创建的相应构件(墙、板、门、窗等),然后在"属性"对话框的类型选择器中选择所需要的族类型(见图 2-1),并放置在绘图区域。

(2)通过"项目浏览器"调用族。

在"项目浏览器"的族下拉菜单找到门族,在其下级目录中找到所需要的族类型(见图 2-2),通过直接拖拽放置到绘图区域,或通过鼠标右键选择"创建实例"放置到绘图区域。

如果族类型参数不满足要求,一般不删除系统族,而是通过编辑类型打开"类型属性"(见图 2-3),复制现有族类型,对其参数修改后再放置到绘图区域。

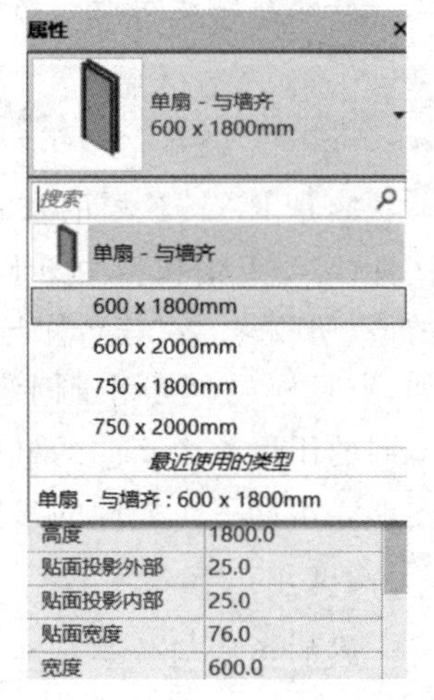

图 2-1 通过"属性"栏调用族

2.可载入族

通过系统族的调用会发现,菜单中所提供的族类型是非常有限的。如果不满足需求就需要调用可载入族,将可载入族放置到软件的族库中。在项目环境下,选择"插入"选项卡的"从库中载入"面板,通过"载入族"选项(见图 2-4)可载入项目需要的族,载入后需要根据所需族归属的专业、类别和类型定位到族库位置(见图 2-5)。以门为例,该族属于建筑专业门类别,再根据普通门、卷帘门、门构件等类别进一步具体定位,点击"打开"将族载入项目中(见图 2-6)。载入后可在该族类型创建环境中的"属性"或"项目浏览器"的族目录下查看调用,其操作方法与系统族的类似。若载入有误或不需要也可在"项目浏览器"中相应族构件上单击右键删除。

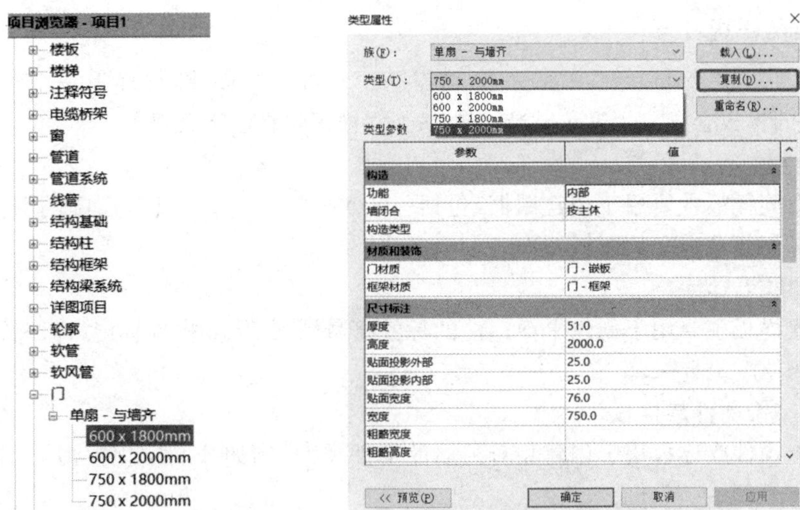

图 2-2　通过“项目浏览器”调用族　　　　图 2-3　族的“类型属性”对话框

图 2-4　“载入族”选项

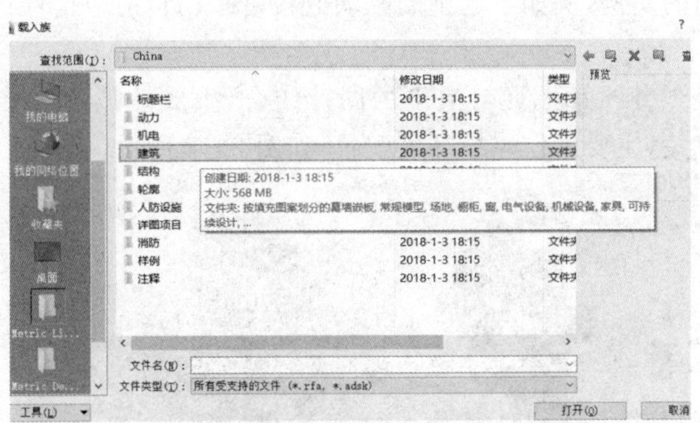

图 2-5　选择载入族类型

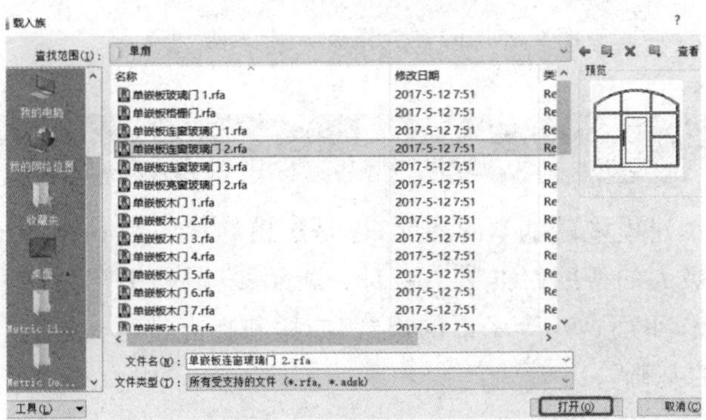

图 2-6　门构件族类型选择

2.1.3 族样板

在 Revit 中新建族与新建项目一样，均需基于样板进行创建，族样板是创建族的初始状态，选择合适的样板会极大提升创建族的效率。族样板包括以下几类。

1.标题栏类族样板

标题栏类族样板主要用于创建图框，包括 A0、A1、A2、A3、A4 五种图幅的图框尺寸，可以基于此类样板创建自定义的图纸图框。

2.注释类族样板

注释类族样板主要用于创建平面标注的标签符号图元，例如构件标记、详图符号等。

3.三维构件类族样板

(1)常规三维构件族样板。

常规三维构件族样板用于创建相对独立的构件类型，例如公制常规模型、公制家具、公制结构柱等。

(2)基于主体的三维构件族样板。

基于主体的三维构件族主要用于创建有约束关系的构件类型。主体三维构件族包括墙、楼板、天花板等，例如公制门、公制窗均是基于墙创建的。

4.特殊构件类族样板

(1)自适应构件族样板。

自适应构件族样板为用户提供了一个更自由的建模方式，通过该方式创建的图元可根据附着的主体生成不同的实例，例如不规则的幕墙嵌板可采用自适应构件进行创建。

(2)RPC 族样板。

RPC 族样板可将二维平面图元与渲染的图片结合，生成虚拟的三维模型，模型形式状态与视图的显示状态有关，主要用作建模环境配景，如图 2－7 所示。

图 2－7　RPC 族样板实例(人物、植物)

2.2 点、线、面

点、线、面是 Revit 建模中最基本的图元，也是建模的参照和载体，理解点、线、面的特点和作用对 Revit 建模有极大的帮助。本节主要对点图元、线图元中常用的模型线和参照线、面图元中的参照平面和工作平面这几个术语的概念、应用和特点进行梳理，这一部分内容也是后续族、体量及项目创建的基础。

2.2.1 点图元

在 Revit 中，点图元也被称为参照点，它是模型图元创建中常会用到的一个参照，用来指定在建模环境中三维工作空间的位置关系。在体量的创建环境中，“创建”或“修改”选项卡下的“绘制”面板上有点图元的绘制工具(见图 2-8)，通过此工具可创建点图元。该参照点可用来创建新的族或者族的限制条件。参照点提供三个可用来绘制线和形状的平面，以此可用来创建三维样条曲线(见图 2-9)，它们的主体可以是线或表面。该参照点可绘制在任意的工作面或空间，此时也被称为自由点，它可提供三个方向的坐标参数作为模型创建的参照。多个自由点也可形成一条直线或曲线。点图元也可存在于样条曲线中，控制样条曲线的各控制点，这种情况下点图元也被称为驱动点。修改线条上的任意一点坐标即可改变样条曲线的形状。点图元也可绘制在某一主体上，若主体为一条线，点图元可在线上提供一个垂直于该主体的面作为参照(见图 2-10)；若该主体为一个面，点图元可在该面上提供一个点图元作为参照(见图 2-11)。在主体上的参照点随着主体移动而移动，若主体消失，该点则成为自由点。

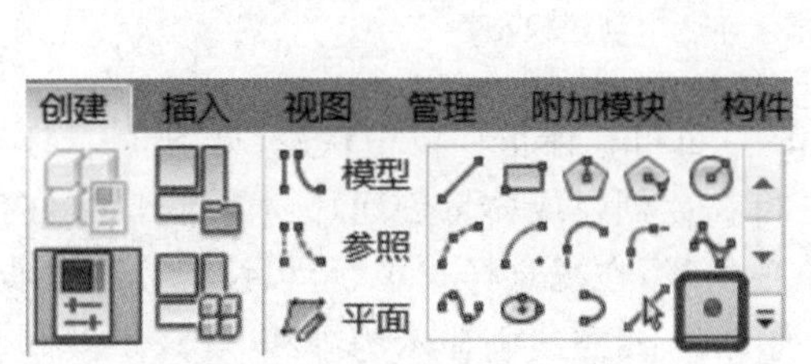

图 2-8 点图元工具

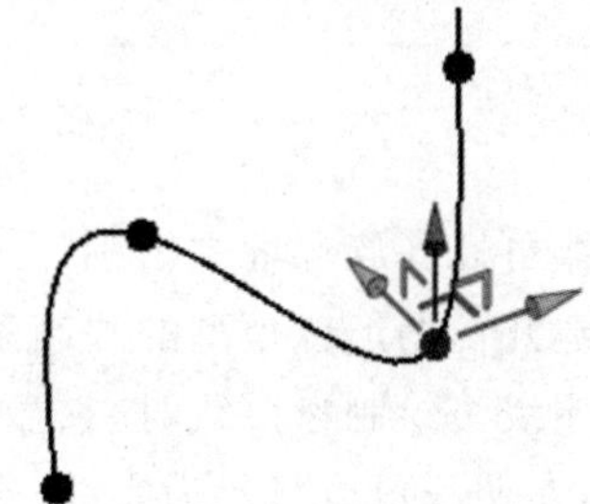

图 2-9 点图元创建样条曲线

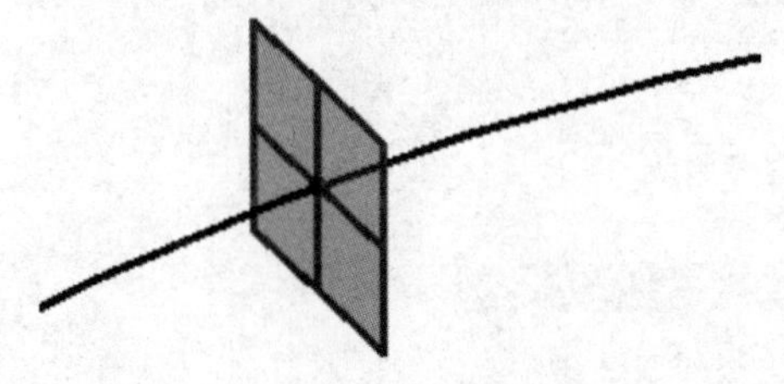

图 2-10 线上的点图元面

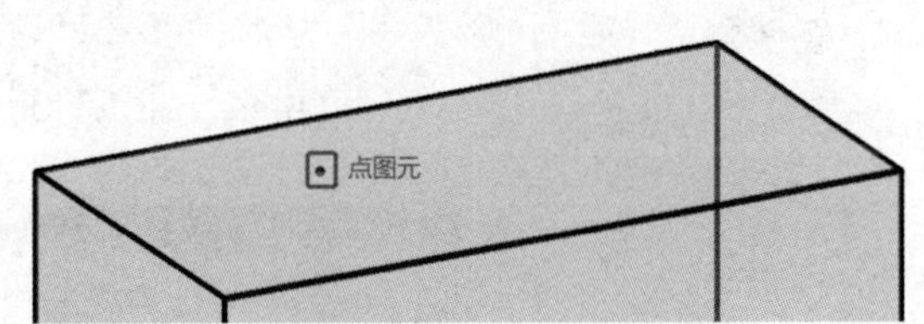

图 2-11 面上的点图元

2.2.2 线图元(模型线和参照线)

模型线可以在项目环境中绘制(见图 2-12)，也可以在族环境中绘制(见图 2-13)，也可以在体量环境中绘制(见图 2-14)。模型线是基于工作平面的图元，存在于三维空间且在所有视图都可见。模型线可以绘制成任意形状，可单独绘制、链状绘制，或者以矩形、圆形等其他多边形的形状进行绘制。模型线可以绘制二维几何图形，而无须显示实体几何。如可以绘制门板和金属构件的二维几何形状，而不是简单的实体拉伸。若要创建仅在特定视图中可见的线，可以将模型线转换为详图线，反之亦然。

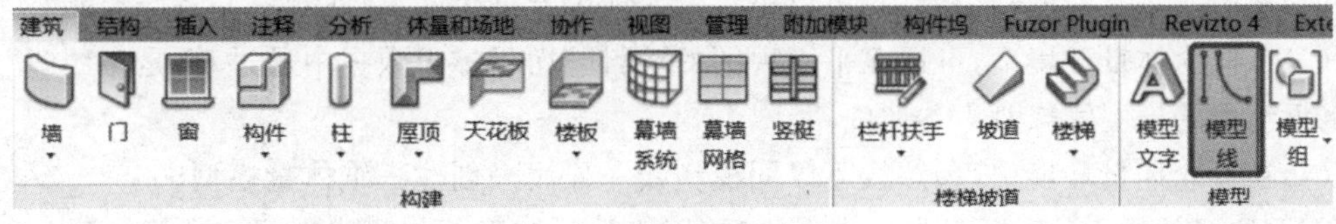

图 2-12 项目环境中创建模型线

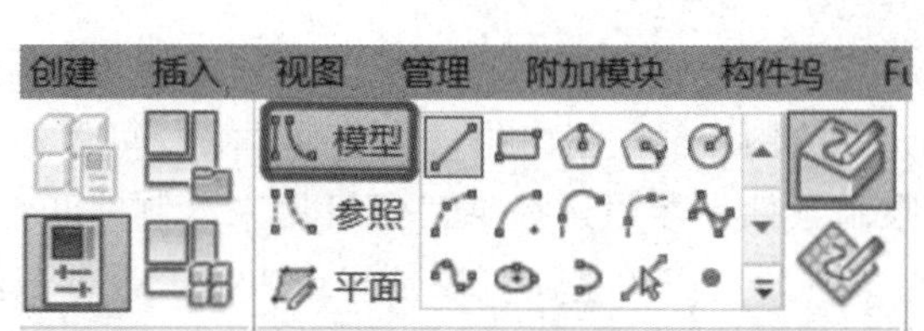

图 2-13 族环境中创建模型线

图 2-14 体量环境中创建模型线

参照线可以在族环境中绘制(见图 2-15),也可在体量环境中绘制(见图 2-16)。参照线可用来创建几何图形或模型的限制条件,它可在族创建或体量创建环境中打开,并在任一视图中添加参照线。绘制参照线时,它显示为单独的线;在视觉样式中,可以设置为隐藏线;在线框的视图中,参照线可以显示为实线;在平面视图中,参照线则显示为虚线。

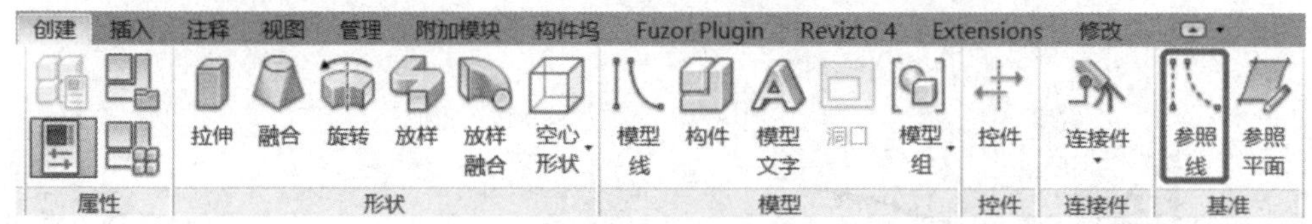

图 2-15 族环境中创建参照线

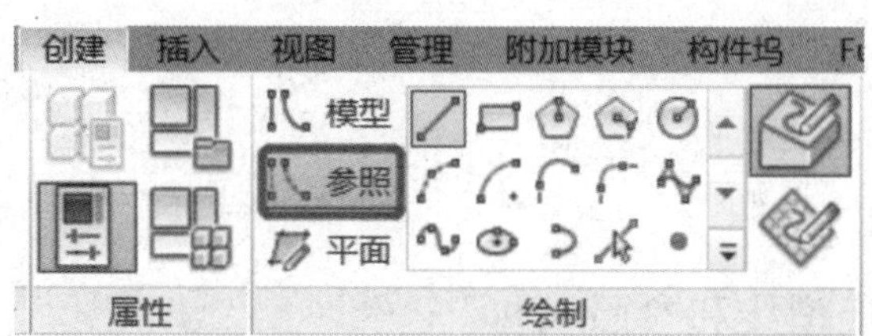

图 2-16 体量环境中创建参照线

参照线有如下几个特点:

(1)一条直线参照线有 4 个工作平面可以使用(沿长度方向有两个相互垂直的面,在端点位置各有 1 个工作平面,如图 2-17 所示);弧线参照线在端点位置有 2 个工作平面(见图 2-18)。一条参照线,可以控制基于其多个工作平面的多个几何图形。

(2)参照线是有长度和中点的,可以标注参照线的长度尺寸,以实现一些特殊控制。

(3)在概念体量环境下,可以在平面视图的"属性"面板标识数据中通过对"是参照线"的勾选,将无约束的模型线修改为参照线。

(4)在概念体量环境中,参照线可以同模型线一样用来创建三维体量模型。

需要注意的是 Revit 模型线生成实体后,不能重复使用。参照线生成实体后,可以重复使用,一般用于辅助线。

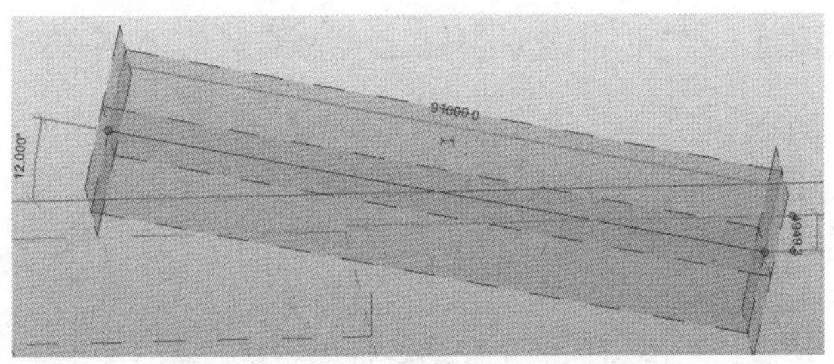

图 2-17　直线参照线工作平面

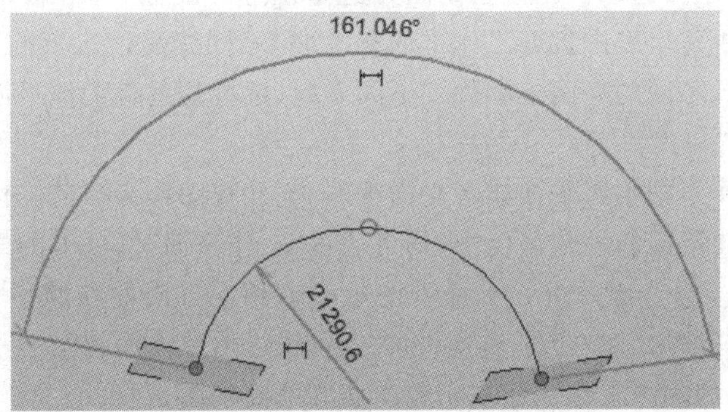

图 2-18　弧线参照线工作平面

2.2.3　面图元(参照平面和工作平面)

参照平面是 Revit 中非常重要的一个参照工具,它在二维视图中是一条虚线,在三维视图中是一个面(在项目环境和族环境中三维面不可见)。在项目环境和族环境中,只能在二维视图绘制参照平面,而在体量环境中,任意视图都可绘制,并且可显示在每个平面视图中。尤其在族和体量创建中,通过不同参照平面拾取图元所在的工作平面,在不同工作平面上的绘制才可实现预期模型。在参数化族创建中,通过将模型实体锁定在参照平面上,由参照平面来驱动实体进行参数变化。参照线主要是用来控制角度参数变化的。参照平面的打开方式有以下几种。

(1)在项目环境中,通过"建筑""结构"或"系统"选项卡上的"工作平面"→"参照平面"命令打开参照平面(见图 2-19);

(2)在族环境中,通过"创建"选项卡上的"基准"→"参照平面"命令打开参照平面(见图 2-20);

(3)在体量环境中,通过"创建"或"修改"选项卡上的"绘制"→"平面"命令打开参照平面(见图 2-21)。

图 2-19　项目环境中打开参照平面

图 2-20　族环境中打开参照平面

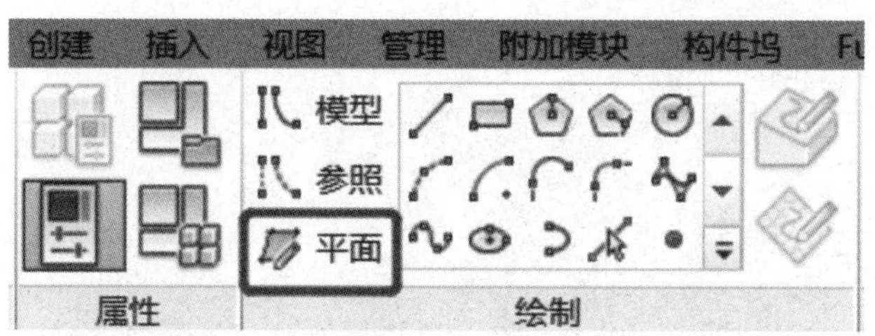

图 2-21　体量环境中打开参照平面

工作平面是一个用作当前视图或绘制图元起始位置的虚拟平面，它是绘制或放置图元的载体和基准。Revit 中每个视图都与工作平面相关联，不同标高代表不同的平面视图，也代表不同的水平工作平面，不同的立面视图代表不同方向、位置的垂直工作平面。设置工作平面的方法有以下两种。

(1)默认工作平面。把楼层平面或者立面视图、剖面视图作为当前工作平面。

(2)手动拾取。在不同的创建环境中，均可通过"工作平面"选项卡的设置命令拾取所需要的工作平面(见图 2-22)。比如可在平面视图中拾取相应方向的参照平面或构件边界，可确定立面视图两个方向(前后/左右)的工作平面，也可通过拾取立面视图上不同的参照平面或构件边界进入不同标高的水平工作平面或相应的楼层平面视图。

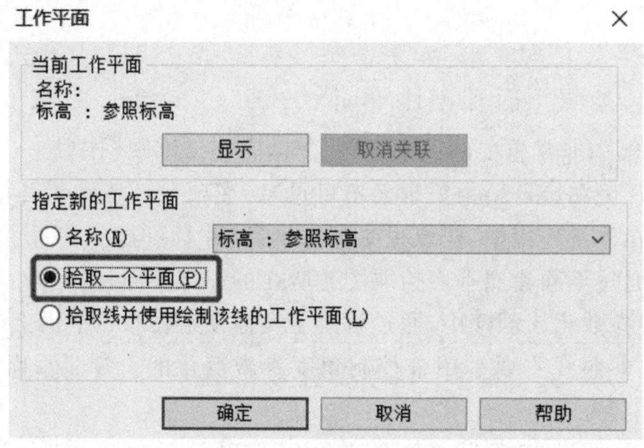

图 2-22　拾取工作平面

2.3　族创建

族是 Revit 建模的关键，族有系统族、可载入族和内建族三种类型。其中，系统族是极其有限的，本节主要介绍创建可载入族的基本工具和方法。

首先需要在应用程序菜单中点击"新建"→"族"(见图 2-23)，选择拟创建形体适合的族样板进入族创建界面。族创建界面(见图 2-24)与新建项目界面有明显不同，族创建界面主要由"创建"选项卡下体现族参数的"属性"面板和实现族形状创建的"形状"面板等部分组成。Revit"形状"创建面板上提供了实心和空心两大类形状的五种创建方式，其中有拉伸、融合、旋转、放样和放样融合，通过对这两大类五种工具的单独使用或多种组合可创建出工程项目所需要的各种形状族。本节主要介绍不同形状族的创建方法及族参数添加。

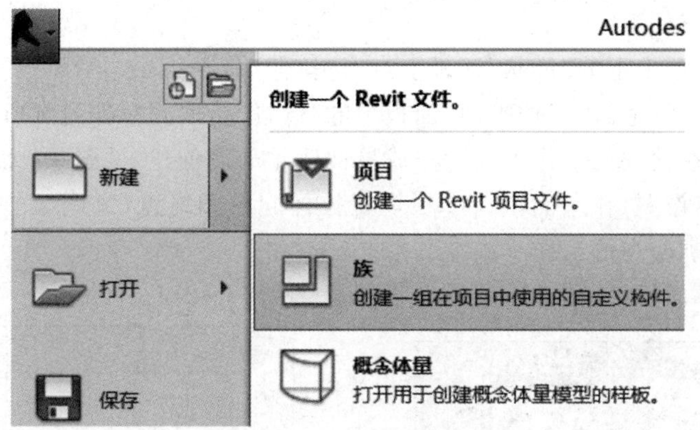

图 2-23 “新建”→“族”选项

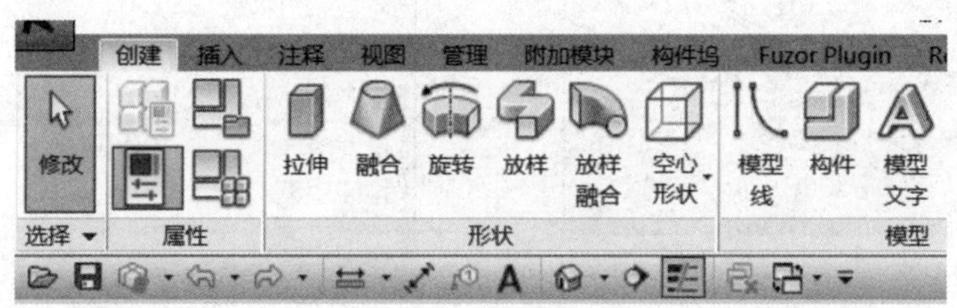

图 2-24 族创建界面

2.3.1 实心拉伸

“拉伸”命令是通过对某一平面内的二维形状(闭合轮廓)沿垂直于该平面的方向拉长,最终形成三维形体的方法(见图 2-25)。平面上是一个矩形轮廓,拉伸后就成为一个长方体;平面是一个圆形轮廓,拉伸后则成为一个圆柱。拉伸过程中通过二维轮廓、拉伸起点和终点及拉伸的基准面三大因素确定三维形体。

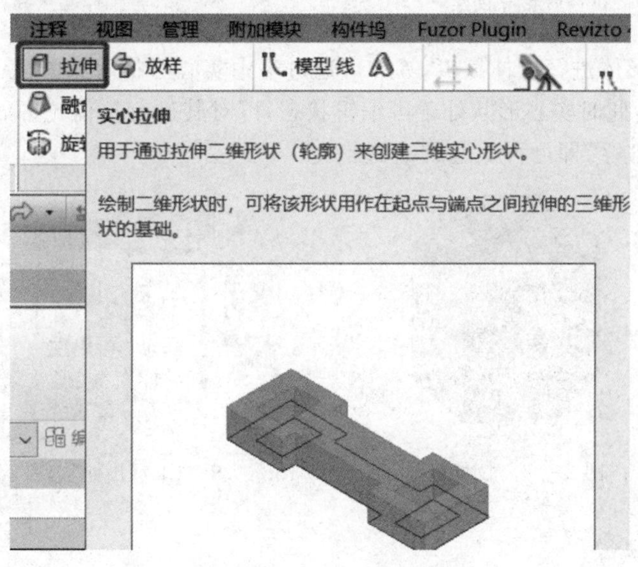

图 2-25 拉伸

拉伸的具体操作如下：

(1)在“创建”选项卡下的“形状”面板上点击“拉伸”命令。

(2)确定工作平面：通过“工作平面”面板中的“设置”拾取到拉伸轮廓所在的工作平面。

(3)轮廓创建：在拾取的工作平面上完成拉伸后轮廓的创建(见图 2-26)。

(4)拉伸起终点设置：在左侧“属性”栏设置拉伸起点和终点(见图 2-27)，此处设置的数值大小是以拉伸轮廓所在的工作平面为基准。

(5)单击“模式”面板上的“√”，完成形状创建(见图 2-28)。

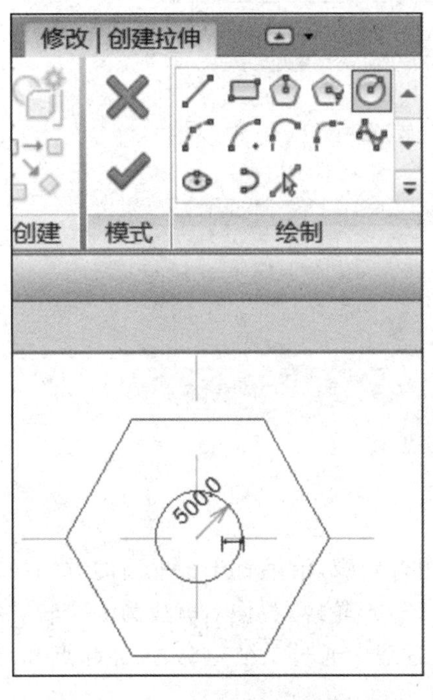

图 2-26 拉伸后轮廓创建

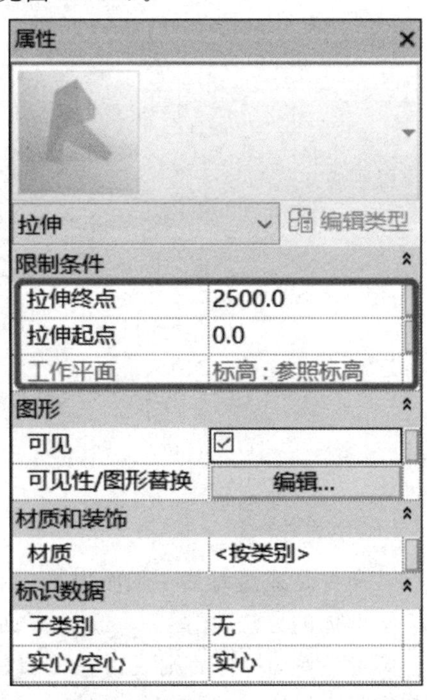

图 2-27 拉伸起点和终点的设置

对完成的实心形体进行拉伸编辑，具体可通过选中实心形状后点击“模式”面板中的“编辑拉伸”(见图 2-29)，此时实心形状处于可编辑状态，可对其进行拉伸轮廓、拉伸起点和终点等参数修改，最后点击“√”即可再次完成编辑。

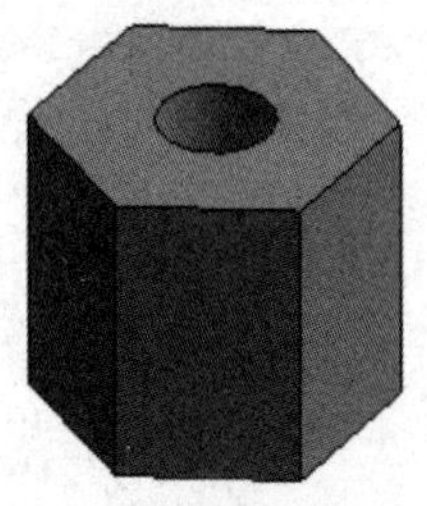

图 2-28 拉伸形体

图 2-29 “编辑拉伸”选项

2.3.2 实心融合

如图 2-30 所示，“融合”命令是通过两个平行平面上的任意封闭轮廓融合形成三维形体的方法。根据形体特点不同，两个封闭轮廓的形状可以相同，也可以不同。

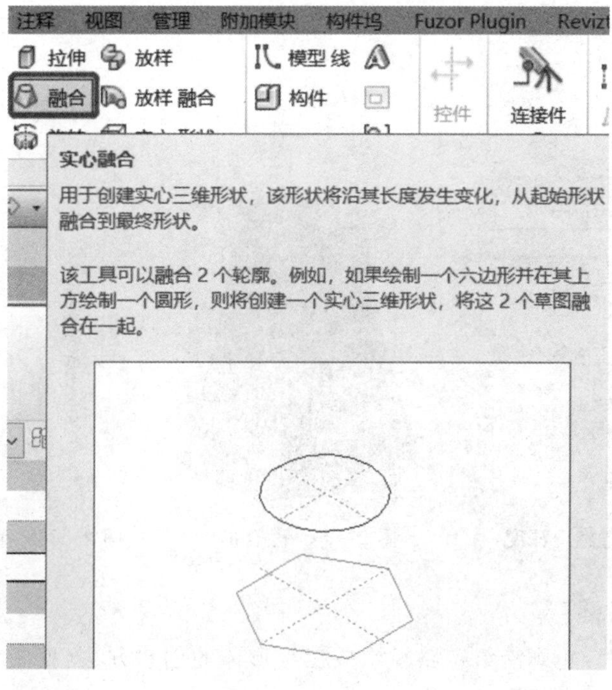

图 2-30　融合

融合的具体操作如下：

(1)在“创建”选项卡下的“形状”面板上点击“融合”命令。

(2)确定工作平面：通过“工作平面”面板中的“设置”或者点击“项目浏览器”中的相关楼层平面拾取到拉伸轮廓所在的工作平面。

(3)底部轮廓：在指定好的工作平面上完成底部轮廓的创建(见图 2-31)。

(4)顶部轮廓：点击“模式”面板上的“编辑顶部”(见图 2-32)，此时已绘制好的底部轮廓选项为灰色不可编辑，根据实际形状完成顶部轮廓的绘制(见图 2-33)。

(5)顶部与底部之间距离设置：点击左侧“属性”栏设置第二端点的数值(见图 2-34)，此处设置的数值大小是以底部轮廓所在的参照平面为基准。

(6)单击“模式”面板上的“√”完成形状创建(见图 2-35)。

已完成的融合形体若需要再次编辑，首先应选中通过融合形成的形体，此时在“模式”面板中会出现“编辑顶部”和“编辑底部”(见图 2-36)，根据需要可分别进行相应位置轮廓编辑，顶部与底部的距离设置也可通过“属性”栏的数字修改实现，最后点击“√”再次完成编辑。

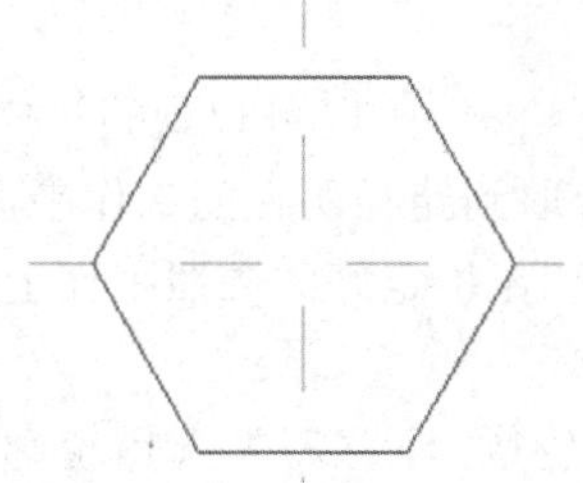

图 2-31　底部轮廓创建

图 2-32　选择顶部轮廓绘制

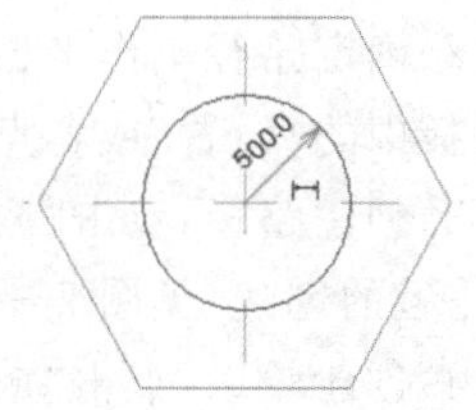

图 2-33　顶部轮廓绘制

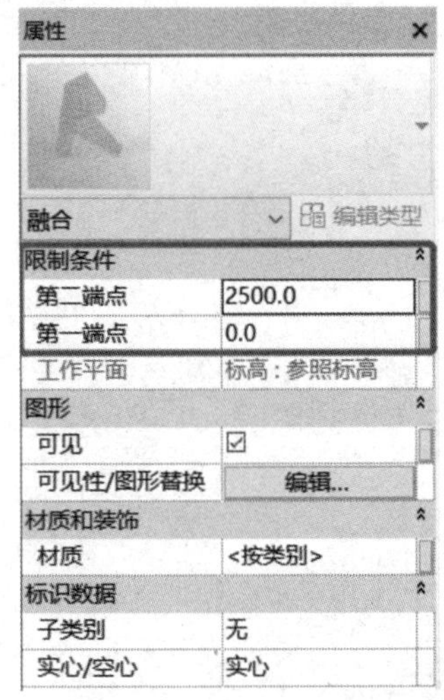

图 2－34　设置融合深度

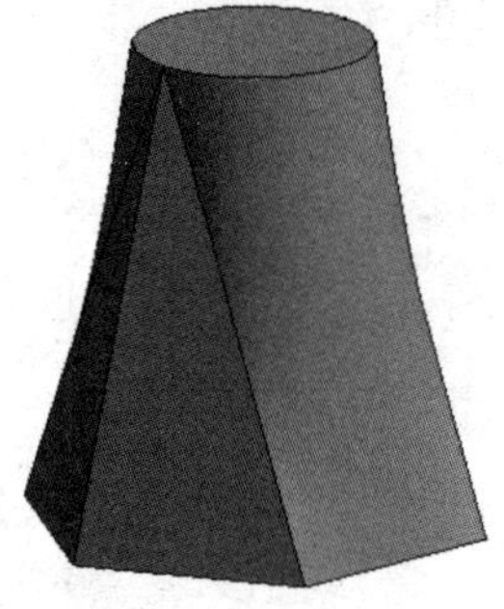

图 2－35　融合形体

图 2－36　编辑融合形体选项

2.3.3　实心放样

“放样”命令是闭合轮廓沿给定路径生成三维形体的创建方法(见图 2－37)，该方法需要路径和闭合轮廓两个基本要素。

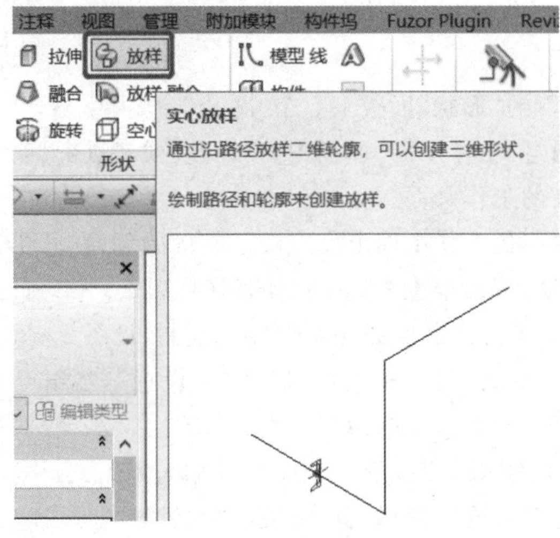

图 2－37　放样

放样的具体操作如下：

(1)在“创建”选项卡下的“形状”面板上点击“放样”命令。

(2)确定路径工作平面：因为 Revit 默认先创建路径再创建轮廓，所以可以通过“工作平面”面板中的“设置”或者点击“项目浏览器”中的相关楼层平面拾取到路径所在的工作平面。

(3)创建路径：点击“放样”面板上的“绘制路径”或“拾取路径”在指定好的参照平面上进行放样路径的创建(见图 2－38)，最后点击“√”完成。

(4)创建轮廓：点击“放样”面板上的“编辑轮廓”或载入已有轮廓，注意需先选择轮廓所在平面再创建，最后点击“√”完成(见图 2－39)。

(5)单击“模式”面板上的“√”完成放样(见图 2－40)。

完成后的放样形体若需要编辑，应首先选中通过放样形成的形状，此时在“模式”面板中会出现“编辑放样”（见图 2-41），根据需要可分别进行路径及轮廓编辑，最后点击“√”再次完成编辑。

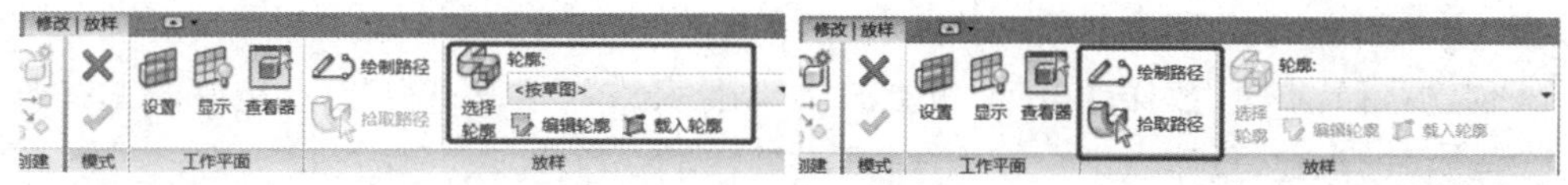

图 2-38　创建放样路径

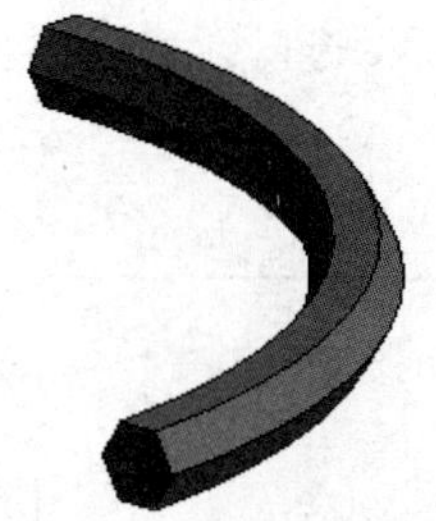

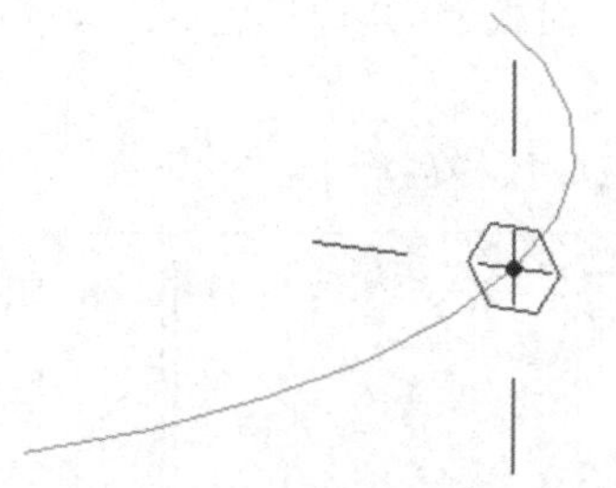

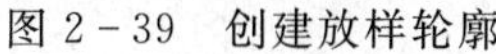

图 2-39　创建放样轮廓　　图 2-40　完成后的放样形体　　图 2-41　编辑放样

2.3.4　实心放样融合

“放样融合”命令从字面就可看出它是放样和融合两种创建方法的结合。在操作时，应首先设定放样路径，并分别在路径起点和终点截面上绘制不同形状轮廓，两截面沿路径自动融合生成形体（见图 2-42）。指定的路径、路径起点和终点截面上的两个轮廓为放样融合的基本要素。前述的放样和融合是放样融合方法的特殊情况。

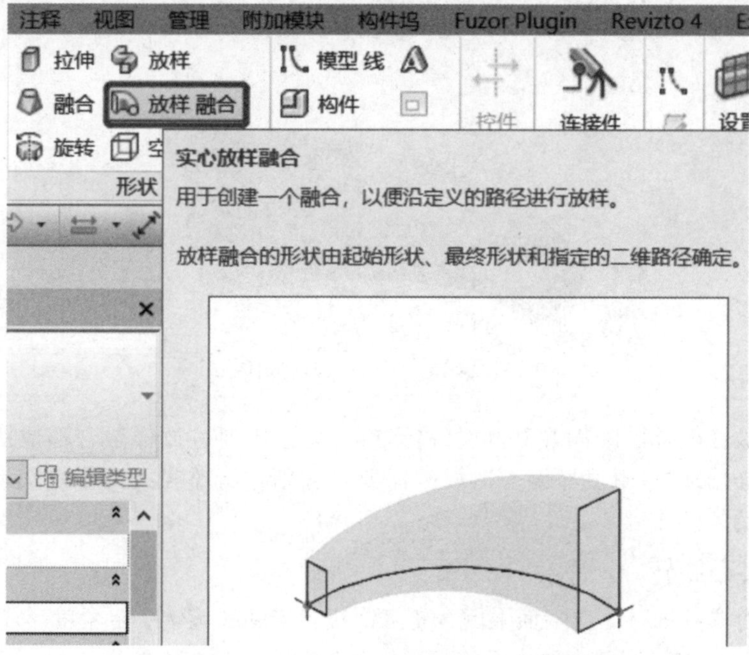

图 2-42　放样融合

放样融合的具体操作如下：

(1)在“创建”选项卡下的“形状”面板上点击“放样融合”命令。

(2)确定工作平面：因为 Revit 默认先创建路径再创建轮廓，所以通过“工作平面”面板中的“设置”或者点击“项目浏览器”中的相关楼层平面拾取到路径所在的工作平面。

(3)创建路径：点击“放样融合”面板上的“绘制路径”或“拾取路径”在指定好的工作平面上进行放样路径的创建，最后点击“√”完成(见图 2-43)。

(4)创建轮廓 1：点击“放样融合”面板上的“选择轮廓 1”，再点击“编辑轮廓”完成轮廓 1 创建，最后点击“√”完成。

(5)创建轮廓 2：点击“放样融合”面板上的“选择轮廓 2”，再点击“编辑轮廓”完成轮廓 2 创建，最后点击“√”完成(见图 2-44)。

(6)单击“模式”面板上的“√”完成放样融合(见图 2-45)。

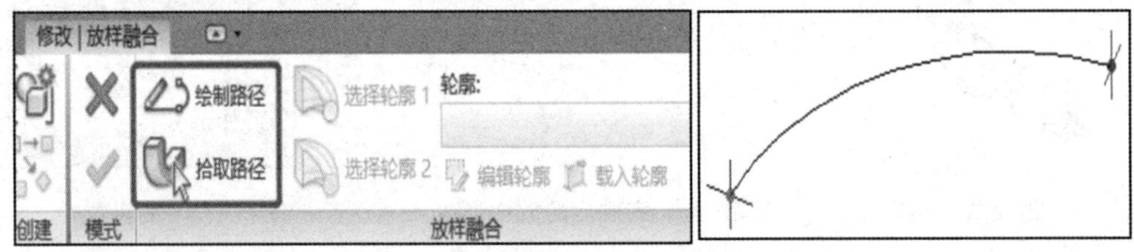

图 2-43　创建路径

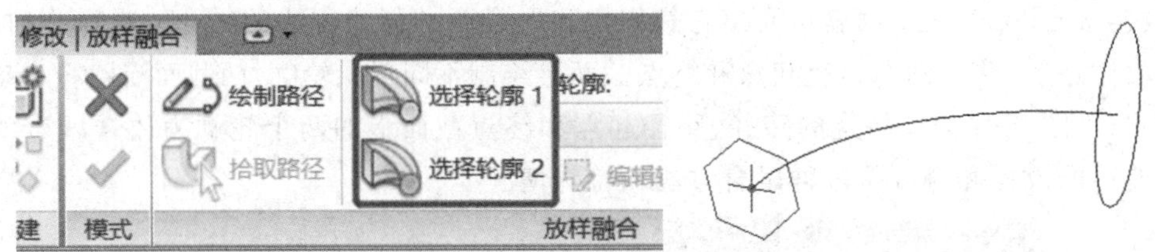

图 2-44　创建轮廓

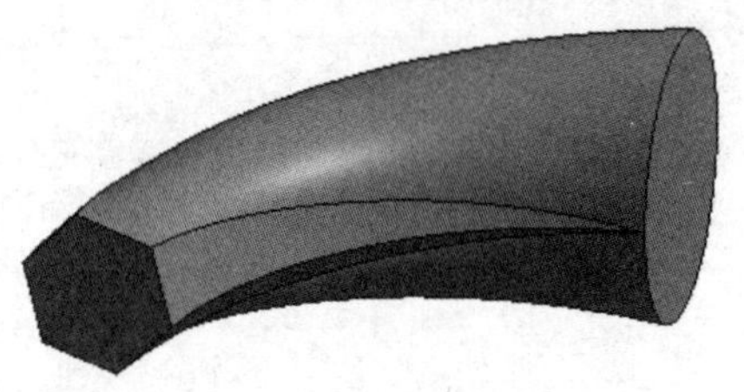

图 2-45　放样融合后形体

完成后的放样融合形体若需要再次编辑，应首先选中通过放样融合形成的形状，此时在“模式”面板中会出现“编辑放样融合”，根据需要可分别进行路径及两个轮廓编辑，最后点击“√”再次完成编辑。

2.3.5　实心旋转

“旋转”命令是在同一工作平面上闭合轮廓围绕指定轴线旋转一定角度形成三维形体的方法(见图 2-46)。旋转轴、闭合轮廓及旋转角度是旋转形成的基本要素。

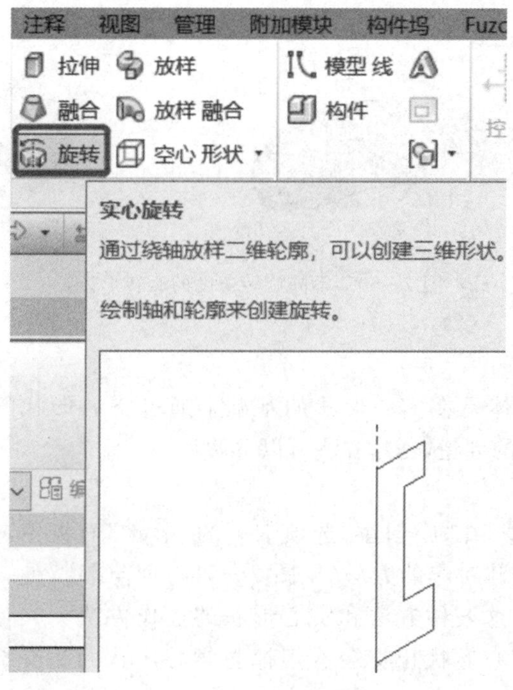

图 2 - 46　旋转

旋转的具体操作如下：

(1)在“创建”选项卡下的“形状”面板上点击“旋转”命令。

(2)确定工作平面：通过“工作平面”面板中的“设置”拾取到边界线和轴线所在的平面。

(3)创建边界线：通过直接绘制或拾取的方式创建边界线即旋转的轮廓(见图 2 - 47)。

(4)创建轴线：通过直接绘制或者拾取创建旋转轴(见图 2 - 48)。

(5)旋转角度设置：左侧“属性”栏可设置旋转的起始角度，默认为 0—360°族转一周(见图 2- 49)。

(6)单击“模式”面板上的“√”完成形体旋转(见图 2 - 50)。

完成后的旋转形体若需要再次编辑，应首先选中已完成的形状，此时在“模式”面板中会出现“编辑旋转”，根据需要可分别进行轮廓、轴线及旋转角度编辑，最后点击“√”再次完成编辑。

图 2 - 47　创建旋转边界线

图 2 - 48　创建旋转轴

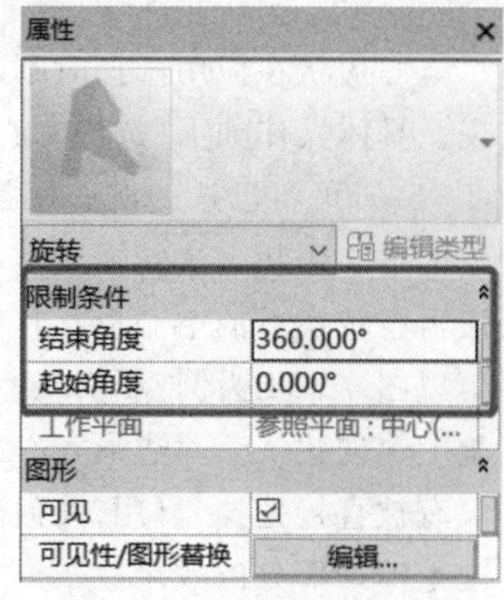

图 2 - 49　旋转角度设置

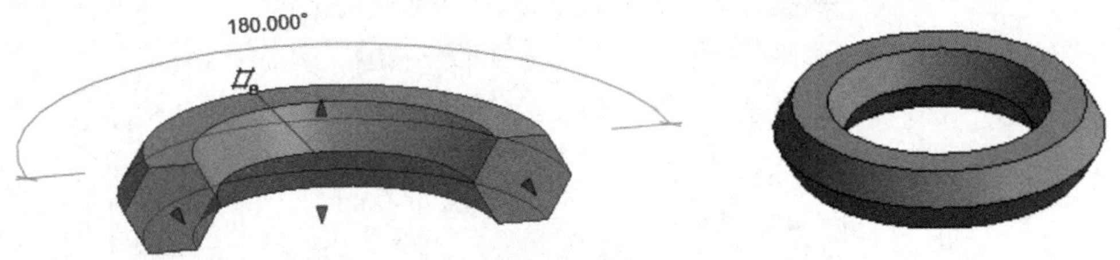

图 2-50　不同旋转角度的旋转形体

2.3.6　空心形状

在族创建中，很多形体是在实心形状的基础上通过空心形状的剪切掏洞实现的，所以 Revit 也提供了空心形状的创建，创建方法有以下两种。

1.创建空心形状

与实心形状创建类似，在“族创建”选项卡下的“形状”面板中，点击“空心形状”下拉菜单，有五种与实心形状创建对应的方法(见图 2-51)，即空心拉伸、空心融合、空心旋转、空心放样和空心放样融合，这五种方法和实心形状的操作方法一样，只是采用空心相关命令实现的形体是空心，与实心形状相交会剪切掉与实心形状的相交部分，最终实现所需形状(见图 2-52)。

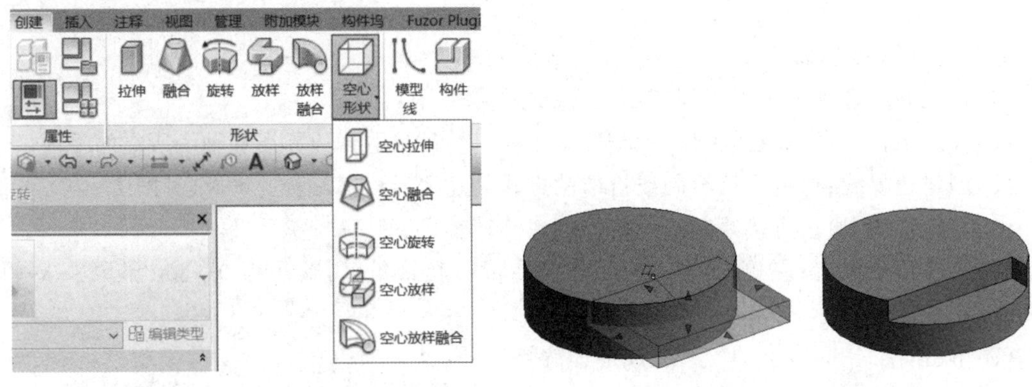

图 2-51　空心形状创建方式

图 2-52　空心形状应用

2.空心、实心形状的转换

空心形状在应用选择时不太方便，Revit 中的空心形状还可以通过已创建的实心形状转换实现。具体操作如下：选中实心形状，在左侧“属性”栏的“标识数据”中有“实心/空心”选项(见图 2-53)，可将已选的实心形状转换成空心，也可再次转换成实心。此处需要注意，若是直接创建的空心形状无法转换成实心；同时实心转换成空心后，若经过剪切处理已形成新形状，就无法再将转换后的空心形状转换为实心。

以图 2-54 为例，要实现该图圆柱体被六边形柱体挖掉一部分的效果，可在实心圆柱体的基础上再创建一个六边形实心柱体，然后将六边形实心柱体转换成空心，此时会发现空心形体并没有被直接挖掉，可用“几何图形”面板上的“剪切”命令，先选择实心体再选择空心体，最终实现挖掉一部分的效果。

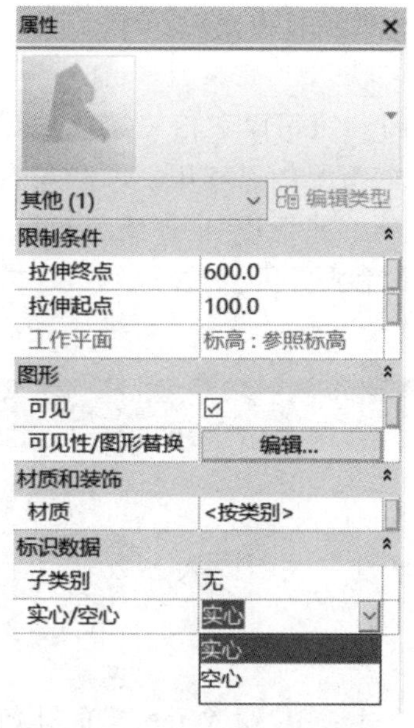

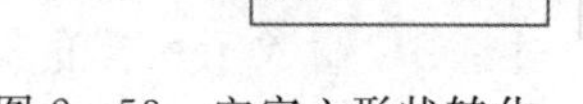

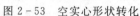

图 2-53　空实心形状转化

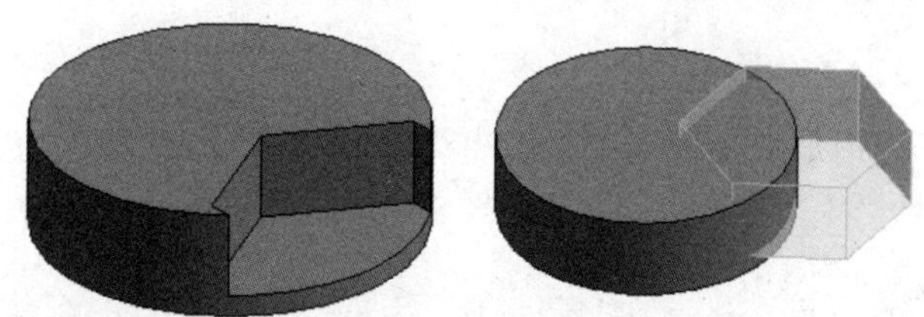

图 2-54　空心剪切实心形状

3.几何图形的剪切与连接

在空心与实心形状相互组合过程中，“几何图形”选项卡上的“剪切”和“连接”是常用的处理命令。“剪切”命令主要用于空心与实心形状组合时实现空心的效果。注意使用“剪切”命令时需要先选择空心形状再选择实心形状，最终实现形状组合。“连接”命令主要用于清理多个实心形状之间重复的交线。

2.3.7　内建模型

“内建模型”命令是创建内建族的途径。创建内建族需要在项目中，点击项目中“建筑”选项卡下“构件”→“内建模型”命令(见图 2-55)，选择所创建的内建族类型，进入内建族创建界面，这与新建可载入族界面一样，创建方法也类似，这里不再赘述。

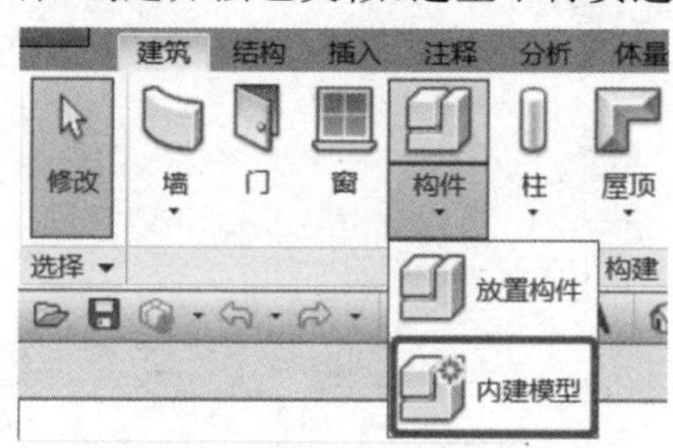

图 2-55　内建模型

需要注意的是内建族和外建族还是有一些区别的，主要体现在以下几个方面。

1.存在格式不同

内建族是在项目中创建的，所以保存的格式与项目格式一致，即.rvt；可载入族是在族环境中创建的，只能存为族文件格式，即.rfa。

2.使用方式不同

内建族是直接在项目中创建的，只能在当前项目中保存和使用；可载入族是单独创建的，可以保存在指定的路径下，通过项目中的"载入族"插入任意需要的项目中使用。

3.创建细节不同

内建族是在项目中创建的，没有专有的族样板，项目需要的参照平面和相关参数需要新建，同时还需要对族类型进行指定，但项目原有标高、轴网可根据情况加以利用。可载入族在新建之前就需要先选族样板，合适的族样板会提供族创建的基础。如新建"栏杆族"，选择"公制栏杆"族样板可同步指定族类型和样板中已创建相关视图中的参照平面和尺寸参数，这样操作起来更便捷。

2.4 族参数及参数化

2.4.1 族参数

无论是系统族还是新建族都会有相应的参数。按照添加的方式不同族参数有以下四大类。

1.族自带参数

前述内容介绍了族的创建方法，即族形状的实现，在实现的过程中，输入了所需的几何参数，除此之外还可在"属性"栏(见图 2-56)设置如材质、图元可见性等信息。这些随着族形状的实现所设置的参数都属于族自带的参数。

2.族类别参数

族创建过程中或创建完成后，需要对其进行族类别的指定。点击"属性"选项卡中的"族类别和族参数"(见图 2-57)会弹出如图 2-58 所示的对话框，在此对话框中就可以对新建的族进行专业属性(建筑、结构、电气、管道等)及构件属性(哪个专业的什么构件)的设置，经过这一操作的设置，族就可以称为某专业的一个构件，自动就带有该专业的一部分特有参数(信息)，即"族类别参数"。如同样一个圆形实心拉伸，定义的族类别不同(结构柱、建筑柱)载入项目后自带的专业属性信息就不同，圆形拉伸被定义为结构柱后就会有与结构分析、混凝土保护层有关的结构类参数(见图 2-59)，而被定义为建筑柱后就仅有一些基本的图元信息(见图 2-60)。

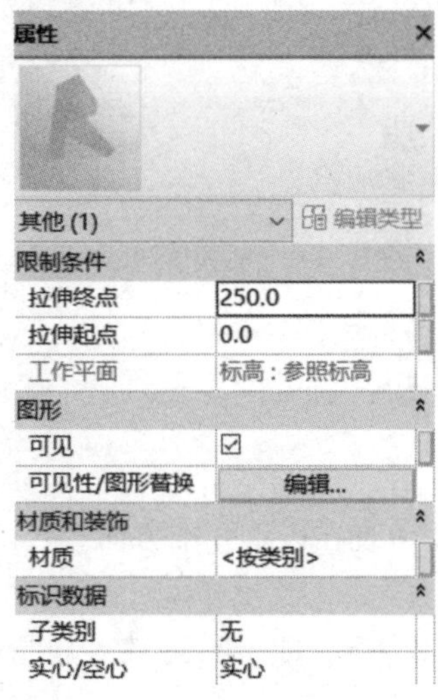

图 2-56 族自带的部分参数

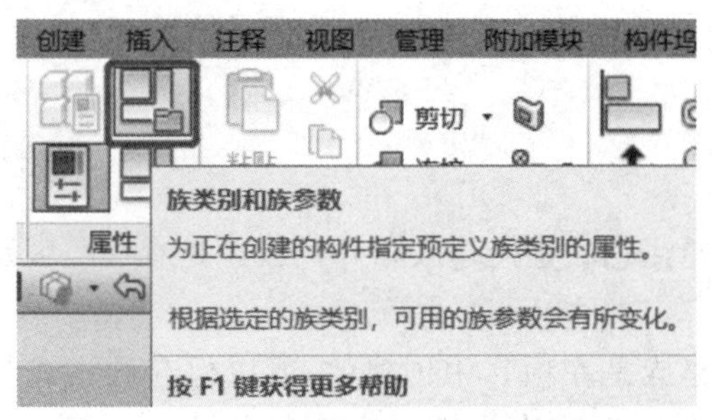

图 2-57 "族类别"选项

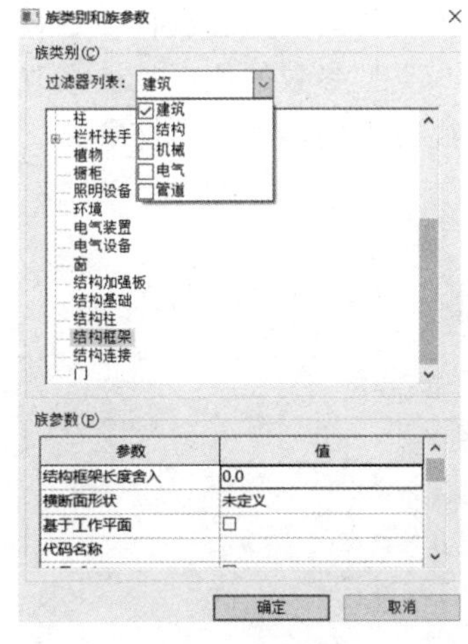

图 2-58 “族类别和族参数”设置

图 2-59 结构柱类别参数

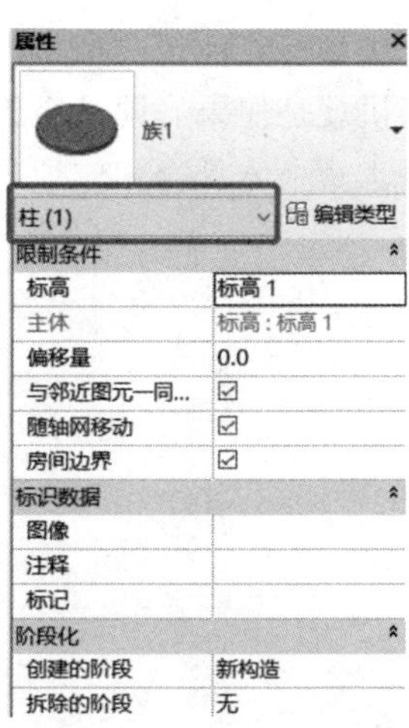

图 2-60 建筑柱类别参数

3.族类型参数

除上述族自身属性所带参数和设定族类别后的参数外，还可以对该类别的族添加更详细的参数。点击“属性”选项卡中的“族类型”(见图 2-61)会弹出如图 2-62 所示的对话框，通过“添加”“修改”等选项可以在“参数属性”面板中为族添加类型参数。

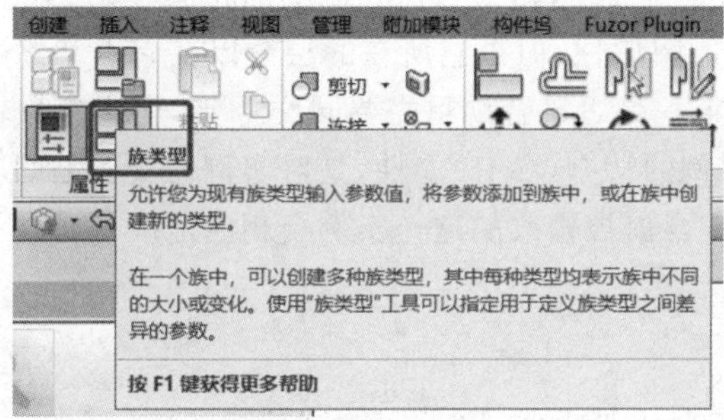

图 2-61 “族类型”选项

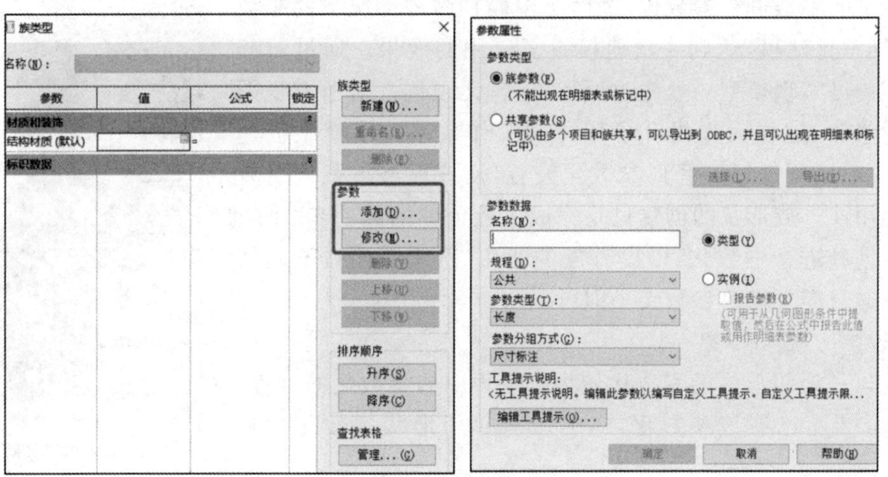

图 2-62 族类型参数添加

类型参数体现的是一类图元的公共属性，是对同类型下个体之间共同信息进行的定义，简单来讲就是如果有同一个族的多个相同的类型被加载到项目中，类型参数的值一旦被修改，所有的类型个体都会相应地改变，图 2－63 是直径为 300 mm 的混凝土圆形柱的类型参数。

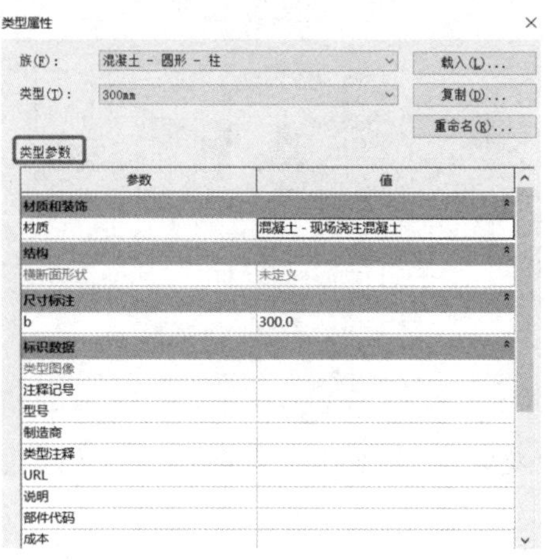

图 2－63　族类型参数示例

4.实例参数

实例参数是族在载入项目后，根据项目需要添加的相关参数。如圆形柱的族载入项目后，即使是同一类型的 D500 的圆形柱，但是它所在的层数以及起点和终点标高、与放置面是否垂直等信息（见图 2－64）对该柱是否符合项目需要同样重要，这些参数就被称为族的实例参数。实例参数体现的是各个实例的特有（私有）属性，是对实例与实例之间不同的内容进行的定义。实例参数值被修改后，只有当前被修改的这一实例会相应地改变，同一族类型的其他模型参数仍保持不变。

2.4.2　参数化族

参数化是 Revit 软件的一大特点，也是它的优势。Revit 建模就是通过各种族进行拼搭，每个族本身带有大量参数，Revit 可以将族所带的参数进行参数化，进而实现族在多种情况下的参数化修改、动态化建模，达到一次建模重复使用的效果。通过对族参数的控制可实现模型一处修改处处更新，无须逐一对所有视图图元进行修改，这样大大提升了用户的工作效率。族模型创建后，还需要对模型进行一系列参数化设置，使该模型被载入后有更强的通用性。族形状的创建只是完成了族创建的第一步，下一步需要对该族进行参数化，以提升族的通用性，从而族在不同情况下应用时只需要修改参数大小即可。

图 2－64　族实例参数

1.单个形状的参数化

在此以一个矩形柱的参数化族为例来说明族参数化的过程。虽然 Revit 族库已有该参数化族，但所有单个形状参数化过程类似。

(1)新建族：选择适合的族样板，若没有类似的，则选择通用的“公制常规模型”，进入绘图界面后会发现此样板已经提供了两个垂直方向的参照平面。

(2)添加需要的参照平面：在已有参照平面基础上，沿矩形边的四个方向再添加四个参照平面(见图 2-65)。

(3)标注尺寸：标注参照平面之间的尺寸及总尺寸，并通过快捷键“EQ”保证同方向两边线居中对称(见图 2-66)。

(4)柱创建及边界锁定：采用拉伸完成矩形柱创建，并在平面视图上将四个边与对应的参照平面锁定(见图 2-67)。

(5)族几何参数添加：选择柱截面宽度方向尺寸标注，添加参数为“b”；选择柱截面高度方向尺寸标注，添加参数为“h”；转到立面视图，使用同样的方法，添加柱高度参数为“L”(见图 2-68)。

(6)族材质参数添加：选择族对象，在“属性”栏点击材质选项，添加材质参数(见图 2-69)。

(7)族参数修改：选择族，查看族参数，在弹出的界面中会发现添加的几何参数、材质参数都在族参数列表中，并且可以根据项目需要进行设置与修改(见图 2-70)。

操作视频
单个形状参数化

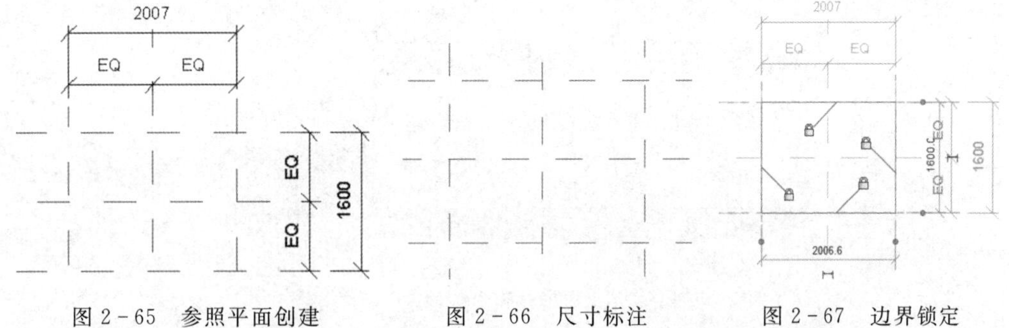

图 2-65　参照平面创建　　图 2-66　尺寸标注　　图 2-67　边界锁定

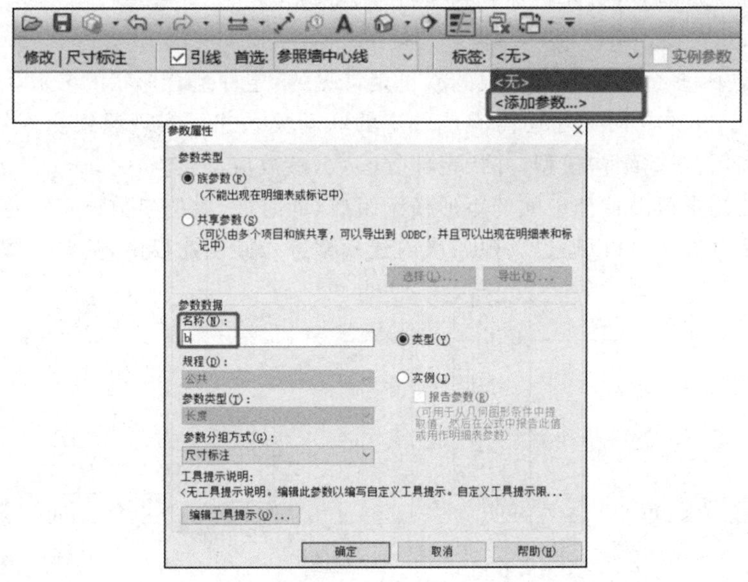

图 2-68　几何参数添加

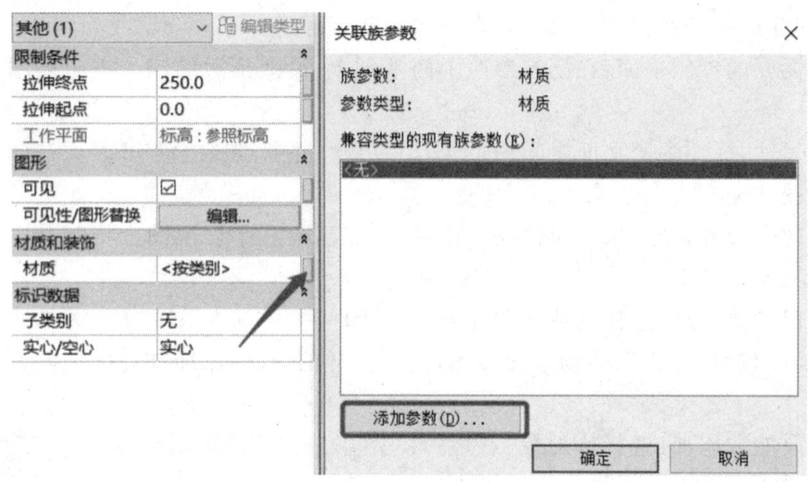

图 2-69　材质参数添加

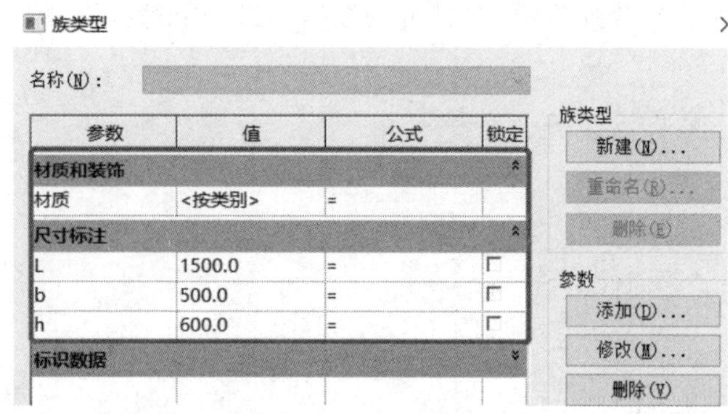

图 2-70　族参数修改

族参数添加完成后，可将此族加载到项目中进行调用。

2.组合形状的参数化

在建模过程中，多个形状组合形成的族也是常见的，这种组合形状的参数化不仅是每个几何尺寸的参数化，相关几何尺寸还需满足一定的联动关系才可实现该组合族的真正参数化。以图 2-71 为例，完成此结构模型，并指定部分参数，参数应满足“$w=a+2b$”，“$h=h_1+h_2$”。该模型由两边的矩形截面柱和中间的矩形横梁组成，同时柱、梁的参数还有一定联动关系。该模型的绘制有多种方法，可以通过新建族或内建模型进入族创建界面，具体步骤如下：

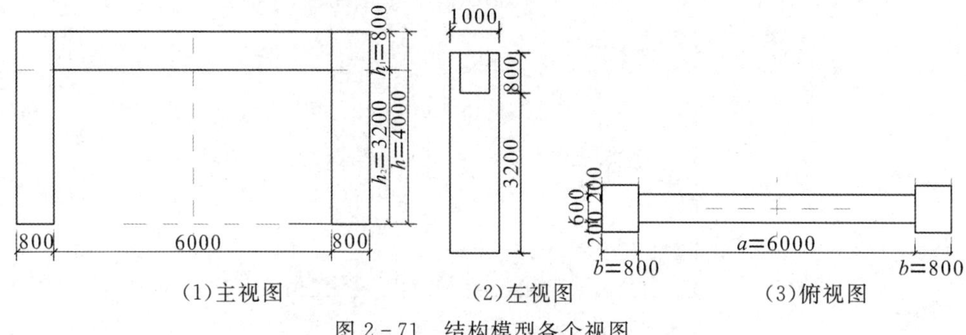

图 2-71　结构模型各个视图

(1)添加需要的参照平面:在平面视图和立面视图中,根据形状需要添加相应的参照平面(见图 2-72)。

(2)标注尺寸:标注参照平面之间的尺寸及总尺寸,并点击快捷键“EQ”保证同方向两边线居中对称(见图 2-72)。

(3)柱创建及边界锁定:采用拉伸方式完成左侧矩形柱创建,并在平面视图中将需要参数化的尺寸两边与对应的参照平面锁定,右侧柱可通过左侧镜像对称完成,再锁定边界(见图 2-73)。

(4)柱族几何参数添加:选择柱截面宽度方向尺寸标注,添加参数“b”(见图 2-74)。

(5)梁族创建及边界锁定:拾取横梁创建的工作平面,采用拉伸完成横梁创建,并在立面视图中将需要参数化的尺寸两边与对应的参照平面锁定(见图 2-75)。

(6)梁族几何参数添加:选择梁截高度方向尺寸标注,添加参数“h_1”“h_2”(见图 2-75),进入平面视图,选择梁跨度方向尺寸标注,添加参数“a”(见图 2-76)。

(7)联动参数添加:选择族,查看族参数,会发现已添加的几何参数都在族参数列表中,点击“添加”输入参数为“w”并在“公式”栏输入相应的联动公式,参数“h”的添加方法与“w”一样(见图 2-77)。

此时所需要的参数和联动关系添加完成,可通过这些参数的变化实现一次建模多次使用的效果,三维效果见图 2-78。

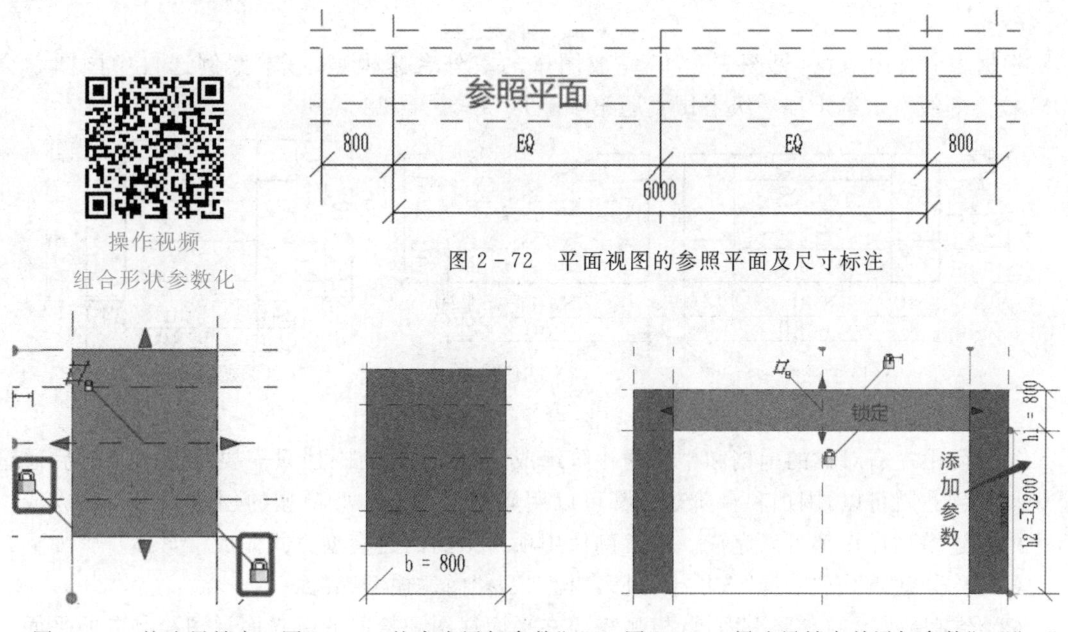

图 2-72 平面视图的参照平面及尺寸标注

图 2-73 柱边界锁定 图 2-74 柱宽度添加参数“b” 图 2-75 梁边界锁定并添加参数“h_1”“h_2”

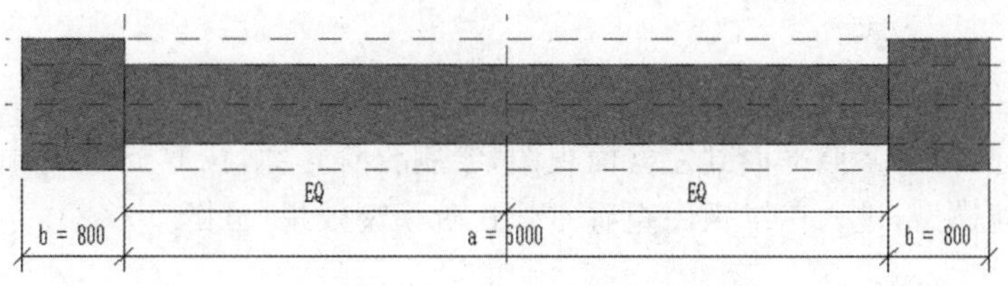

图 2-76 添加参数“a”

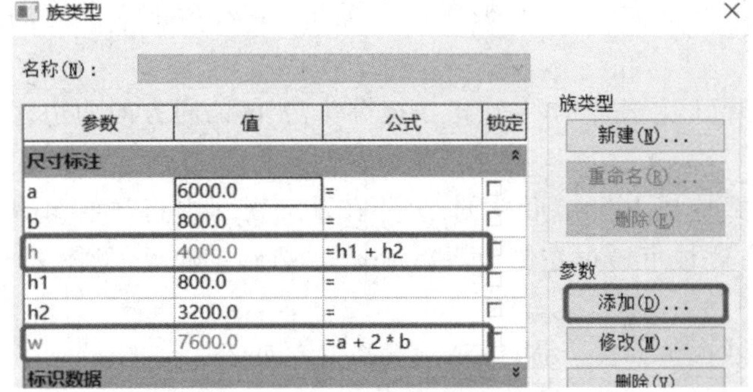

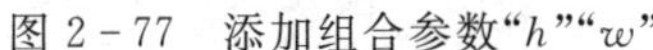
图 2－77　添加组合参数“h”“w”

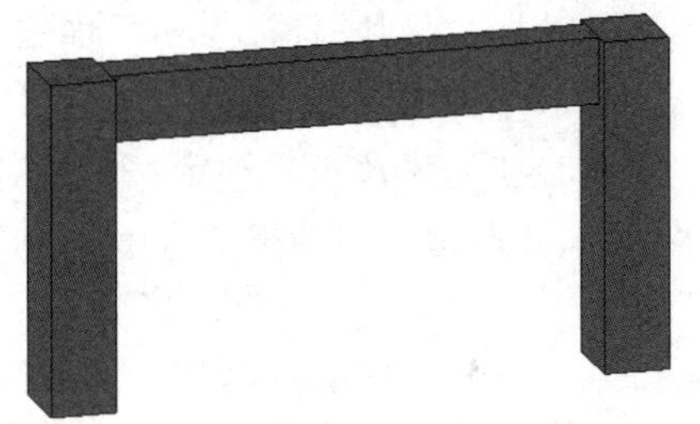
图 2－78　三维模型效果

通过对简单形状和复杂形状的参数添加，会发现参照平面无论在形状创建还是参数添加过程中都非常重要，参照平面为几何图形草图提供了绘图基准，同时在参数化过程中构成了整个参数化框架。所以族创建中一般都是先创建需要的参照平面，这是族创建的基础也是关键。

2.5　族创建案例

本节通过不同类型的族创建案例来进一步梳理族的创建流程和方法。

2.5.1　构件族

根据相应视图信息(见图 2－79)完成图中的室外台阶模型。(本案例选自中国图学会 BIM 技能等级考试第十期一级考试真题第 2 题)

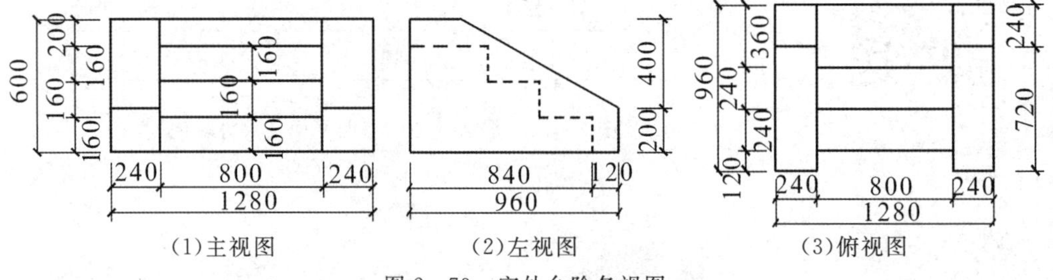

(1)主视图　(2)左视图　(3)俯视图

图 2－79　室外台阶各视图

该台阶由左右对称的围挡和中间的台阶组成，左右对称的围挡只需要绘制一个然后通过镜像操作创建就可以，围挡和台阶部分都可以用族拉伸形成。此模型的创建可用新建族或项目中的内建模型操作都可以完成。本案例使用项目中的内建模型方式完成。具体步骤如下：

(1)打开“建筑”或“结构”选项卡，进入“构件”→“内建模型”界面。

(2)绘制所需要的参照平面，此模型需要在平面视图和拾取的左立面视图绘制参照平面。

(3)左侧围挡创建：拾取到左立面的工作平面，绘制围挡侧立面，然后拉伸至 240 mm(见图 2－80)。

(4)右侧围挡创建：通过对左侧围挡的镜像操作就可实现。

(5)台阶创建：拾取参照平面到左立面视图，绘制台阶轮廓，拉伸至 800 mm(见图 2－81)。

(6)完成内建模型，进入三维视图查看室外台阶模型效果(见图 2－82)。

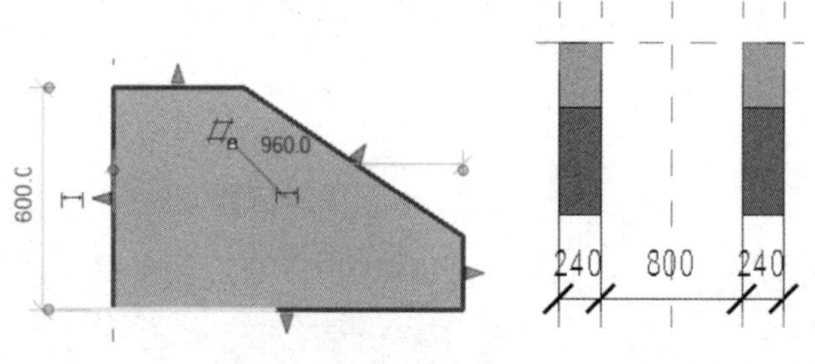

图 2-80　室台阶围挡拉伸及平面视图

操作视频
台阶族创建

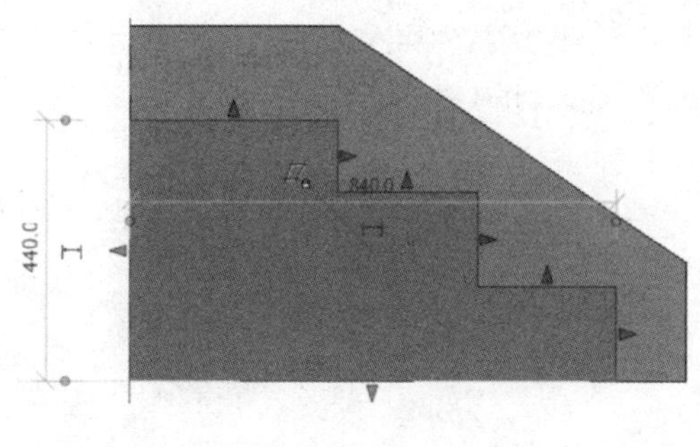

图 2-81　台阶拉伸

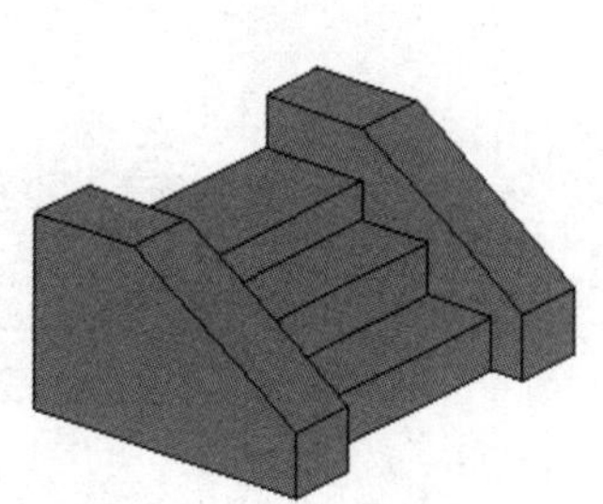

图 2-82　室外台阶模型

2.5.2　轮廓族

轮廓族是建模过程中常用的族，它的应用类似于放样。首先创建出项目需要的轮廓族，然后拾取项目主体边缘作为路径，即可生成所需要的模型，如基于楼板边缘的台阶、散水、墙饰条等的创建。幕墙中的竖梃、栏杆、扶手等异形截面都可通过新建轮廓族实现。Revit 提供了常用的轮廓族的样板，选取已有样板建模会更高效。本节以楼板边缘轮廓族的创建为例介绍轮廓族的创建及应用。

1.新建轮廓族

选择公制轮廓样板，新建一个轮廓族，进入新建界面，通过“创建”选项卡下的“直线”工具(见图 2-83)绘制楼板边台阶的轮廓，见图 2-84，轮廓绘制完成后将其载入项目中。

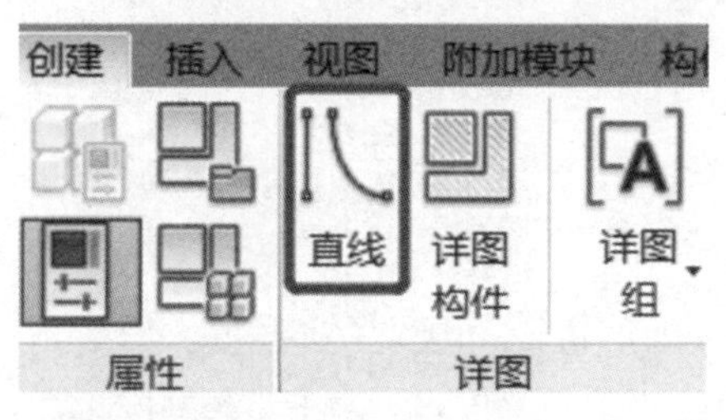

图 2-83　“直线”工具

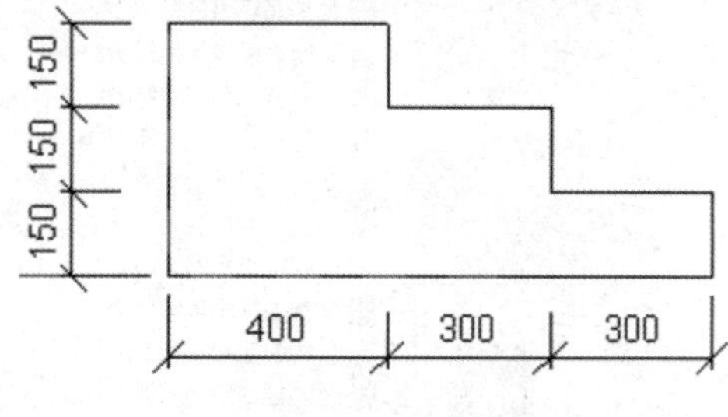

图 2-84　新建轮廓族

2.使用轮廓族

载入项目的轮廓族会保存在所需要的轮廓路径下，点击“楼板”→“楼板边”命令，进入楼板边缘创建界面，打开楼板边缘属性栏的“编辑类型”，选择新建的台阶轮廓族(见图 2-85)，拾取楼板边缘(见图 2-86),类似于放样功能,新建的轮廓族沿着选择的楼板边缘形成所需要的台阶模型(见图 2-87)。

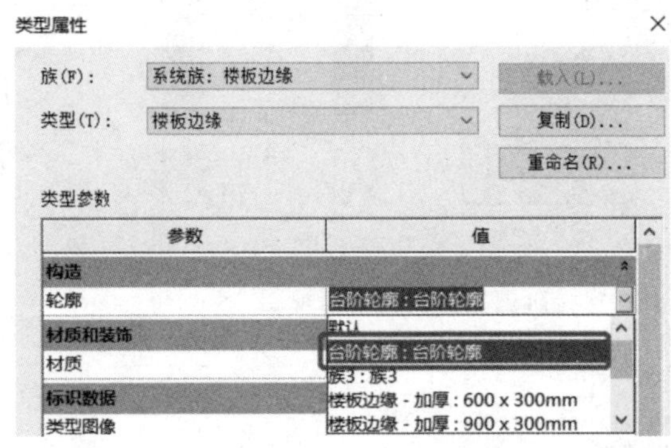

图 2-85 楼板边缘参数修改

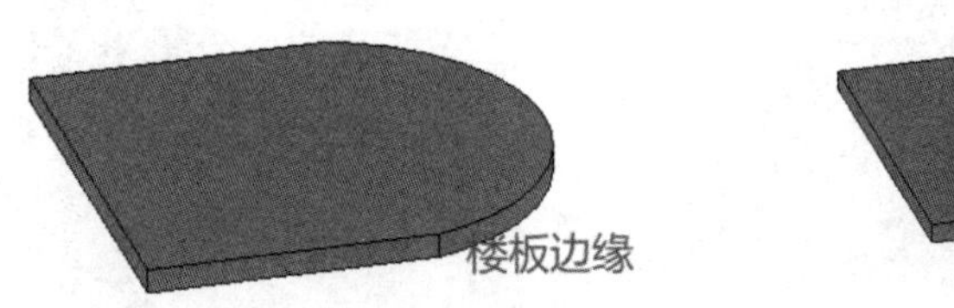

图 2-86 楼板边缘拾取

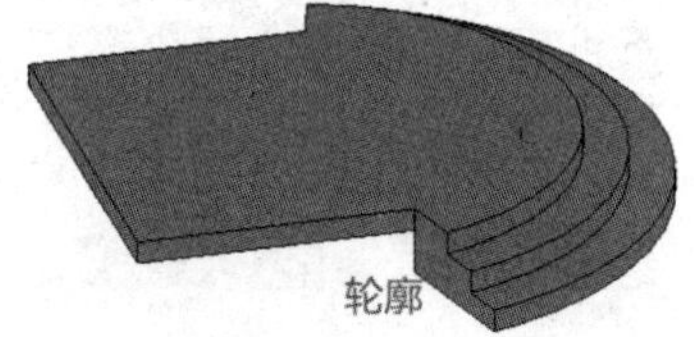

图 2-87 楼板边缘创建

2.5.3 注释族

注释图元在建模中也非常重要,Revit 自带部分注释族,也可根据项目需要进行新的注释族创建。注释族包括构件标记类、尺寸标注类、基准体系标记类等。现以门的标记为例,介绍门的标记信息及呈现形式如何设置,读者也可以此了解注释族的创建步骤。

(1)新建族:选择“注释”界面中显示文件中的“公制门标记.rft”族样板(见图 2-88)。

图 2-88 注释族样板选择

(2)设置标签族参数格式:选择“创建”选项卡中“文字”面板上的“标签”命令,即可对将要添加的标签格式等进行格式设置(见图 2-89)。

(3)编辑标签:单击绘图区域,弹出“编辑标签”栏,选择左侧字段列表,将需要标记出来的字段选中,通过中间箭头添加到右侧“标签参数”列表(见图 2-90),已添加的参数也可通中间的剪头删除,点击“确定”注释族新建完成。

(4)将新建注释族载入项目中使用。

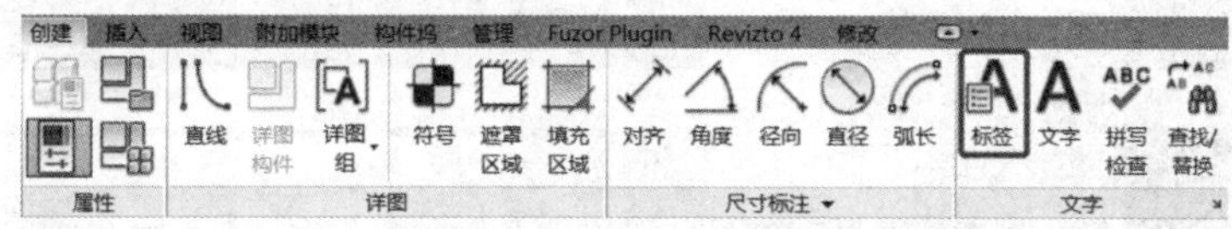

图 2-89 注释族参数选项

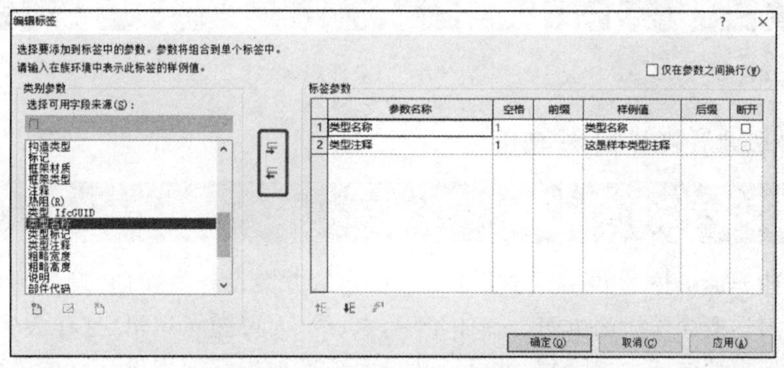

图 2-90 注释族参数添加与编辑

2.5.4 RPC 族

RPC 族是一种比较特殊的族类别,主要用于模型创建中环境的配景。RPC 族有人物、植物、家具、装饰品等配景构件。RPC 族创建步骤如下:

(1)新建 RPC 族:选择“公制 RPC 族样板”,进入族创建界面,会发现样板提供了人物模型,不同的视图模式下表现形式不同,并且可对人物的高度等信息进行修改。

(2)新建其他样式:在打开的公制 RPC 族样板界面中,选择“属性”面板单击“族类型”,可在弹出的对话框中通过“新建”创建其他样式的 RPC 族(见图 2-91)。打开“渲染外观”栏的“Alex”,即可打开渲染外观库,Revit 提供了“People”“Trees”“Furniture”等多种类别的渲染文件,选择需要的类别作为新建的 RPC 族样式(见图 2-92)。

图 2-91 注释族参数添加与编辑

图 2-92 渲染外观库

(3)完成族创建后载入项目中使用。

2.6 体量

体量是创建异形形体的另一种方法。一般在建筑方案设计的初期，设计师通过体量快速创建建筑形体表达概念阶段的方案。在体量中，点、线、面可随意编辑，这样大大增强了 Revit 建立大曲面异形模型的能力，从而辅助设计师最大限度地进行探索设计。体量可以从其他软件中导入，也可以在 Revit 中建立。导入体量模型后，Revit 中很多建模命令可以直接拾取体量模型，例如建立墙、屋面、幕墙等，这样也就解决了 Revit 无法生成异形曲面墙等问题。

2.6.1 体量分类

与族类似，体量可以在项目内部(内建体量)或项目外部(可载入体量族或概念体量族)创建，所以体量有概念体量和内建体量两类。概念体量也叫体量族，同普通族一样，体量族模型可载入其他项目中使用。内建体量类似于内建模型，只能在所建的项目中使用。

2.6.2 体量创建

概念体量与内建体量创建的进入路径不同，但进入创建界面后的环境和创建方法一致，都需要先在设定的参照面上创建线或者面，再形成实心形状/空心形状，体量可以将线形成二维的面，将面形成三维的体。

1.概念体量

进入路径与操作步骤如下：

(1)新建体量：单击图标，选择“新建”→“概念体量”命令，打开“公制体量.rft”样板。

(2)设置工作平面：通过“工作平面”→“设置”选项卡，选择形成面的线或形成体的面所在的工作平面。

(3)绘制线或面：点击“绘制”面板上的工具创建所需的形状。

(4)完成形状：选择已创建的线或面，单击“创建形状”，实心、空心均可(见图 2-93)。

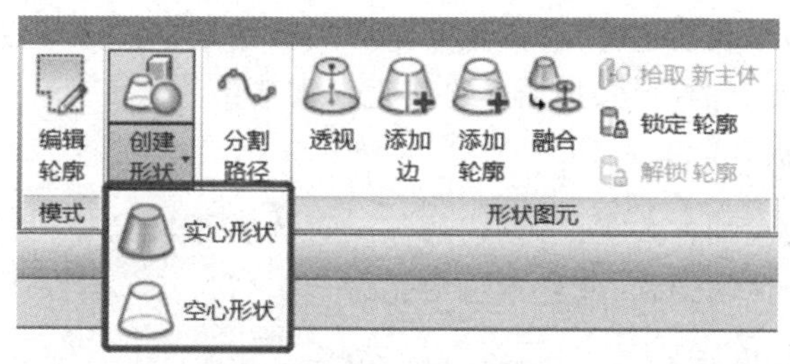

图 2-93 “创建形状”选项

2.内建体量

进入路径与操作步骤如下：

(1)新建体量：单击“体量和场地”选项卡，选择“概念体量”面板中的“内建体量”(见图 2-94)。

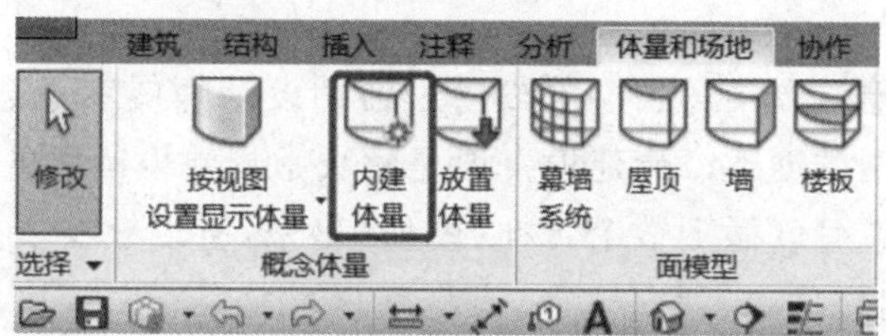

图 2-94 “内建体量”选项

(2)设置工作平面：通过“工作平面”→“设置”选项卡，选择形成面的线或形成体的面所在的工作平面。

(3)绘制线或面：点击“绘制”面板上的工具创建所需的形状。

(4)完成形状：选择已创建的线或面，单击“创建形状”，实心、空心均可。

体量形状创建虽然只有一个选项，即“创建形状”，但体量的功能非常强大，它可以实现族创建的五大命令，即拉伸、旋转、融合、放样、放样融合。如果绘制的底图是一个面，形成形状的过程类似于拉伸；如果绘制的底图是一个面和独立于面外的一根线，同时选择线和面形成形状的过程类似于旋转；如果绘制的底图是不在一个面上的两个闭合轮廓，同时选择两个轮廓形成形状的过程类似于融合；如果绘制的底图是一条线和过这条线上任一点的垂直面上的闭合轮廓，同时选择这条线和闭合轮廓形成形状的过程类似于放样；如果绘制的底图是一条线和过这条线上多个点的垂直面上的闭合轮廓，同时选择这条线和多个闭合轮廓形成形状的过程类似于放样融合。在类似路径的这条线上创建闭合轮廓需要注意，首先应在轮廓与路径相交的位置放置一个点图元，点图元与路径相交处就形成一个垂直于路径的面，轮廓需要绘制在这个相交面上(见图 2-95)，类似的方法可在路径上创建出所需要的任意轮廓形状(见图 2-96)，最终选择路径和所有轮廓即可形成形状(见图 2-97)。

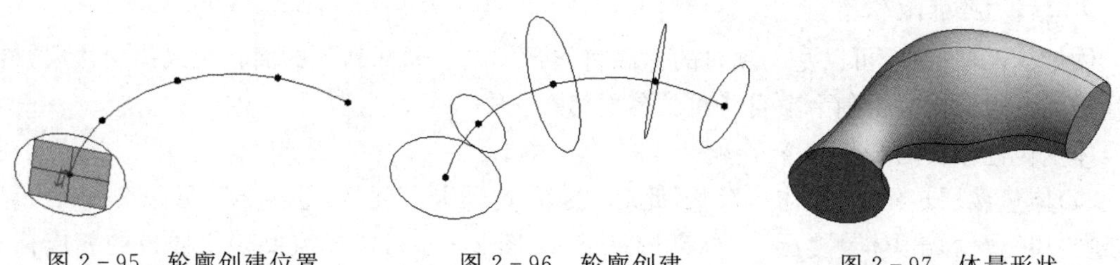

图 2-95 轮廓创建位置　　图 2-96 轮廓创建　　图 2-97 体量形状

上述以体量的实心形状创建为例，体量的空心形状创建方法与实心形状类似，此处不再赘述，空心形状主要用于实心的剪切、挖洞最终实现所需造型。

2.6.3 体量参数

体量参数与族参数添加方式类似，创建的体量可为其添加尺寸、材质等相关参数，通过体量的参数化实现动态形体的编辑，此处不再赘述。

2.6.4 体量与族的异同

1.相同点

体量与族均可以通过内建和外建两种方式实现，并都需要基于族样板进行创建，二者的文件格式、使用方式及参数添加方法基本一致。

2.不同点

(1)适用情况不同。

体量建模一般是在建筑方案的初期阶段用于辅助设计师展示概念方案的，用于方便设计师实现各种大型异形造型的创建。族建模一般是解决常规建模问题的，族相当于做蛋糕的“模子”，只要建立了“模子”就可以做无数个蛋糕(模型)出来，所以族主要解决的就是建模中的重复劳动，以缩短建模周期。

(2)数量级不同。

由于体量与族的适用情况不同，体量一般用于创建大规模的形体或模型，如一栋建筑物或构筑物，族常用于精细化的构件创建，如异性柱、异形家具。所以在体量和族中分别绘制参照平面，就会发现体量中绘制的尺寸较大，而族的绘制尺寸较小，体量默认的比例尺较小而族默认的比例尺较大(可手动调整)。

(3)创建流程不同。

创建流程的内容前面已经提到，二者进入创建界面的方式不同，创建流程也不同，此处不再赘述。

(4)在项目中应用方式不同。

项目中的体量可通过“体量楼层”“面墙”“面屋顶”“幕墙系统”等命令快速地实现建筑物楼板、墙体、屋顶和幕墙的转化，并且能自动计算形体的总表面积、总体积及总楼层；族只有在族类型作为公制常规模型时才可实现个别构件的转化。

2.7 体量建筑构件转化

体量形状载入项目后，可对体量面利用项目中的体量楼层、面墙、面屋顶、幕墙系统等命令快速识别，将其转化成建筑物所需的楼板、墙体、屋顶和幕墙等。

2.7.1 创建楼板

体量载入项目中，可以基于项目的标高将体量模型不同标高处的面转化成体量楼层，最后体量楼层可用面楼板识别为项目所需的各层楼板。

体量转化楼板的步骤如下：

(1)体量楼层转化：选择体量形状，此时“模型”选项卡出现“体量楼层”(见图 2 - 98)，点击“体量楼层”，会弹出“体量楼层”的标高选择框(见图 2 - 99)，选择需要转化楼板的相应标高，此时所选择的标高处体量面即生成体量楼层(见图 2 - 100)。

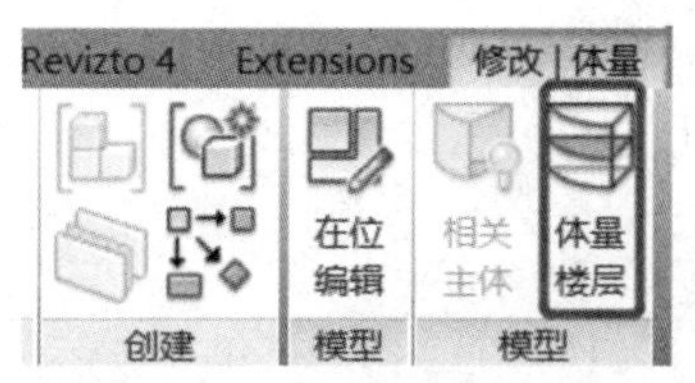

图 2-98 “体量楼层”选项

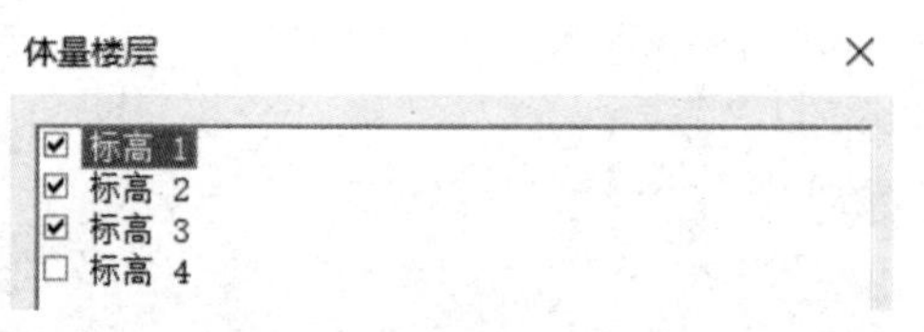

图 2-99 体量楼层标高选择

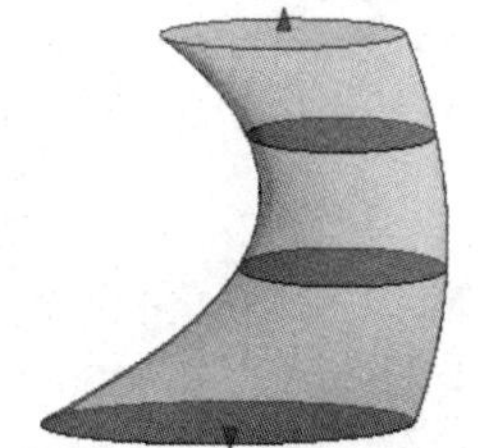
图 2-100 体量楼层生成

(2)楼板转化：点击“体量和场地”→“面模型”→“楼板”选项(见图 2-101)或者“建筑”→“楼板”→“面楼板”选项，同时在左侧“属性”栏选择或新建所需的楼板类型，通过“多重选择”选项卡选择需要转化为楼板的体量楼层(见图 2-102)，最后通过创建楼板完成设定的楼板类型的转化(见图 2-103)。

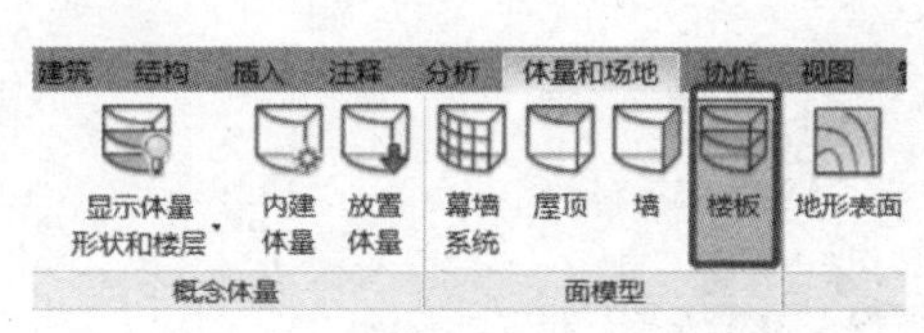
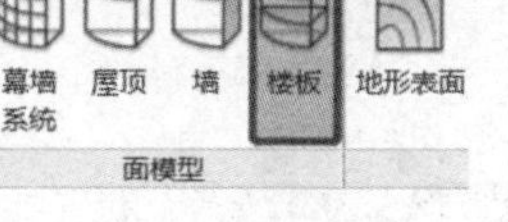

图 2-101 体量的“楼板”选项

图 2-102 “多重选择”选项

图 2-103 体量楼板生成

2.7.2 创建屋顶

体量载入项目中，可基于项目的屋顶标高将体量模型面转化成所需要的屋顶。体量转化屋顶的步骤如下：点击“体量和场地”→“面模型”→“屋顶”选项(见图 2-104)，或者选择“建筑”→“屋顶”→“面屋顶”选项，同时在左侧“属性”栏选择或新建所需的屋顶类型，通过“多重选择”选项卡选择体量顶部的面，最后通过“创建屋顶”完成设定的屋顶类型的转化(见图 2-105)。

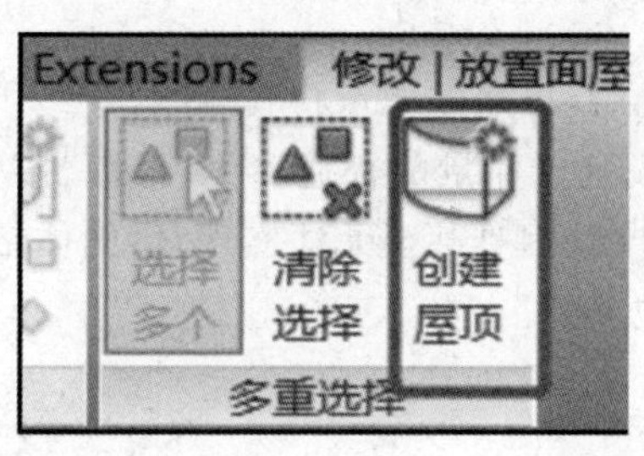

图 2-104 “屋顶”选项

图 2-105 屋顶创建完成

2.7.3 创建墙

体量载入项目中，可以将体量面转化成所需的墙体。体量转化墙体的步骤与楼板、屋顶类似，具体操作如下：点击“体量和场地”→“面模型”→“墙”选项(见图 2-106)或者选择“建筑”→“墙”→“面墙”选项，同时在左侧“属性”栏选择或新建所需的墙体类型，拾取体量面后点击即可完成设定的墙体类型的转化(见图 2-107)。

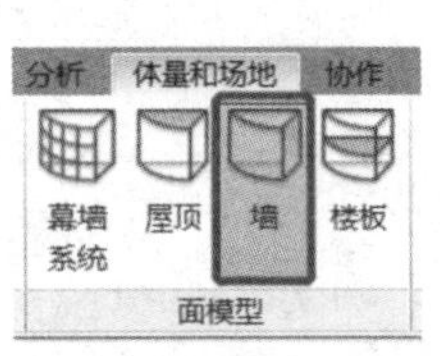

图 2-106 “墙”选项

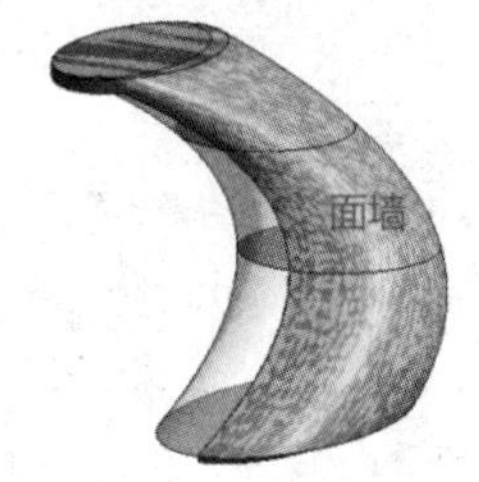

图 2-107 面墙创建完成

2.7.4 创建幕墙

体量载入项目中，可将体量模型面转化成所需要的幕墙，具体步骤如下：点击“体量和场地”→“面模型”→“幕墙系统”选项或者选择“建筑”→“幕墙系统”选项，同时在左侧“属性”栏选择或新建所需的幕墙类型，新建幕墙类型需要修改幕墙类型参数（见图 2-108），通过“多重选择”选项卡拾取体量面，最后通过“创建系统”命令完成设定的幕墙类型的转化（见图 2-109）。

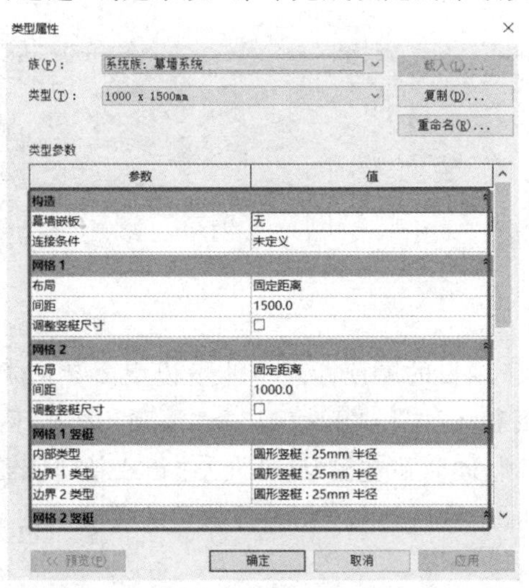

图 2-108 新建幕墙类型参数

以体量模型为载体完成各类建筑构件的转化后，可滤选体量将其删除，最终所需要的建筑模型即完成（见图 2-110）。通过这种方式可完成基于体量的普通墙体、幕墙、楼板、屋顶等建筑模型构件的转化。尤其是异形构件，常规建模比较困难甚至无法实现，借助体量实现异形形体的优势进行建筑构件的拾取和转化还是相对便捷的。

图 2-109 幕墙创建生成

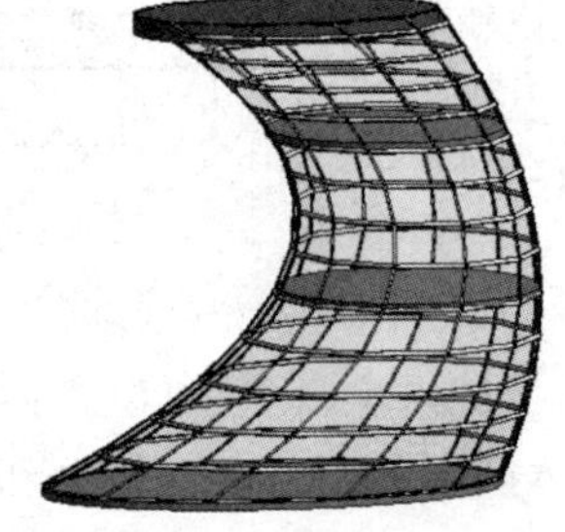

图 2-110 基于体量生成的建筑模型

2.8 体量创建案例

本节以两个体量模型创建为案例，对前述体量创建方法及建筑构件转化过程进行实践。本节第一案例来自中国图学会 BIM 技能等级考试一级真题第十期第三题，第二个案例为第二期第一题。

2.8.1 柱脚创建

按照图 2-111 各视图信息创建柱脚模型，整体材质为混凝土。该模型创建可以运用族或体量方式，本案例选用体量方式中的项目内建体量。

该柱脚可分解为图 2-111 所示的五部分，有实心和空心形状两大类，包含可由一个矩形面形成的矩形块，也有由多个形状形成的楔形块。具体的模型创建步骤如下：

(1)在项目的立面视图中创建模型立面上所需要的标高或参照平面(见图 2-112)；

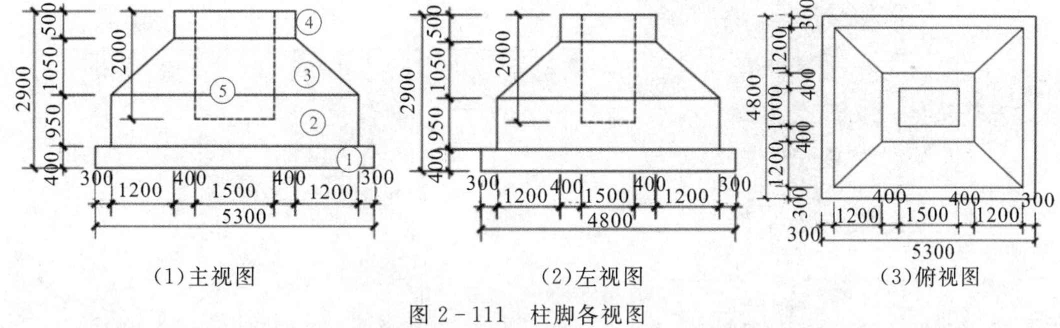

图 2-111　柱脚各视图

(2)进入“体量场地”选项卡下的“内建体量”界面。

(3)在标高 1 平面视图上绘制柱脚平面形状定位的参照平面。

(4)5300×4800×400 mm 的混凝土垫层绘制：在标高 1 视图中绘制平面矩形(见图 2-113)，创建实心形状，立面厚度设置可直接通过在立面视图使其顶面与标高 2 对齐的方式实现，或在三维视图中输入形状的厚度“400”即可。

(5)类似的方法创建 4700×4200×950 mm 的形状部分，需要注意平面形状绘制时需要切换到标高 2 平面视图或者创建后将 4700×4200 mm 矩形形状通过选项栏“主体”命令放置到标高 2 处(见图 2-114)。

(6)楔形部分创建：切换视图到标高 4 平面视图，绘制顶部 1900×1800 mm 的矩形部分，切换到三维视图中同时选择标高 3 视图的 4700×4200 mm 矩形和标高 4 的 900×1800 mm 矩形(见图 2-115)，创建实心形状即可完成柱脚的楔形部分(见图 2-116)。

(7)选择标高 4 平面视图 1900×1800 mm 的矩形部分，形成实心形状，在立面视图中调整顶部与标高 5 对齐。

(8)空心部分绘制：在标高 5 平面视图中绘制矩形 1500×1000 mm，然后形成空心形状，切换到三维视图修改立面高度为向下 2000 mm，即“—2000”即可(见图 2-117)。

(9)材质添加，滤选体量模型的实心部分，通过属性栏修改其材质为混凝土，完成体量模型(见图 2-118)。

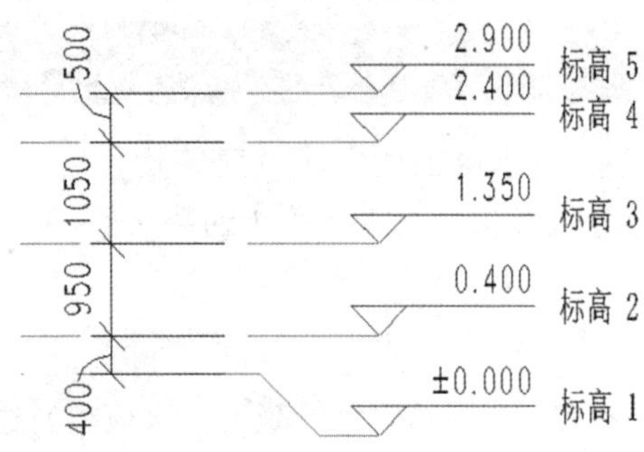

图 2－112　立面视图标高创建

操作视频
柱脚创建

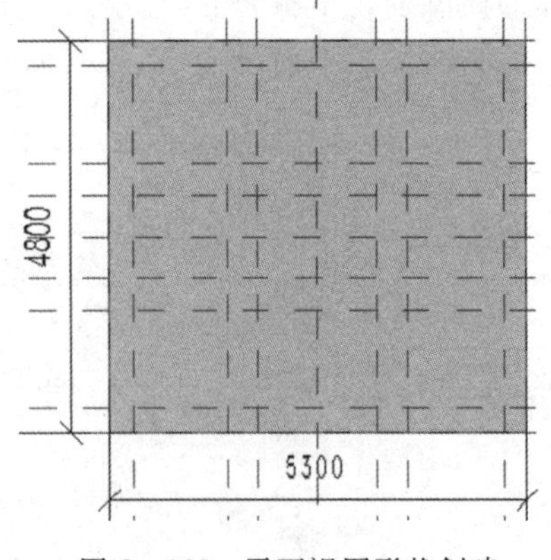

图 2－113　平面视图形状创建

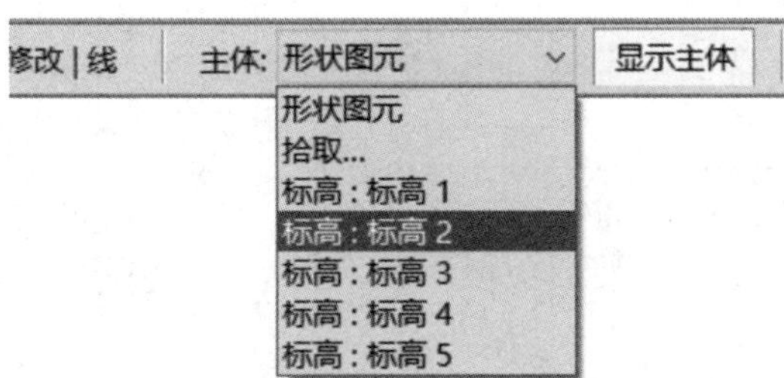

图 2－114　调整形状主体

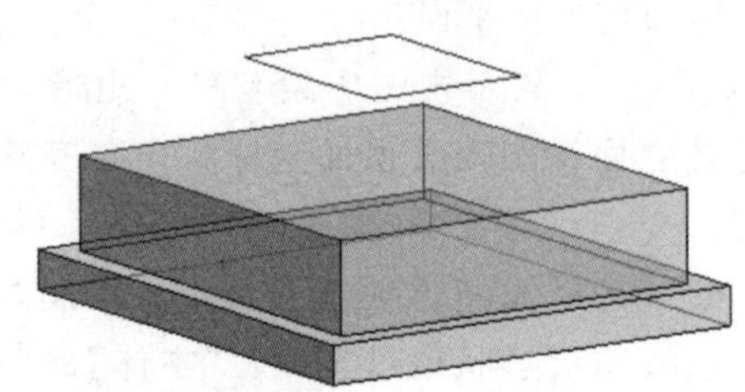

图 2－115　两个形状选择

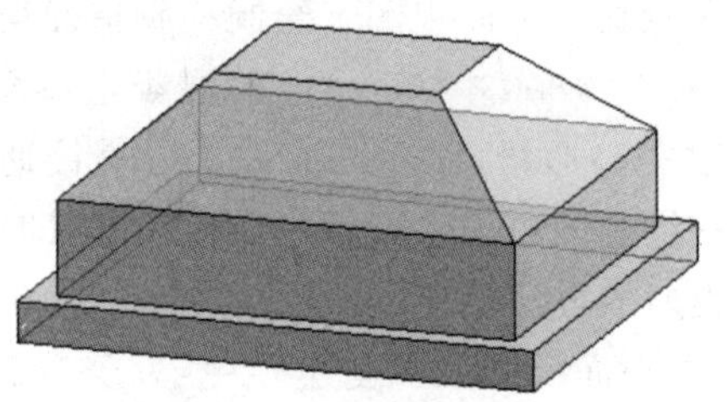

图 2－116　楔形形状形成

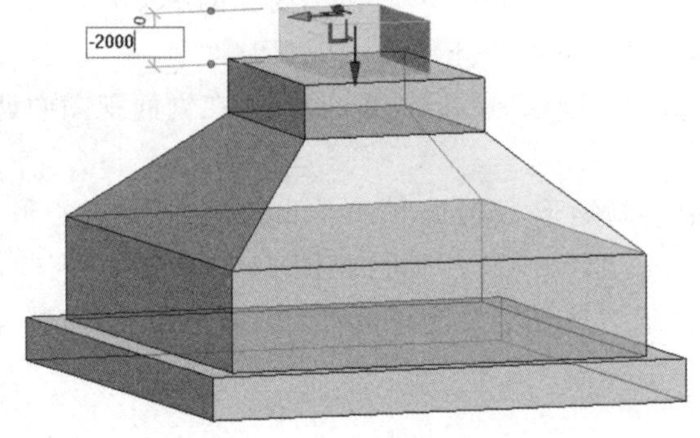

图 2－117　立面高度修改

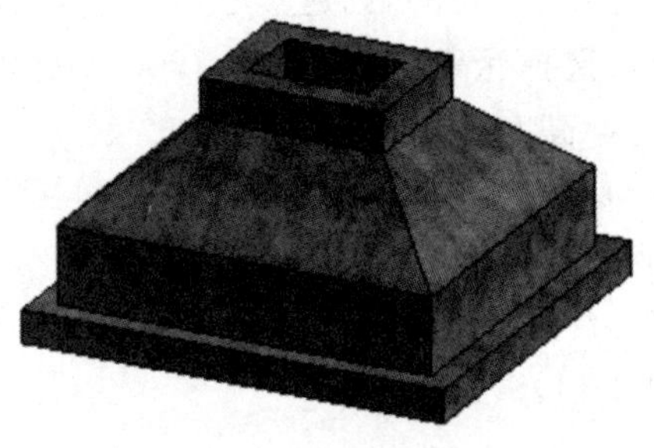

图 2－118　柱脚模型

2.8.2 斜墙创建

按照图 2-119 中各视图信息创建厚度 200 mm 的斜墙模型。该模型可运用多种方式创建,本案例选用基于体量的面墙方式创建。

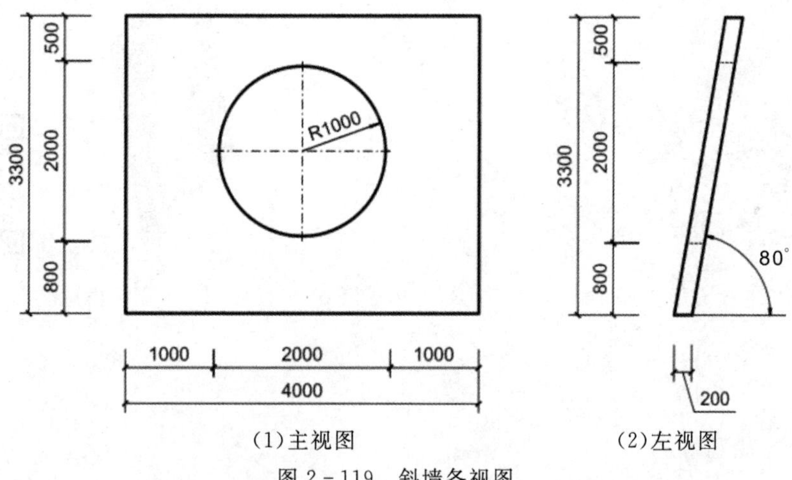

(1)主视图　　(2)左视图

图 2-119　斜墙各视图

基于体量的面墙创建分为两步,第一步创建面墙所需要的体量模型,第二步创建符合要求的面墙类型进行附着。该体量模型仅为一个斜面,可通过左视图上的一条斜线形成此斜面。本案例中的斜墙中间有一个圆洞,该圆洞可在体量模型中用空心形状掏空。具体步骤如下:

(1)修改项目立面标高 3.3 m,进入内建体量模型,绘制平面形状定位的参照平面。

(2)拾取左立面为工作平面,绘制高度为 3300 角度为 800 mm 的斜线(见图 2-120),形成实心形状,即斜面(见图 2-121)。

(3)拾取到南立面,调整斜墙平面投影宽度为 4000 mm,同时定位洞口位置,绘制半径为 1000 mm 的圆(见图 2-122),形成空心形状,剪切实心的斜面(见图 2-123)。

(4)完成体量模型,进入项目中,选择厚度为 200 mm 的面墙,附着在已完成的体量模型上,删除体量,斜墙模型完成(见图 2-124)。

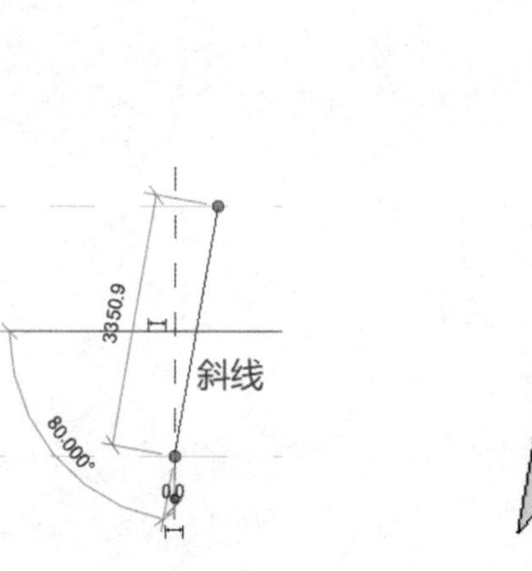

图 2-120　斜线创建　　图 2-121　体量面形成

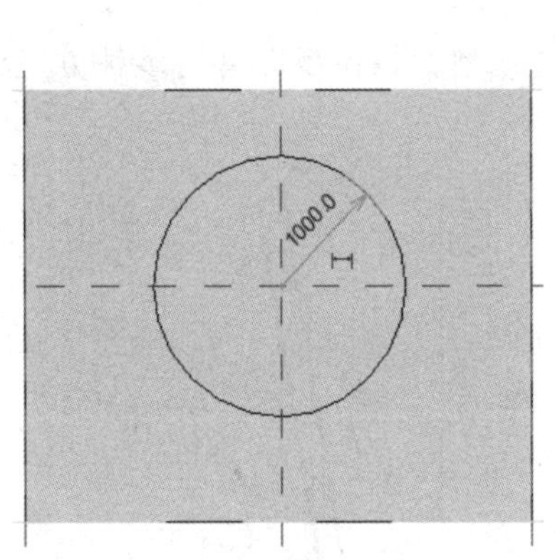

图 2 - 122　空心形状剪切

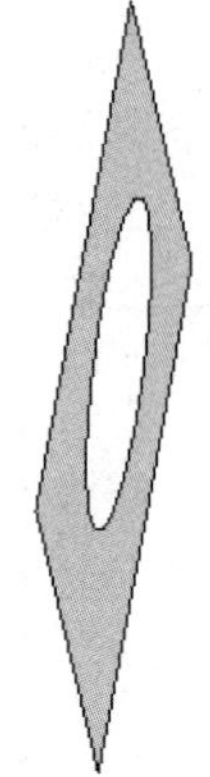

图 2 - 123　体量模型

图 2 - 124　斜墙模型

操作视频
斜墙创建

第 3 章　结构模型创建

本章学习内容

本章主要介绍利用 Revit 创建结构模型的方法和步骤，具体包括结构基础、结构柱、结构墙、梁、支撑与桁架等常见的结构构件的操作过程与技巧，以及将上述构件进行连接，形成整体结构。此外，钢筋作为混凝土结构中重要的组成部分，构造复杂，种类较多，本章将单独讲述。

本章学习目标

了解 Revit 对建筑物中常见结构构件的类别划分，熟悉各类结构构件的属性，掌握在 Revit 中创建结构构件的方法，能够运用 Revit 等软件创建结构模型，并运用创建的模型解决相关的工程问题。

一栋建筑物的土建部分，主要包括建筑和结构两个专业构成，其中基础、结构柱、承重墙、梁等构件属于结构专业的范畴，而建筑柱、填充墙、女儿墙、散水、门窗、顶棚、幕墙等属于建筑专业的范围，楼板层、楼梯等构件则通常兼具建筑与结构用途及属性。在利用 Revit 创建信息化模型时，需要了解各类构件的专业归属及属性，正确应用软件提供的命令和工具，才能保证模型的准确性。关于常见建筑构件与结构构件的区别与联系，本书后续各部分将分别进行阐述，在此不再赘述。

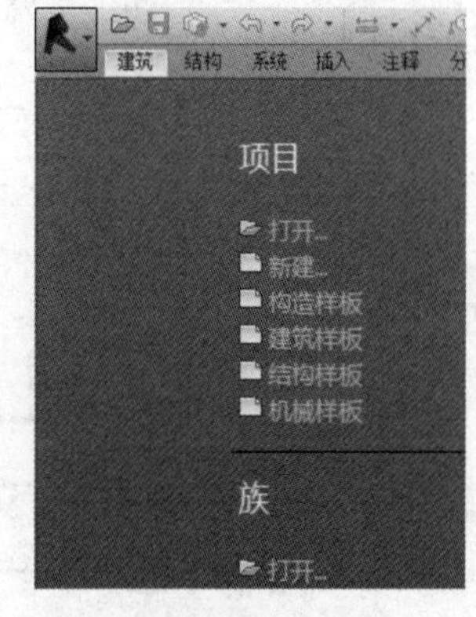

图 3-1　新建结构项目

应用 Revit 创建结构模型的操作如下：首先打开 Revit 软件，如图 3-1 所示，在新建项目处选择“结构样板”；进入 Revit 的工作界面，点击“结构”选项卡，如图 3-2 所示，出现用于创建结构模型的各个面板，如“结构”“基础”“钢筋”“模型”“洞口”“基准”“工作平面”等。

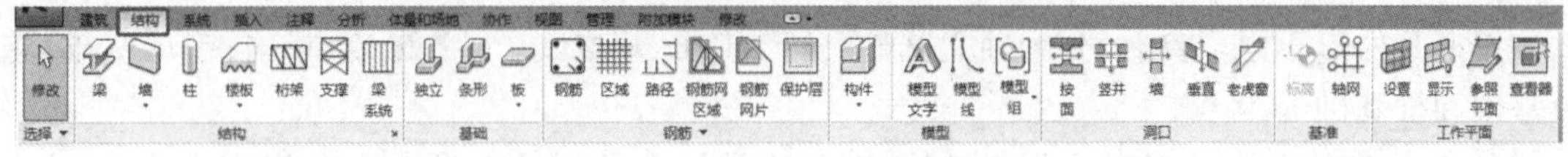

图 3-2　“结构”选项卡及相关面板

如 1.6 节所述，完成新建项目的各项基本设置，包括标高、轴网等，然后可利用 Revit 自带的常见结构构件布置命令，如“梁”“墙”“柱”“楼板”等，创建结构构件，具体步骤可参见本章后续各节。

为便于读者准确理解 Revit 软件操作与结构专业内容之间的关系，本章采用某行政楼工程项目作为案例，在讲述结构建模时，以此项目结构施工图的相关内容进行示例讲解，帮助读者掌握利用 Revit 软件创建 BIM 结构模型的方法。该行政楼项目建筑面积 7672.1 m^2，建筑高度 21.35 m，地上五层，无地下室，采用钢筋混凝土框架结构，基础为柱下独立基础。

相关资料
行政楼项目

3.1 基础

基础是建筑物的重要组成部分，是建筑物地面以下的受力构件，它承受建筑物上部结构的全部荷载，并将这些荷载连同基础的自重传递给地基。Revit 提供了独立基础、条形基础及板式基础等三种基础的建模命令，用于创建常见的基础模型。实际工程中的基础形状及规格较多，Revit 自带的构件类型不能满足建模需要，此时可借助族命令进行建模。

3.1.1 基础的类型

基础的水平截面通常向下逐步扩大，以便将底层结构墙或柱传来的荷载扩散后分布于基础底面，从而满足地基承载力和变形的要求。为满足各类建筑物的不同需求，并适应不同场地的地质条件，目前基础的形式及规格多种多样。基础类型划分的方法有很多，与本节相关的主要是下面两种。

1.按基础材料和受力特点划分

按照所用材料和受力特点不同，基础可分为无筋扩展基础（亦称刚性基础）和扩展基础（亦称柔性基础）。无筋扩展基础一般用砖、毛石、素混凝土、毛石混凝土等刚性材料建造，扩展基础一般采用钢筋混凝土材料，如图 3-3 所示。

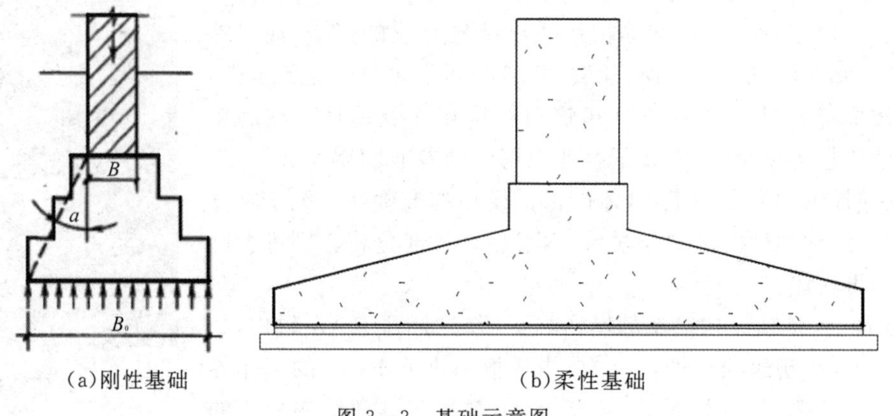

(a)刚性基础　　(b)柔性基础

图 3-3　基础示意图

2.按基础的外形划分

按照其外形不同，基础可分为独立基础、条形基础、井格式（十字交叉）基础、筏形基础、箱形基础和桩基础等。

(1)独立基础。独立基础常用于结构柱下，通常每个结构柱下设置一个单独的基础，基础平面形状多为矩形或正方形。当多个承重柱水平距离较近时，分别设置于每个柱下的独立基础，其基底有可能相互重叠，此时通常将多个独立基础合并为一个整体，从而出现平面形状为 L 形或 T 形等形式的独立基础。

(2)条形基础。在结构墙的下部，基础可沿结构墙体长方向进行布置，此类基础称之为条形基础。当上部荷载较大或地基比较软弱时，为了增强相邻柱子之间的联系，在多个结构柱下也会采用柱下条形基础。

(3)井格式基础。当地质情况不良，各柱下土质差异较大，容易出现不均匀沉降，为了提高基础的刚度和整体性，防止各柱之间沉降差异过大，可将柱下独立基础沿纵横两个方向连起来，这样就形成了井格式基础，也称作十字交叉基础。

(4)筏形基础。随着建筑物层数不断增高,基础所承受的荷载不断增大,基底面积越来越大,条形基础或井格式基础基底边缘间的距离随之减小,甚至出现重叠,此时,将基础的基底连通,形成整片的钢筋混凝土板或梁板,称之为筏形基础。筏形基础整体性好,对地基承载力要求较低,可以减少地基的不均匀沉降,增强建筑物的抗震性能。

筏形基础按构造可分为平板式和梁板式两种。平板式筏形基础的底板厚度一般不小于 400 mm,适用于荷载较小的情况。当基底荷载或柱网较大时,可沿柱网两个方向上设置肋梁,形成梁板式筏形基础。

(5)箱形基础。当筏形基础的埋深较大时,为了提高对地下空间的利用,可以设置由钢筋混凝土底板、顶板、纵横内隔墙及侧墙构成的整体空间结构作为基础,即箱形基础。箱形基础的空间刚度及整体性较筏形基础有了进一步的提升,通常用于高层建筑或超高层建筑。

(6)桩基础。当建筑场地浅层的地质情况不能满足建筑物对地基承载力或变形的要求时,可以采用桩基础,即采用钢或钢筋混凝土制成的桩,将建筑物传来的荷载传递给场地深处的土层。

3.1.2 独立基础建模

1.基础构件定义

进入 Revit 的主界面,在"结构"选项卡下的"基础"面板中,点击"独立"命令,即可开始创建独立基础模型,如图 3-4 所示。

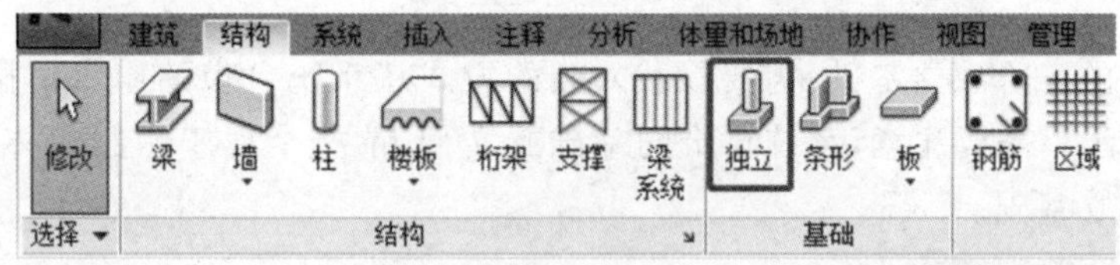

图 3-4 启动独立基础命令

启动命令后,在"属性"选项板"类型选择器"中选择合适的独立基础类型和尺寸,见图 3-5。如果没有对应的基础尺寸,可以通过点击"属性"选项板中的"编辑类型"按钮,进入"类型属性"编辑对话框,如图 3-6 所示,通过"复制"→"名称"→"尺寸标注"命令,修改相关尺寸得到相应规格的独立基础。

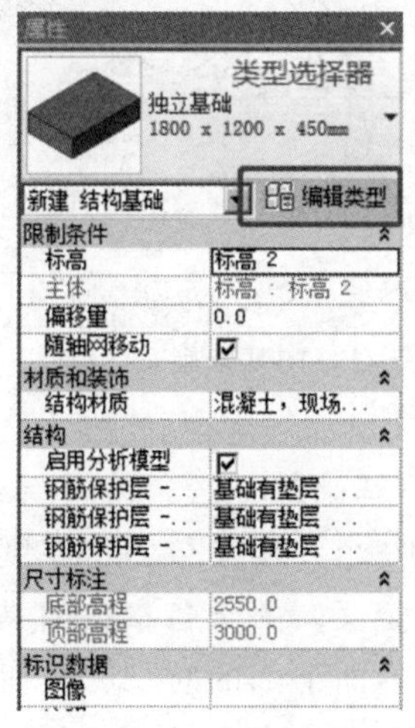

图 3-5 独立基础属性选项板

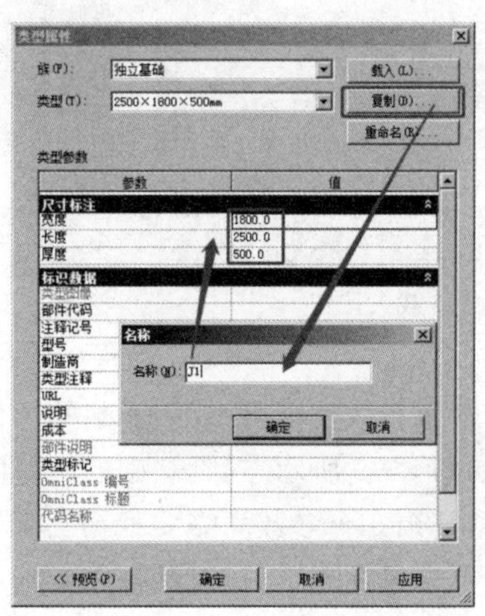

图 3-6 独立基础的"类型属性"设置

Revit默认加载的为一阶独立基础，为提高效率，在布置独立基础之前，通常先将项目中各个独立基础的规格、参数进行预先修改、定义。一阶独立基础的几何参数较简单，分别是基础长度、基础宽度及基础高度（厚度），本章配套案例的行政楼的独立基础规格参见配套图纸中“基础结构布置及配筋图”，其中J1、J2为一阶基础，定义过程如图3-7所示。

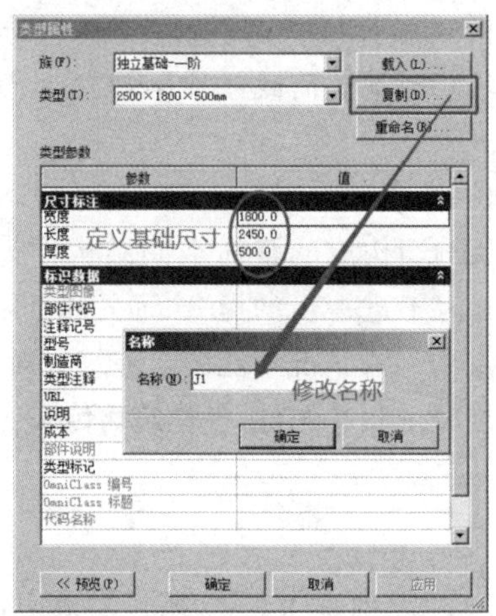

图3-7　定义基础尺寸和修改名称

工程中常见的三阶独立基础，需要以载入族的方式从系统自带的族库中插入到项目文件中，如图3-8所示。需要注意，系统自带的基础族文件，前三个属于预制式杯口基础，第五个为现浇式三阶独立基础。

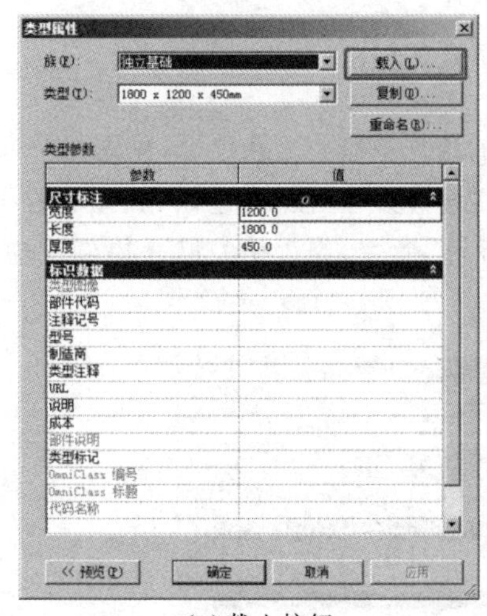

(a)载入按钮

(b)系统自带的基础族文件

图3-8　载入基础族文件

此处以本章行政楼项目中的J9基础为例说明定义三阶基础的方法。进入“类型属性”编辑对话框，如图3-9所示，三阶基础的“尺寸标注”中共有10个几何参数，除“厚度”呈浅灰色不能修改外，其余9个参数均需要根据实际尺寸进行修改、定义。关于各参数的具体含义，可在参数值处单击鼠标左键后，对话框左侧的视图界面（点击界面下部的“预览”按钮打开视图）即弹出标注示意。其中最上面三个参数为基础的各阶高度，需要切换到立面视图（前、后）方能进行预览。如果几何参数较简单，也可在三维视图直接进行预览。

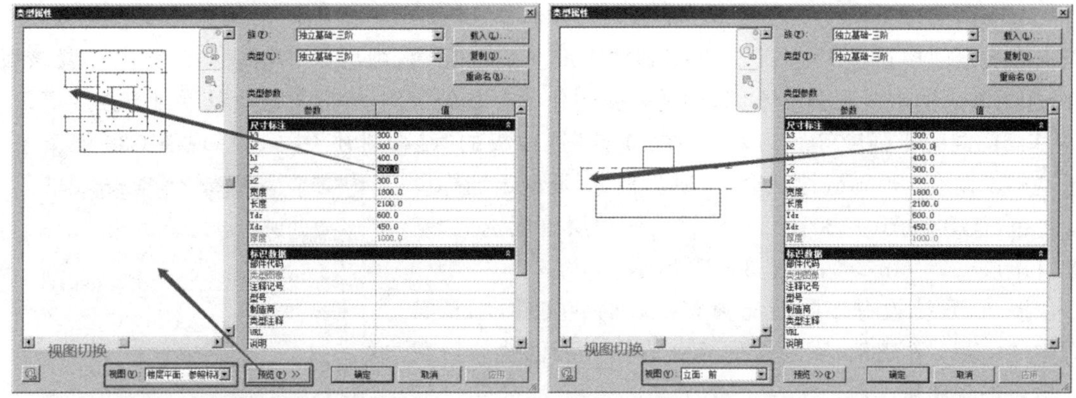

(a)"类型属性"参数及平面预览视图　　(b)"类型属性"参数及立面预览视图

图 3-9　三阶独立基础"类型属性"参数

理解了软件中的各个参数的含义后，通过"复制"→"重命名"命令，并根据图纸中的基础尺寸，修改各个参数，如图 3-10 所示，得到基础 J9 的"类型"参数。完成定义后的 J9 基础各部分尺寸如图 3-11 所示，与施工图中完全一致。

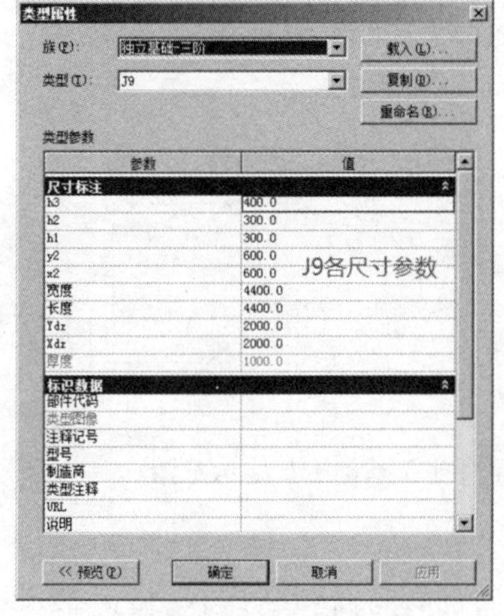

图 3-10　J9 基础"类型属性"参数定义

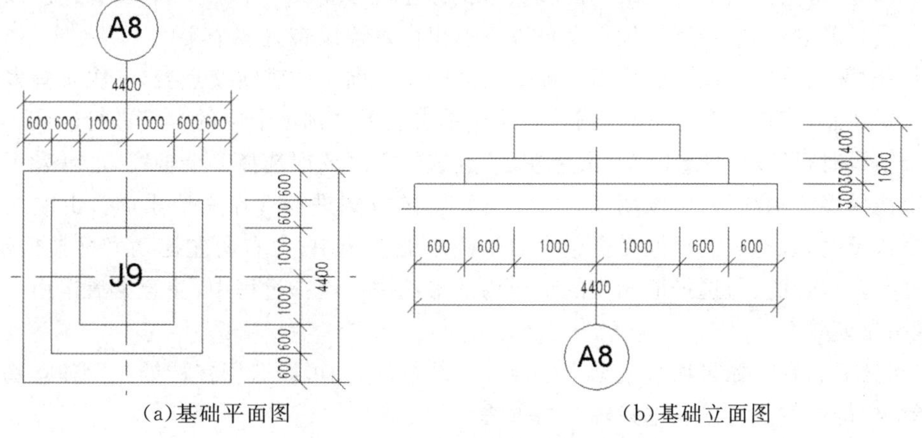

(a)基础平面图　　(b)基础立面图

图 3-11　J9 基础实例平面图与立面图

基础的混凝土强度等级属于实例属性参数，同一个类型下的不同实例其强度等级可以不同。在实际建模过程中，如果各个基础的混凝土强度相同，则可以在创建实例前先设置该属性；如果基础的混凝土强度不同，则需要先创建各个基础实例，然后再修改其混凝土强度等级。J9 基础的混凝土强度等级为 C30，在“属性”选项板的“结构材质”中，选择现浇 C30 混凝土。该基础下设有 100 mm 厚混凝土垫层，根据《混凝土结构设计规范》(GB 50010—2010)，基础钢筋保护层厚度选为“基础有垫层＜40 mm＞”，如图 3－12 所示。

图 3－12　J9 基础实例“属性”参数

Revit 系统没有二阶现浇独立基础的族文件，本章案例中的 J3、J4 等基础，需要按照 2.4 节的方法创建族后载入项目进行使用。

对于案例中的基础 J15，其平面形状为五边形，且该项目中仅有一个，此时可以创建一个不带几何参数的“死族”。采用 2.4 节所讲述的方法，启动“新建”→“族”，族样板文件选择“公制结构基础”，根据基础施工图中的几何尺寸，创建异形独立基础 J15，如图 3－13 所示，载入本章行政楼项目，修改类型属性中的结构材质为现浇 C30 混凝土。

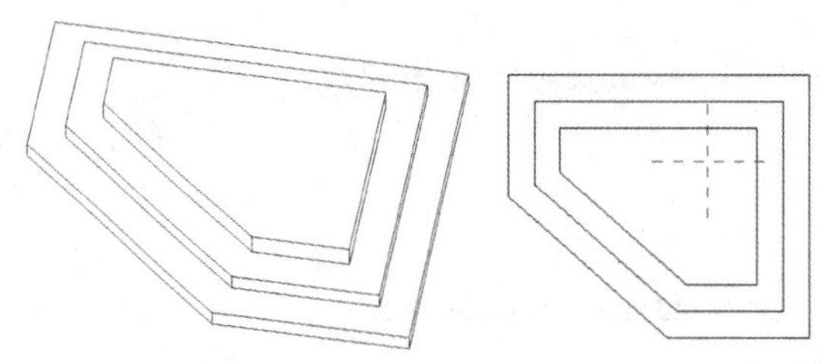

图 3－13　异形独立基础 J15 族示意图

操作视频

基础构件定义

2.独立基础布置

启动独立基础命令后，在“属性”选项板的类型选择器中选择上一小节定义的基础类型和规格，然后在 Revit 的绘图区域放置基础。放置的方式有以下三种。

(1)鼠标左键点击放置。在绘图区域点击鼠标左键即完成一个独立基础的布置，该方式的缺点是一次只能创建一个基础，优点是可以不退出命令连续布置多个实例。

(2)在轴网处放置。该方法可以在被选中的两个方向上的轴线交点处，一次布置多个独立基础。需要注意，每选择完一批轴网后，必须要单击上下文选项卡中的“√”进行确认。

选择轴线时，可以用“Ctrl 键＋鼠标左键”点选的方式依次选择多个轴线，也可采用框选的方式一次选择多个轴线，还可以用“Ctrl 键＋框选”的方式进行选择集的累加。由左向右拖动光标拉框选择时，只有被选择框完全包含的轴线才能被选中；由右向左拖动光标拉框选择时，被选择框完全包含的、与选择框相交的轴线均能被选中。选择过程中，注意灵活运用上述选择技巧，提高建模效率。

(3)在柱下放置。如果项目模型中已经存在结构柱，则可以选用在柱处布置独立基础的方式，选择结构柱的方法与前述选择轴线的方法类似。

建模时，可以在任何位置放置独立基础，其不依赖于其他构件(如框架柱)而独立存在，因此可以先布置基础，再布置结构柱。实际工程中的独立基础一般都是布置于结构柱下，为了能够采用在柱处布置的方法，也可以先布置结构柱，再布置独立基础。如果项目模型中的结构柱已经创建完成，采用鼠标左键点击放置独立基础后，该基础将自动移动到柱的底部并附着。

此外，系统默认基础的长度方向沿竖向布置，而本章行政楼案例中的 J10 基础，其长度沿水平方向，可在放置前或放置后用空格键对其方向进行旋转。

系统默认的独立基础标高定位点为基础顶面，而结构施工图的基础标高多以基底标高进行定位，两者之间的差值为基础高度，建模时注意进行尺寸倒算。采用在轴网处或在柱处放置独立基础的方式，布置基础前设置的标高偏移无效，需要在布置基础后再设置标高偏移值。

基础布置完成后，需要根据施工图对其平面位置进行准确调整，特别是本章案例中的 J11、J13、J14 等基础为双柱联合独立基础，需要先放置再调整其平面位置。选中需要调整平面位置的基础，然后点击“修改|结构基础”上下文选项卡，再选择“修改”面板中的“移动”命令（也可用键盘输入快捷方式“MV”），进入移动编辑状态，勾选选项栏中的“约束”选项，在绘图区域任意一点单击鼠标左键作为移动的起点，沿竖向移动光标，弹出临时尺寸，输入需要移动的数值并点击回车确认，全部过程如图 3－14，从图中能够看出 J13 基础移动前后的竖向位置变化。

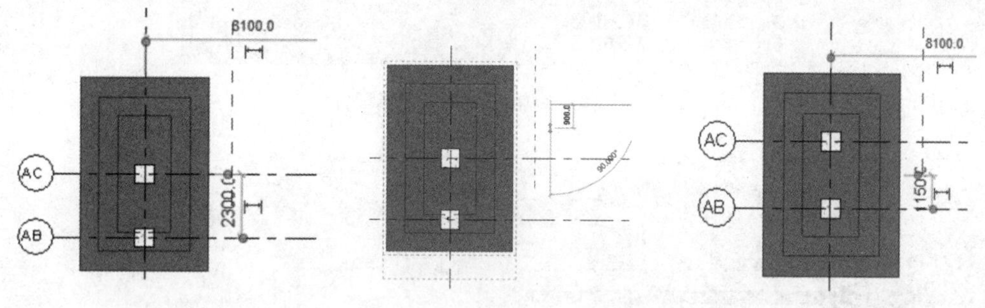

图 3－14　调整基础平面位置

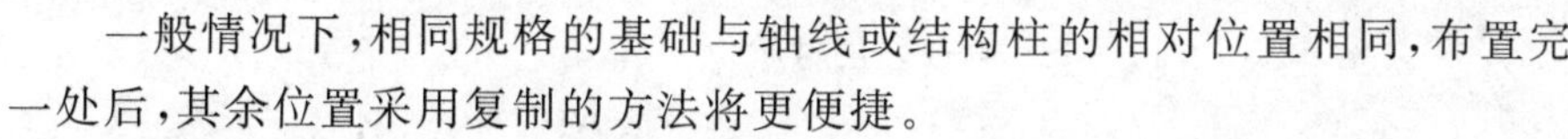

如果结构柱已经先于柱下基础完成建模，选择在柱处布置独立基础的方法，基础中心与柱中心自动对齐，基础平面位置一次到位，这样可以减少布置基础后再进行位置准确调整的步骤，对基础处于柱中心的情况较为便利。

操作视频
独立基础布置

一般情况下，相同规格的基础与轴线或结构柱的相对位置相同，布置完一处后，其余位置采用复制的方法将更便捷。

3.基础垫层布置

在基础的下部一般都设有素混凝土垫层，以便于下道工序的施工，并能保护基础。Revit 软件中没有专门用于创建基础垫层的命令，此时可以使用“结构基础：楼板”命令，具体操作如下：

（1）创建基础垫层构件类型。

启动“结构”选项卡，选择“基础”面板中“板”下拉菜单中的“结构基础：楼板”命令，点击“属性”选项板中的“编辑类型”，点击“复制”按钮，在“名称”窗口中输入“100 厚 C15 混凝土垫层”，点击“确定”并关闭当前窗口。在“类型属性”编辑器界面，点击“结构”右侧的“编辑”按钮，弹出“编辑部件”窗口，点击“结构[1]”中材质最右侧的“...”按钮，弹出“材质浏览器”，选择“混凝土，现场浇筑－C15”，点击“确定”并关闭材质浏览器。在“编辑部件”窗口，修改“结构[1]”厚度为 100，点击“确定”并关闭，再次点击“确定”关闭“类型属性”编辑器，完成垫层构件的定义，全过程见图 3－15 至图 3－18。

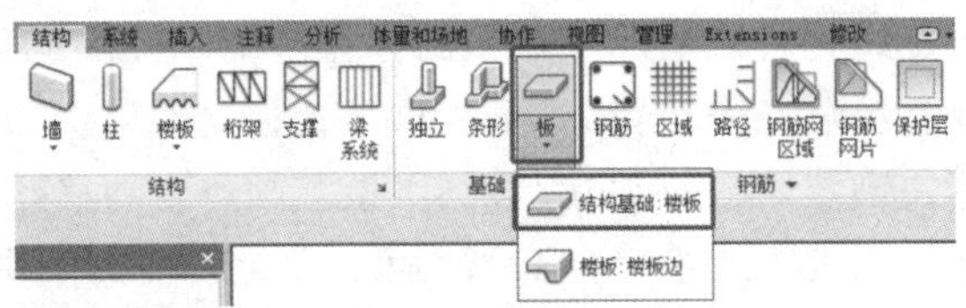

图 3－15　启动“结构基础:楼板”命令

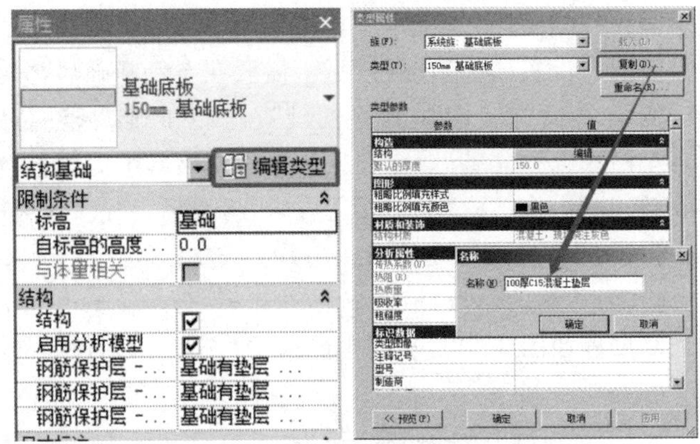

图 3－16　编辑基础底板类型属性

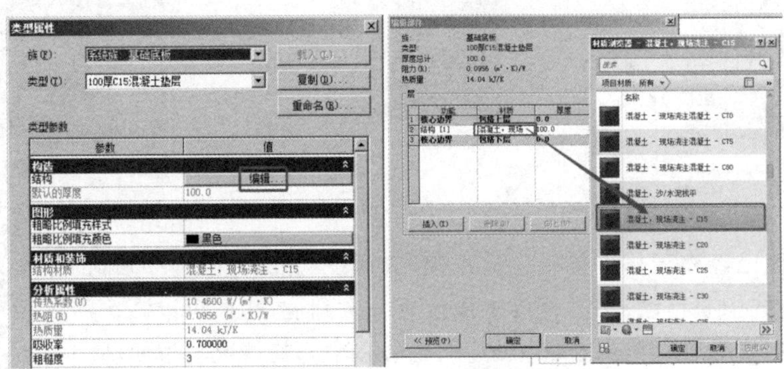

图 3－17　修改垫层材质

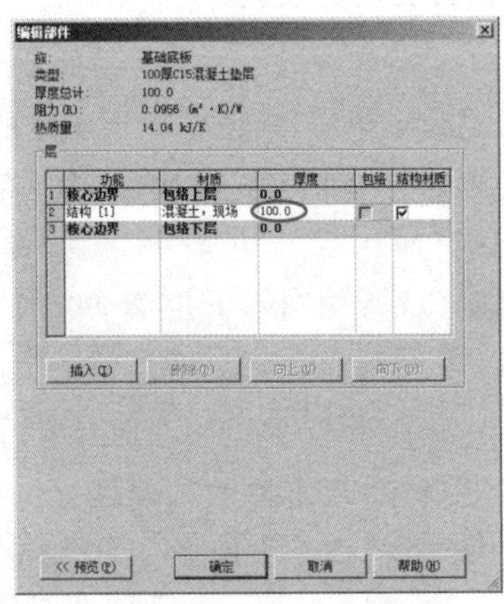

图 3－18　修改垫层厚度

(2)布置混凝土垫层。

根据基础施工图,垫层顶面标高与基础底面标高一致,垫层各边较基础底面宽 150 mm。启动“结构基础:楼板”命令,在“修改|创建楼层编辑”上下文选项卡的“绘制”面板中,选择“矩形”绘制方式,选项栏中的“偏移量”设为 150,将光标移至独立基础 J5 的左上角并点击左键,拖动光标至基础右下角,再次点击左键,如图 3-19 所示。点击“修改|创建楼层编辑”上下文选项卡的“模式”面板中的“√”,完成编辑模式,垫层模型创建前后的对比如图 3-20 所示。创建本章案例行政楼中的 J15 异型基础时,在上述绘制的过程中,选择“直线”绘制方式,“偏移量”仍为“150”,并沿基底边缘顺时针绘制。基础编号相同时,可以采用复制命令,完成其余基础垫层的建模。

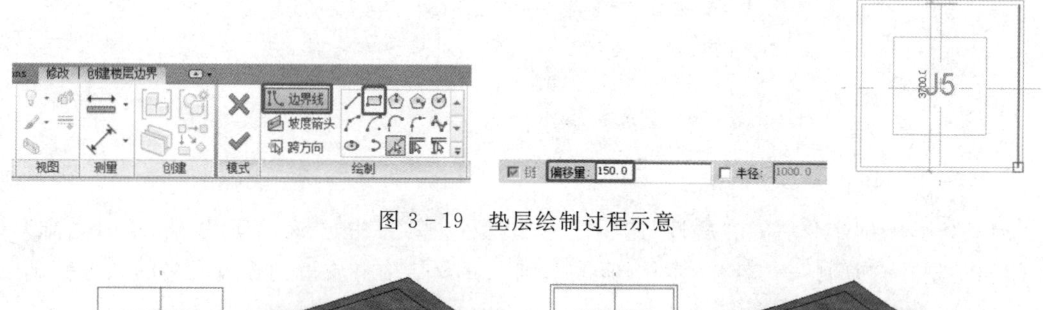

图 3-19 垫层绘制过程示意

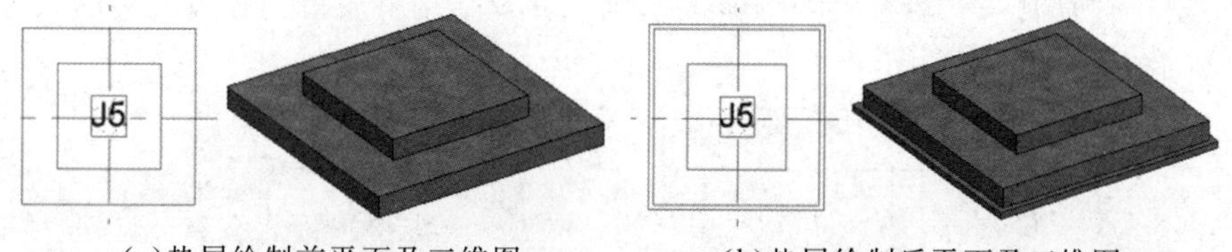

(a)垫层绘制前平面及三维图　　(b)垫层绘制后平面及三维图

图 3-20 垫层绘制前后对比示意图

当两个基础的基底边缘相距较近时,其垫层有可能重叠,Revit 会自动将这两个基础的垫层进行合并,所有独立基础及垫层创建完毕的平面效果如图 3-21 所示。

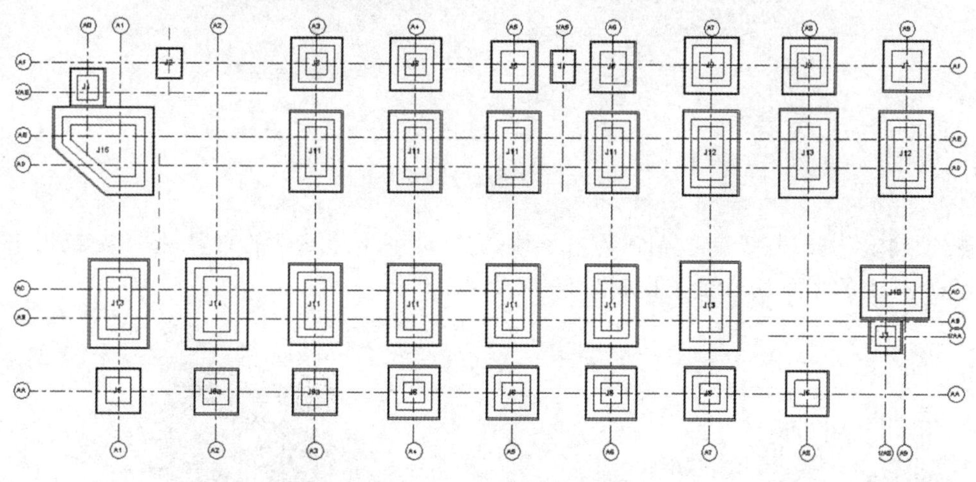

图 3-21 行政楼基础平面图

此处讲述的基础素混凝土垫层创建方法,不仅适用于独立基础,也适用于条形基础、井格式基础、筏板基础及箱形基础等常见浅基础,学习后续各类基础的建模过程中,如需创建素混凝土垫层,请参照本小节所讲述方法。

操作视频
基础垫层模型创建

3.1.3 条形基础建模

进入 Revit 的主界面，在“结构”选项卡中的“基础”面板，点击“条形”命令，即可创建条形基础模型，如图 3-22 所示。

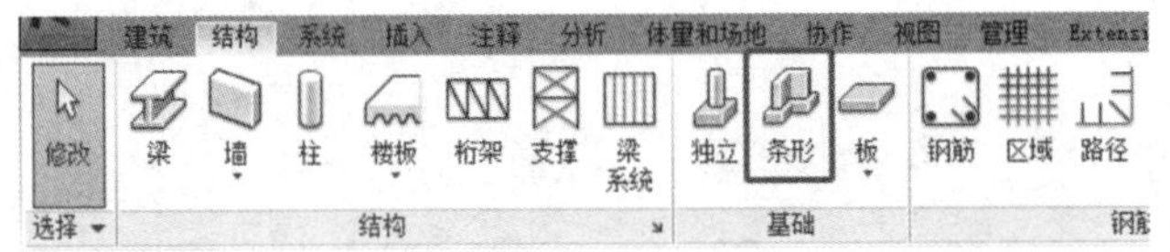

图 3-22　启动条形基础命令

启动条形基础命令后，在“属性”选项板的“类型选择器”中选择“条形基础：承重基础”，通过“编辑类型”→“复制”→“名称”操作，修改基础尺寸及结构材质得到相应规格的条形基础，如图 3-23 所示。

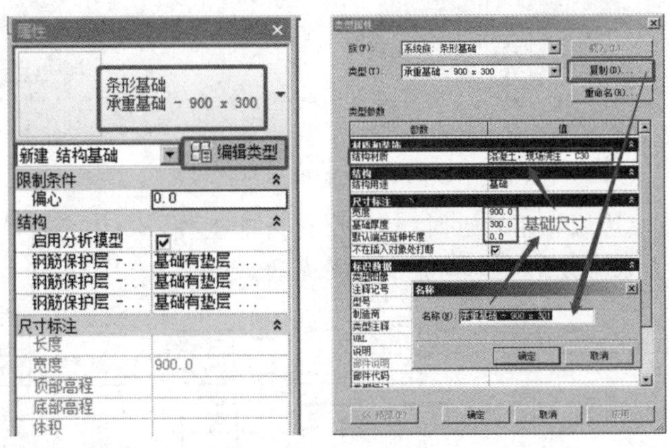

图 3-23　选择及编辑条形基础

点击“确定”退出类型编辑界面，点选墙体，完成墙下条形基础的布置，按 Esc 键退出当前命令，条形基础的平面及三维效果如图 3-24 所示。

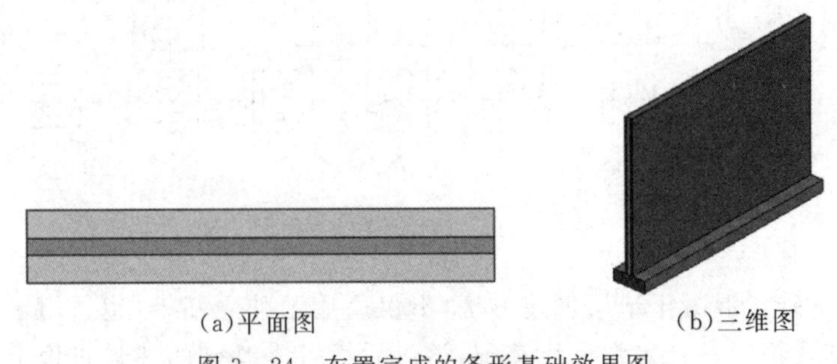

(a)平面图　　(b)三维图

图 3-24　布置完成的条形基础效果图

选中条形基础，在其两端会出现造型操纵柄，用光标选中操纵柄，可以对基础进行拉伸，改变基础长度，如图 3－25 所示。如果在墙的轴线上有结构柱，且结构柱与墙体共用相同的条形基础，此时可以先在墙下布置条形基础，然后通过拖曳将基础拉伸至结构柱下，实现墙、柱共用基础，如图 3－26 所示。

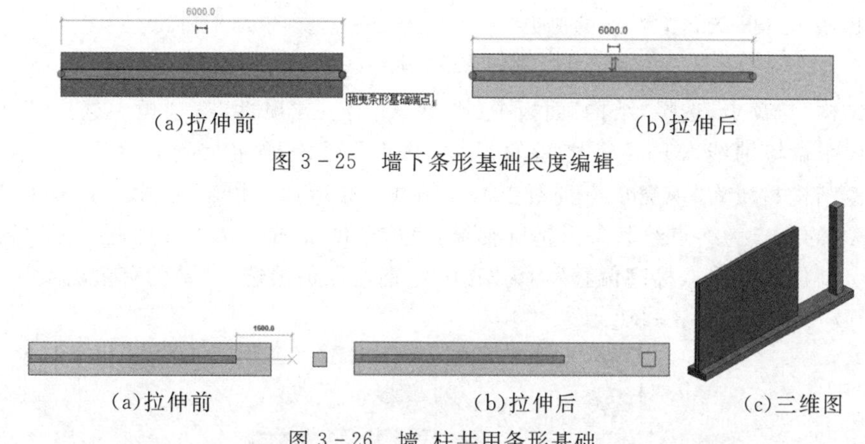

(a)拉伸前　(b)拉伸后

图 3－25　墙下条形基础长度编辑

(a)拉伸前　(b)拉伸后　(c)三维图

图 3－26　墙、柱共用条形基础

通过上面的操作能够看出，Revit 中的条形基础族形式过于简单，存在如下问题：

(1)“条形基础”为系统族，用户只能通过复制的方法添加新类型，不能进行更复杂的编辑。而该族的截面形式过于简单，为一阶矩形断面，难以满足结构专业对条形基础断面形状的需求。

(2)该族只能布置于墙下，无法满足在框架柱下设置条形基础的需要。而且该条形基础依附于墙体而存在，必须先有墙体，然后才能布置条形基础，如果将墙体删除，该墙下的条形基础也自动删除。

为了解决上述问题，需要采用自建族的方式来创建形式多样的条形基础。条形基础与梁的受力状态比较接近，因此可以使用梁族模板来创建条形基础。受力状态相近原则也是新建其他结构构件族时需要遵循的。在 Revit 中文版中，“公制结构框架”即为梁族模板，故采用该模板新建条形基础族。

打开“新建”→“族”，选择“公制结构框架-梁和支撑”样板，见图 3－27。打开该样板，切换至右立面视图，如图 3－28 所示，按照 2.4 节所讲的族编辑方法，根据本章行政楼施工图中 TJ1 的截面尺寸，将矩形截面修改为 TJ1 的横截面，保存为 TJ1。单击“创建”选项卡中族编辑器面板的“载入到项目”，将 TJ1 载入到行政楼项目。采用相同方法，创建 TJ2 族并载入行政楼项目。

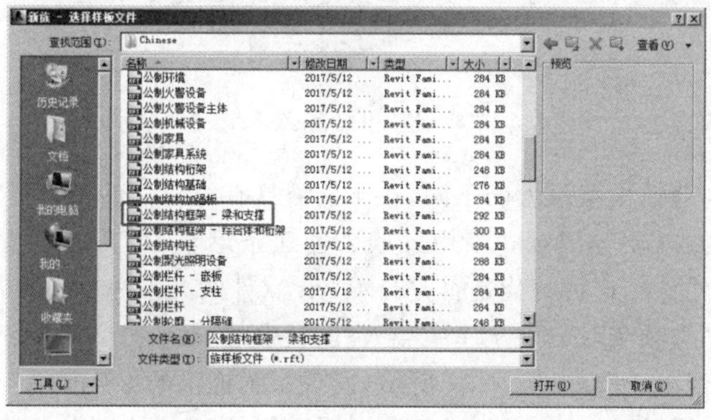

图 3－27　新建条形基础的样板文件

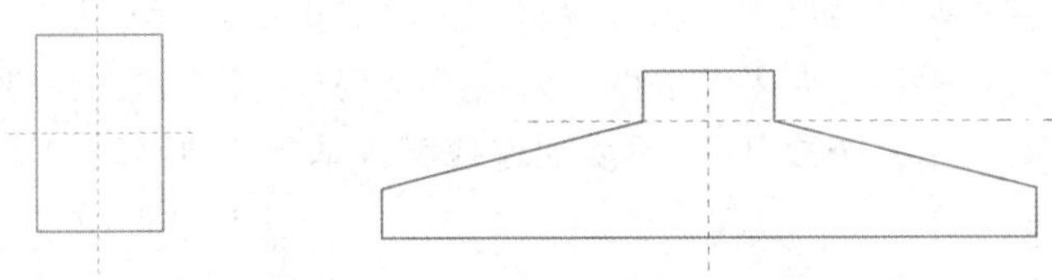

(a)“公制结构框架－梁和支撑”模板截面　　(b)新建条形基础族的横截面

图 3－28　新建条形基础样板族的编辑

点击“结构”选项卡，选择“结构”面板中的“梁”选项，在“属性”选项板中选择 TJ1，根据施工图中 TJ1 两端与轴线 AB、AC 之间的尺寸，修改“开始延伸”为“1950”，“端点延伸”为“3150”，修改结构材质为“现浇 C30 混凝土”，如图 3－29 所示。以轴线 AC 与 A8 的交点为起点、AB 与 A8 的交点为终点绘制条形基础轴线，完成 TJ1 布置。选中 TJ1，在“属性”选项板中修改“起点标高偏移”“终点标高偏移”均为“1000”，钢筋保护层选为“基础有垫层＜40 mm＞”，TJ1 的平面及三维图见图 3－30。

图 3－29　TJ1“属性”设置

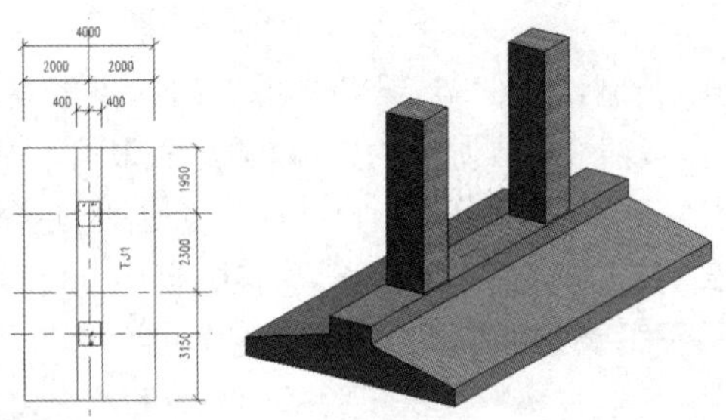

图 3－30　TJ1 布置效果

结构构件模型与建筑模型最大的不同，在于其需具有符合构件受力特点的力学特性，而不能仅考虑形状、尺寸及材质等因素。采用梁族来创建条形基础，其前提是两者的受力特点接近，均属于杆系受弯构件。这种替代是否符合 Revit 软件的开发思路，可以通过下面的方法进行验证。点击“插入”选项卡，选择“从库中载入”面板中的“载入族”，进入混凝土梁族的路径为“结构”→“框架”→“混凝土”，如图 3－31 所示，发现系统提供的梁族中有“柱下条形基础-阶形截面底板”和“柱下条形基础-坡形截面底板”，说明采用基于“公制结构框架-梁和支撑”创建条形基础的方法是可行的。

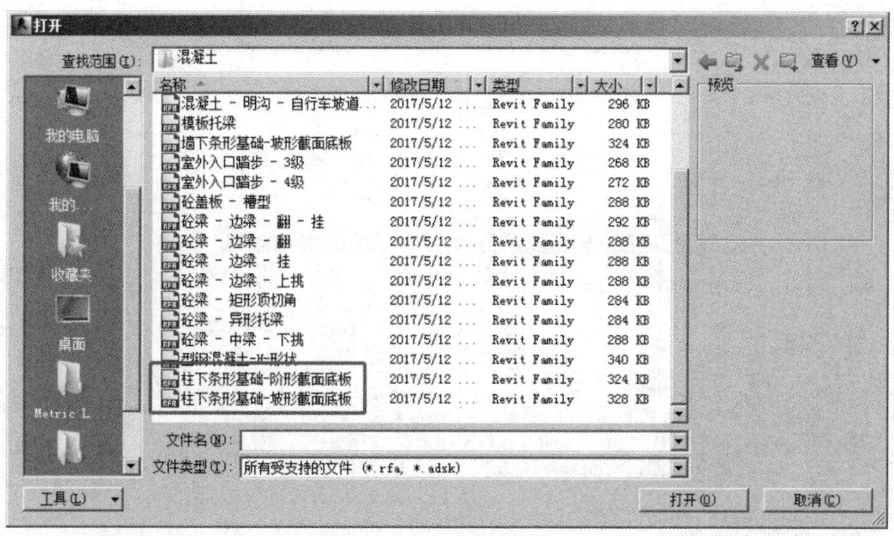

图 3 - 31 系统自带梁族中的条形基础族

3.1.4 筏板基础建模

基础筏板的受力特点与结构楼板类似，相当于倒置楼板。Revit 中的筏板族与结构楼板族基本相同，布置方法也类似。点击“结构”选项卡，选择“基础”面板，点击“板”下拉菜单，选择“结构基础：楼板”，在“属性”选项板中，通过“类型属性”编辑器定义筏板厚度、混凝土强度等级等参数(具体操作可参考 3.1.2 节中的垫层部分)，在绘图区域绘制筏板边界，点击“修改|创建楼层编辑”上下文选项卡的“模式”面板中的“√”，退出编辑模式，完成筏板基础创建。其余操作细节详见 3.5 节(结构板的创建)，此处不再赘述。

3.1.5 桩基础建模

桩基础属于深基础，由单根桩直接承受上部结构的荷载，并将其传递给地基的桩基础称为单桩基础。如果 2 根或 2 根以上的多根桩通过承台将其连成整体，上部结构的荷载由承台直接承受并分配给下面的各根桩，这样的桩基础称为群桩基础，群桩基础中的各个单桩称为基桩。

Revit 将桩基础归为“独立基础”，在“结构”选项卡中选择“基础”面板，点击“独立”，通过“属性”选项板的“编辑类型”选项进入“类型属性”编辑器，单击“载入”，在“结构/基础”路径中列出了系统自带的基础族，如图 3 - 32 所示，其中有多种桩基础族，例如“桩-钢管”“桩基承台-3 根桩”等，可以将需要的族载入项目。采用系统自带的桩基础建模比较简单，而且这些桩基础族均为参数化族，可以通过修改参数来定义需要的桩类型。

当项目设计的承台形状不规则、各桩间距或位置与系统自带桩族不一致时，上述方法不能满足建模要求。此时，可将承台与桩分别建模，其中承台模型的创建方法与独立基础类似，桩模型采用 Revit 自带的单桩基础模型。

按照 3.1.2 节异形独立基础的建模方法，创建承台并进行布置。启动独立基础创建命令，在类型选择器中选择“桩-混凝土圆形桩 600 mm 直径”，设置标高、偏移量、结构材质、钢筋保护层、桩长度等参数，如图 3 - 33 所示。设置完成后，在承台下布置单桩，然后复制生成同一承台下的其余基础桩，其平面视图及三维效果如图 3 - 34 所示。

图 3 - 32　系统自带桩基础族

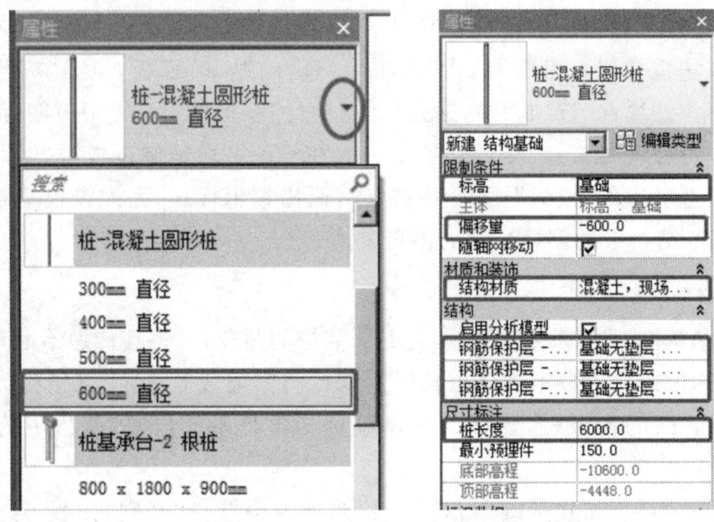

图 3 - 33　利用系统自带桩基础族定义基础桩

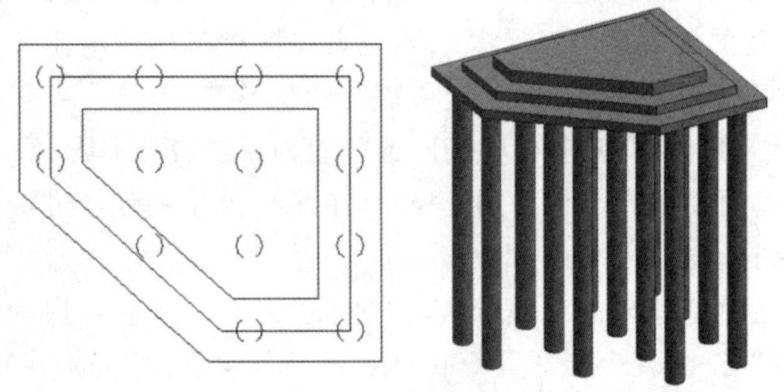

图 3 - 34　异形独立基础下布置基础桩效果

3.2 结构柱

3.2.1 结构柱与建筑柱的区别

建筑物内的柱子,按照是否受力可以分为两大类,即建筑柱和结构柱。其中建筑柱不承受荷载,仅起到展示外形、装饰或表达建筑层次的作用。各类建筑结构中的框架柱、排架柱和部分构造柱,属于结构柱。建筑物中大部分的构造柱,在结构内力计算中不考虑其受力作用,但是,由于专业分工,仍属于结构专业需要建模的范畴。在现代建筑中,纯粹的建筑柱并不多见,更多情况是柱子的核心部分为结构柱,用于承受荷载,而外部表层部分则根据建筑需要赋以各种做法或形状,此时建筑柱套在结构柱外部。

在 Revit 中,根据材质不同,结构柱包括钢、混凝土、木质、轻型钢、预制混凝土等五种类型,如图 3 - 35 所示。其中,混凝土材质的柱子又可以进一步划分为钢管混凝土柱、混凝土柱、型钢混凝土柱等族,形状上又分为圆形、矩形、多边形及工字型等,如图 3 - 36 所示。

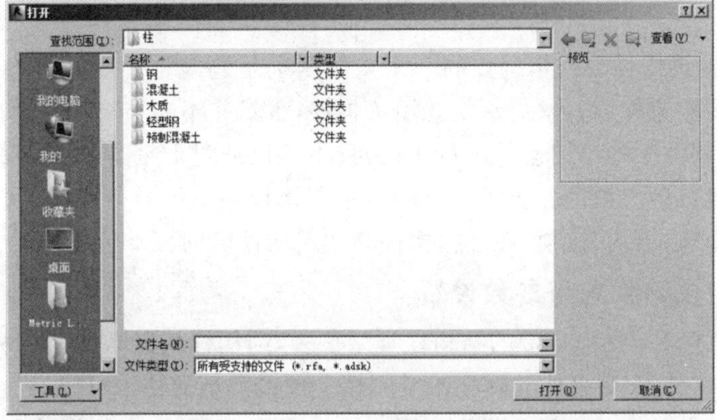

图 3 - 35 Revit 中不同材质的结构柱

图 3 - 36 Revit 中的混凝土结构柱族

Revit 软件系统自带的建筑柱,有中式柱、倒角柱、圆锥形柱、现代柱、欧式柱及陶立克柱等,见图 3 - 37 所示。

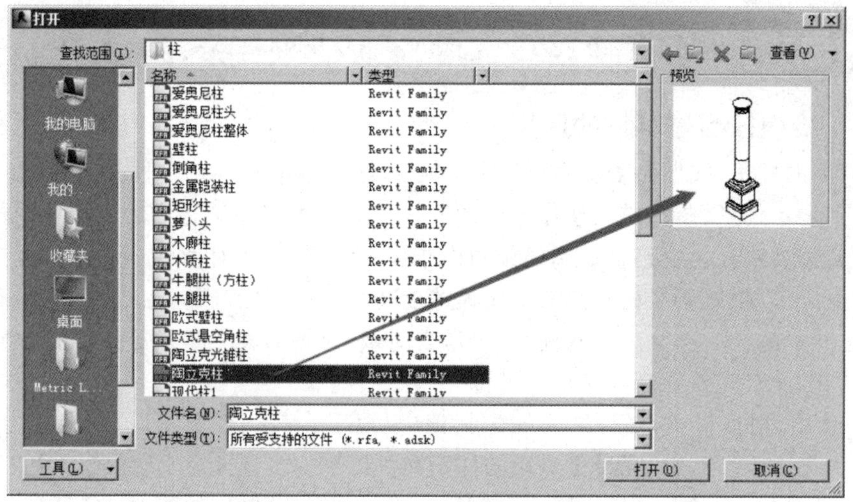

图 3-37　Revit 中的建筑柱族

在 Revit 中，建筑构件与结构构件的一个重要区别是建筑构件中不能布置钢筋，因此，对于像混凝土材质的构造柱、阳台栏板、女儿墙等构件，虽然并不参与结构受力分析，但通常都要配置钢筋，需选用软件中的结构构件进行建模，只是可以通过取消勾选实例属性中的“启用分析模型”选项，避免其参与结构分析。建筑墙与建筑楼板等系统自带构件，可以通过勾选或取消勾选实例属性中的“结构”选项，在结构构件与建筑构件之间相互转换。

3.2.2　结构柱的载入与参数设置

如 3.2.1 节所述，Revit 中自带的结构柱类型很多，结构样板默认载入的柱仅有三种，分别为矩形混凝土柱、热轧 H 型钢柱和热轧工字钢柱。更多类型的柱子可以通过插入族的方式载入项目，命令为“插入”→“载入族”，弹出如图 3-38 所示界面，依次选择路径“结构”→“柱”→“混凝土”，将列出系统自带的所有混凝土结构柱，通过点击鼠标左键，或左键与 Ctrl 键组合，或左键与 Shift 键组合选择需要载入的柱族，点击“打开”命令，选中的柱族将载入当前项目文件。

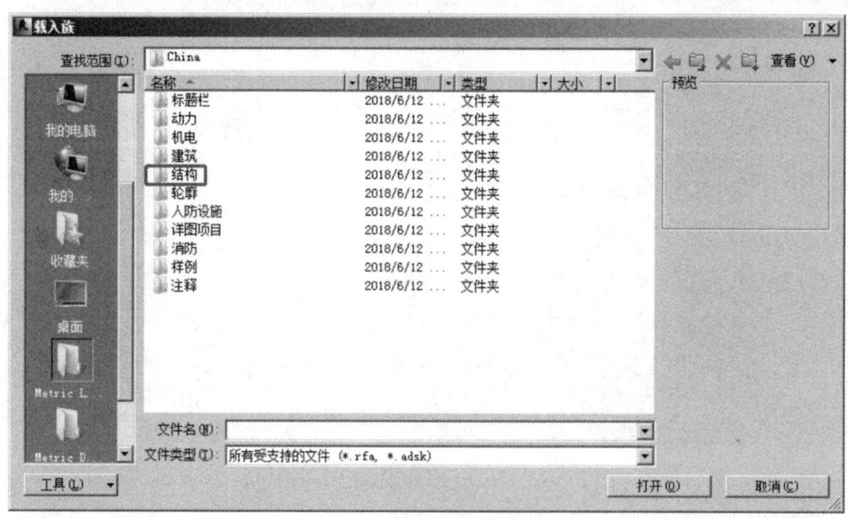

图 3-38　载入柱族文件

在“结构”选项卡下的“结构”面板，点击“柱”(此处即为结构柱)，在属性选项板的类型选择器内选择“矩形混凝土柱”，采用与 3.1.2 节建立基础类型相同的步骤，通过“编辑类型”→“复制”→“重命名”命令并修改相关尺寸(b、h)得到相应规格的柱子，参照本章案例行政楼项目图纸，一次性地将本项目中所有的柱子类型编辑完成，如图 3-39 所示。柱子的命名规则为“柱编号＋规格”，如“KZ1-400×700”，便于提高建模效率。

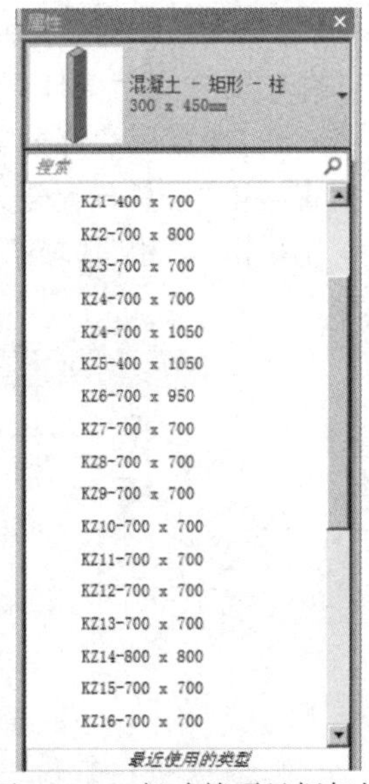

图 3-39　行政楼项目框架柱类型定义

布置结构柱之前，还有很多基本参数需要进行设置。对混凝土柱而言，包括混凝土强度等级、钢筋保护层厚度等基本参数。本章案例中的 KZ1，其混凝土强度等级为 C30，如图 3-40 所示，修改结构材质，选择 C30 现场浇筑混凝土。根据《混凝土结构设计规范》(GB 50010—2010)，该框架柱所处环境类别为一类，混凝土强度等级≥C30，故钢筋保护层厚度为 20 mm。在属性选项板内的钢筋保护层一栏，点开最右侧的三角下拉菜单，选择“I，(梁、柱、钢筋)，≥C30，<20 mm>”。采用同样的方法，设置本章案例项目中的所有柱子参数。

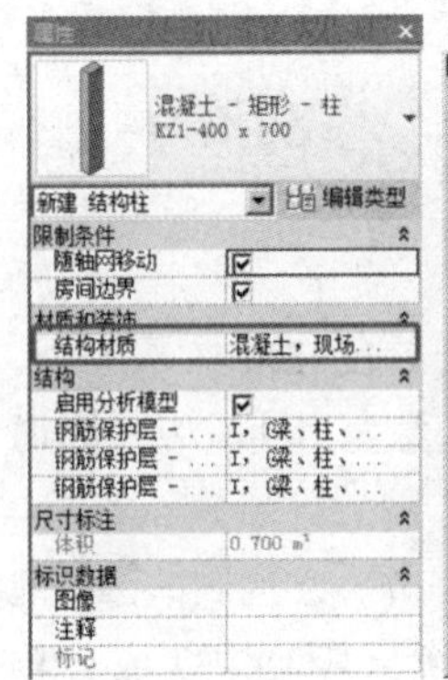

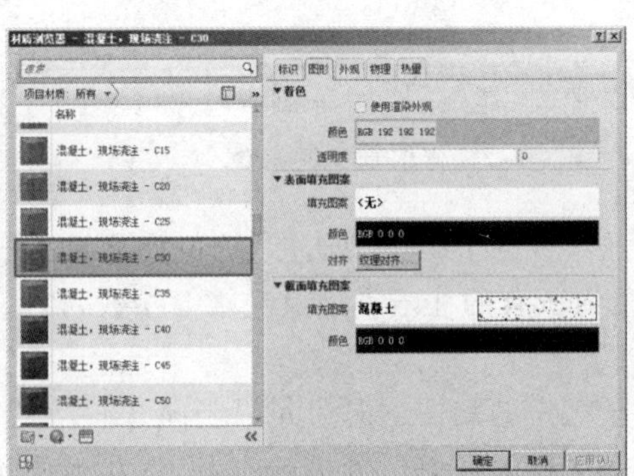

(a)柱混凝土强度等级设定　　(b)柱钢筋保护层厚度设定

图 3-40　行政楼项目框架柱实例属性设置

操作视频

柱的载入与参数设置

此外，结构柱属于可载入族，还可以利用项目参数的方式，对其自定义添加大量的实例参数。自定义参数属于进阶学习内容，此处暂不作介绍。

3.2.3　结构柱的布置与修改

1.结构柱的布置

按照 3.2.2 节所述方法完成柱的参数设置后，可以进行结构柱的布置。

(1)垂直结构柱。

此处的垂直结构柱,其实应该是竖直结构柱,即柱子轴线为铅垂线,为了与 Revit 中名称保持一致,本章后续部分采用 Revit 中的名称“垂直结构柱”。建筑结构中的结构柱绝大多数为垂直结构柱,其布置分为以下几个步骤:

①单击“结构”选项卡,选择“结构”面板中的“柱”,系统默认布置垂直结构柱,如图 3-41 所示。

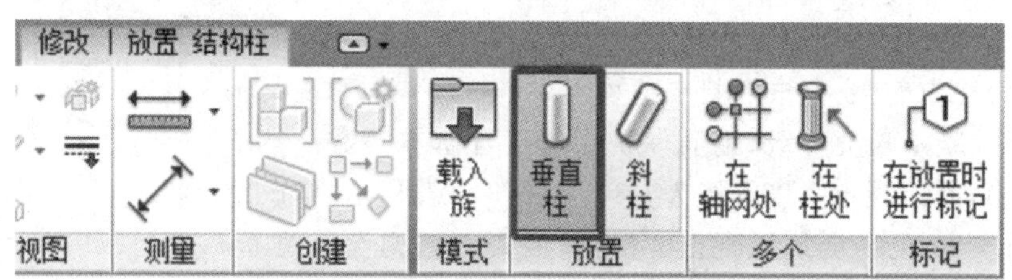

图 3-41　启动垂直结构柱布置命令

②修改选项栏参数。柱的布置方法有按高度和按深度两种,高度表示柱子自当前平面视图标高向上进行布置,深度表示柱子自当前平面视图标高向下进行布置。选择好布置方法后,还需设置柱子顶部或底部控制标高。布置方法通常选择“高度:”,而柱子顶部的标高一般选择上一层楼面标高,如图 3-42 所示。

图 3-42　修改选项栏参数

③选择柱子类型。在“属性”选项板的下拉类型选择器中,选择当前需要创建的柱子类型。由于在 3.2.2 节已经设置好了项目内所有的柱子类型及规格等参数,如 KZ1-400×700,因而此处只需要直接选择即可。

④在绘图区域布置柱子。柱子截面的默认方向为 h 沿竖向方向,b 沿水平方向,按空格键可以进行旋转。结构柱可以在绘图区域的任何位置进行布置,它并不依赖于其他构件或者轴线。如果将柱子布置在轴线上,当轴线位置改变时,柱子也随之移动,这样在后期进行轴线位置调整时,可以提高效率。

柱子的布置方式有三种,即单击布置、在轴网处布置和在建筑柱处布置,如图 3-43 所示。Revit 默认为单击布置,该种方式一次只能布置一个柱子。选择“在轴网处”布置时,将在被选中的纵、横两个方向轴线的交点处一次性布置多个柱子,该方法与 3.1 节布置独立基础类似。如果模型中已经有建筑专业布置好的建筑柱,则可以选择“在柱处”布置的方法。

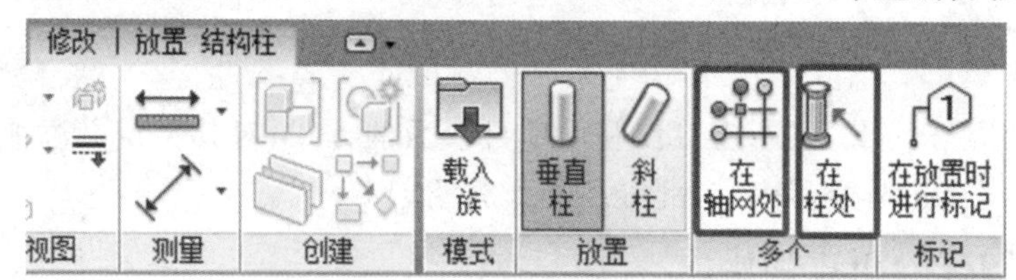

图 3-43　布置结构柱的方式

(2)倾斜结构柱。

当结构柱的轴线不是铅垂线时,需要采用布置斜结构柱的方法。该方法与垂直结构柱类

似，在“修改|放置 结构柱”上下文选项卡中，选择“斜柱”，选项栏出现四个需要设置的参数和一个勾选项，如图 3-44 所示，根据斜柱的位置进行相应设置，然后在绘图区域依次点选柱底和柱顶的平面位置，完成斜柱的布置，绘制过程及完成效果如图 3-45 所示。

图 3-44 倾斜结构柱布置选项卡

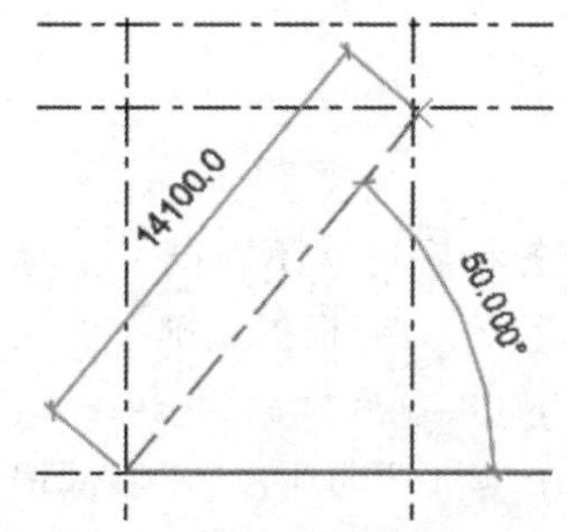

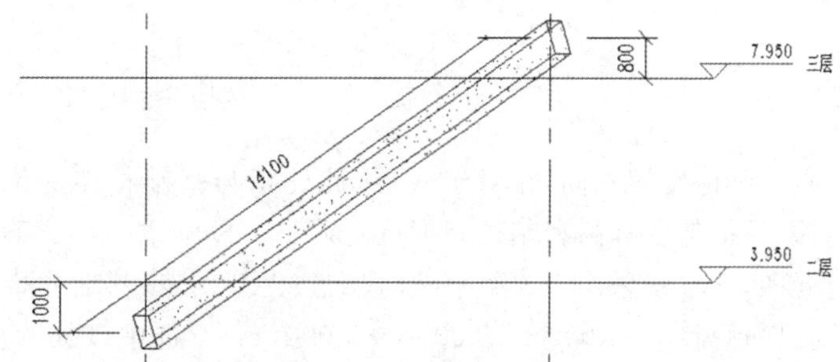

图 3-45 倾斜结构柱布置示意图

2.结构柱的修改

垂直结构柱在结构模型中的位置属性主要有两个，分别是平面位置和顶底标高。结构施工图中通常用轴线对柱进行定位，在 Revit 中采用“在轴网处”布置柱子时，系统默认柱子的中心在轴线的交点处，而实际工程中的柱子常会出现偏心布置，因此按照上一小节完成一层结构柱的布置后，需要根据各柱的定位尺寸，将柱子的位置进行准确调整。

以本章行政楼案例中轴线 A1—AA 处的 KZ2 为例，根据柱平面布置图可知，柱轴线与 A1 轴线重合，较 AA 轴线向上偏 50 mm，需要进行调整。选中模型中的 KZ2，单击“修改|结构柱”上下文选项卡中“修改”面板的“移动”命令(也可用键盘直接输入“MV”)，进入移动编辑状态，勾选选项栏中的“约束”选项，在绘图区域任意一点单击鼠标左键作为移动的起点，向上移动光标，弹出临时尺寸，输入“50”并回车确认。全部过程如图 3-46 所示，图中能够看出 KZ2 移动前后的竖向位置变化。按照相同方法完成该层所有柱平面位置调整，行政楼一层框架柱平面布置如图 3-47 所示。对规格及定位均相同的结构柱，也可以布置并修改一处，其余位置采用复制的方法完成建模。

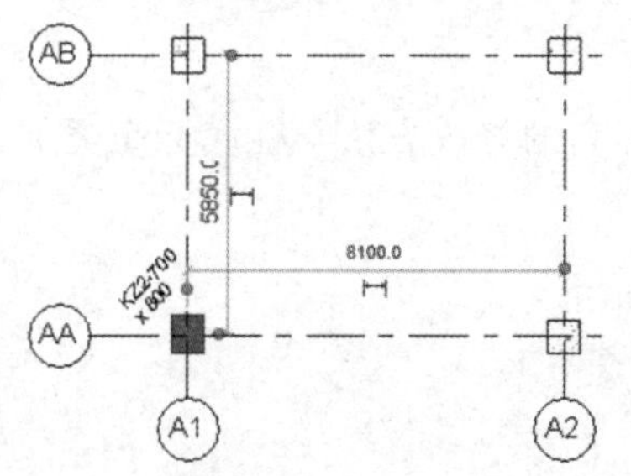

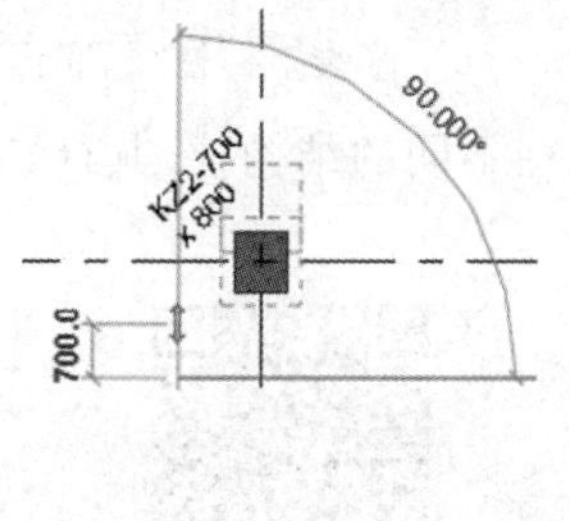

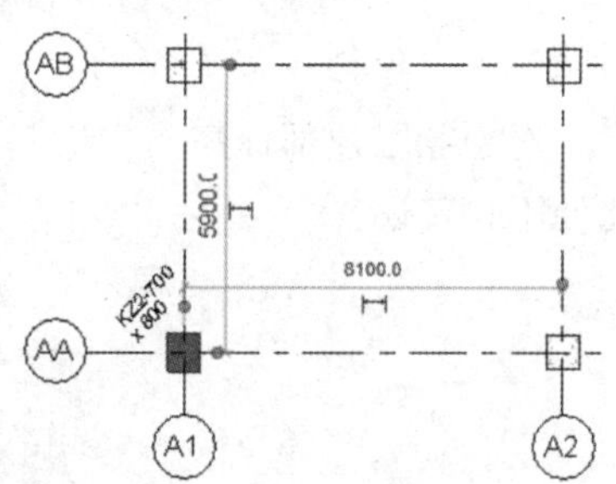

图 3-46 结构柱平面位置调整

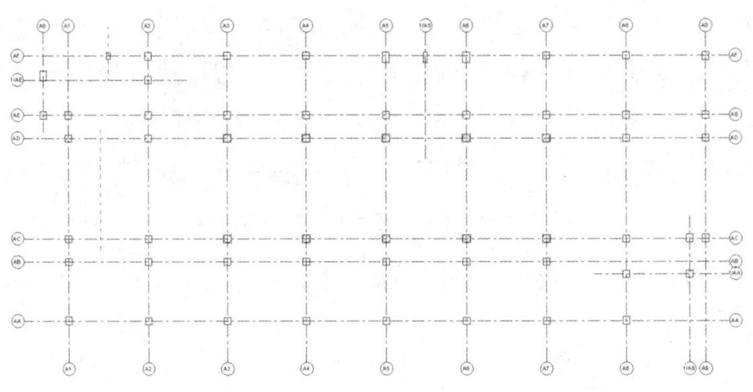

图 3-47　行政楼一层柱平面示意图

与其他楼层不同，相对于底层（此处指与基础相连的位置）柱，各柱底通常不在同一个标高，要根据基底标高和基础高度进行调整。以轴线 A1—AB 处的 KZ10 为例，根据基础布置及配筋图，该位置采用 J13 型基础，查询独立基础表，基础总高度 $H=1000$，基底标高为 -4.000，故柱底标高 $=-4.000+1.000=-3.000$(m)。选中该处的 KZ10，在“属性”选项板中“底部偏移”处输入偏移值为“1000”，如图 3-48 所示（此处默认单位为 mm，输入值为正值时，柱底标高向上偏移，输入负值时柱底向下偏移）。本项目各独立基础的基底标高均为 -4.000 m。对一些工程而言，各基础的基底标高也可能不相同，此时要根据基底标高、基础高度计算出各柱的实际柱底标高，用实际柱底标高减去底层柱所在楼层标高，即为柱底标高偏移值。

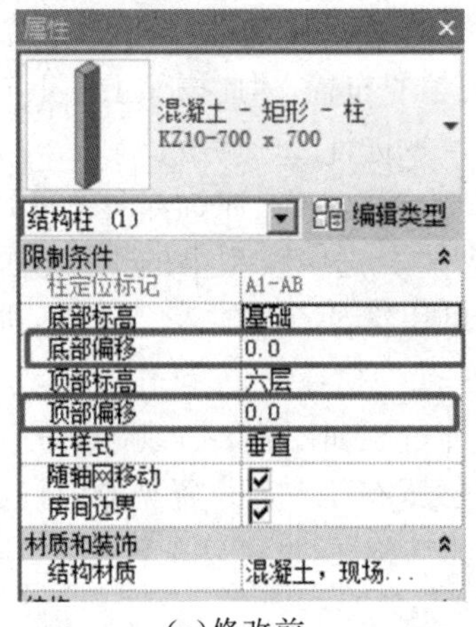

(a)修改前

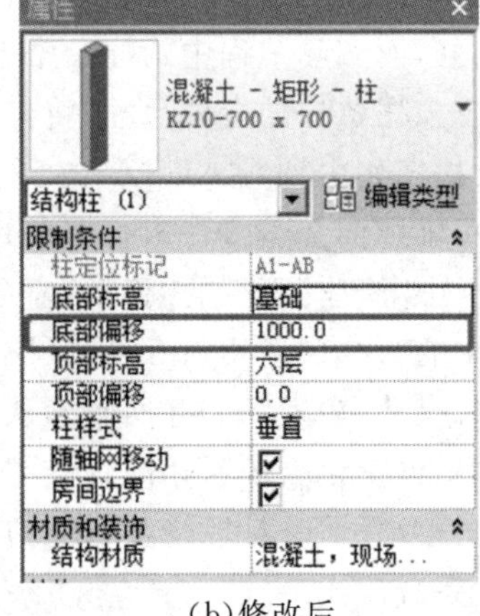

(b)修改后

图 3-48　修改结构柱顶、底标高

对于各层顶部标高与本层其他柱不同的结构柱，其柱顶标高的修改方法与柱底标高类似，此处不再赘述。

操作视频

柱的布置与修改

3.3 结构墙

3.3.1 结构墙与建筑墙的区别

与柱子类似，建筑物内的墙体，按照是否参与受力也分为两大类，分别是建筑墙和结构墙。建筑墙不承受外荷载，通常用来分割室内空间，或起到围护作用，如框架结构、框剪结构、剪力墙结构及筒体结构中的填充墙。结构墙体要承受外荷载作用，砌体结构中墙体多为承重墙，框架结构、框剪结构、剪力墙结构及筒体结构中的剪力墙（也称为抗震墙）均为结构墙。同时，大部分结构墙也兼具建筑墙的功能，即分割空间或作为围护结构。

为了美观，提高墙体耐久性，增强墙体保温性能，在墙体两侧的表层，还会有保温层、墙体抹灰以及各种饰面层等，这也就意味着结构墙体的两侧也常有一些属于建筑专业范畴的层次。

建筑洞口与结构洞口是与上述关系类似的一对概念，为了满足建筑功能需要而在墙体或楼板上留设的洞口为建筑洞口，如门窗洞口等。为了改变墙体的受力特性而在结构墙上留设的洞口称之为结构洞口，此类洞口在施工阶段的后期将会用砌块等材料填充，因而投入使用后，建筑物中的结构洞口一般是看不到的。

3.3.2 结构墙的创建与修改

Revit 提供了建筑墙与结构墙两类墙族，均属于系统族，不能对族进行编辑。在“建筑”和“结构”选项卡下均能调用这两类墙，其中建筑模型中默认墙体为建筑墙，结构模型中默认墙体为结构墙，在“结构”选项卡下可通过“墙”命令中的下拉菜单选择“墙：建筑”来启动建筑墙命令，如图 3-49 所示。

启动结构墙布置命令后，可通过“属性”选项板的“编辑类型”按钮，打开“类型属性”编辑器，如图 3-50 所示。系统提供的墙族包括叠层墙、基本墙和幕墙，叠层墙和幕墙属于建筑墙，将在 4.2 节进行介绍，此处以基本墙为基础，定义本章案例中行政楼项目涉及的墙类型。

图 3-49 启动墙命令

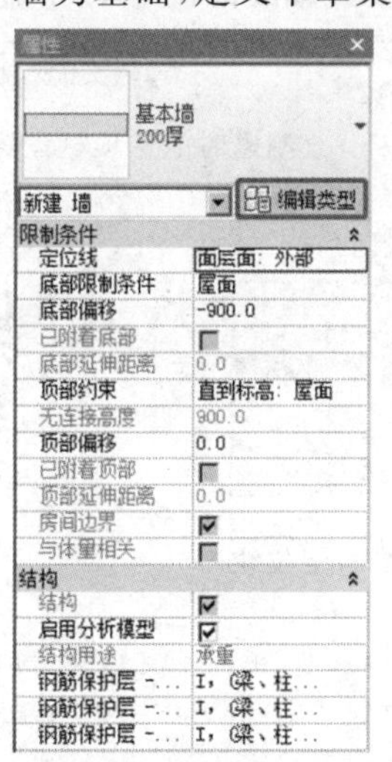

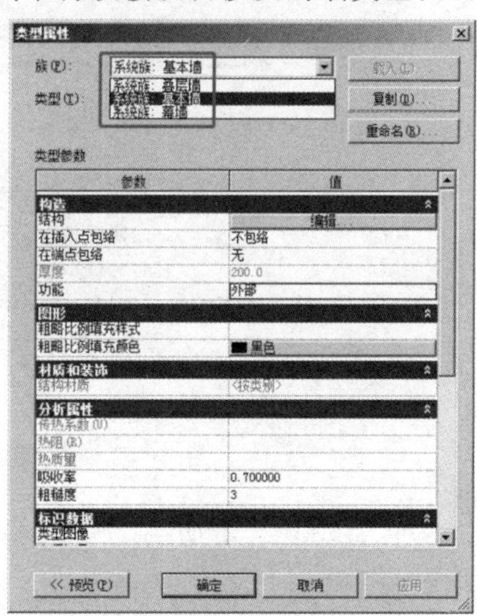

图 3-50 墙族的属性参数

在“类型属性”编辑器中，以基本墙族中的“常规-200 mm”为基础，通过“复制”→“命名”操作，定义名称为“120 - C20”的新类型，然后点击构造参数中“结构”右侧的“编辑”按钮，如图 3-51 所示，打开“编辑部件”对话框，修改材质为“混凝土，现场浇注-C20”，厚度为“120”，点击确定，完成对该墙体类型的定义。重复上述过程，完成行政楼项目中其余墙体的定义。需要注意，墙体混凝土强度等级属于类型属性，因而厚度相同但混凝土强度不同的墙体需分别定义。

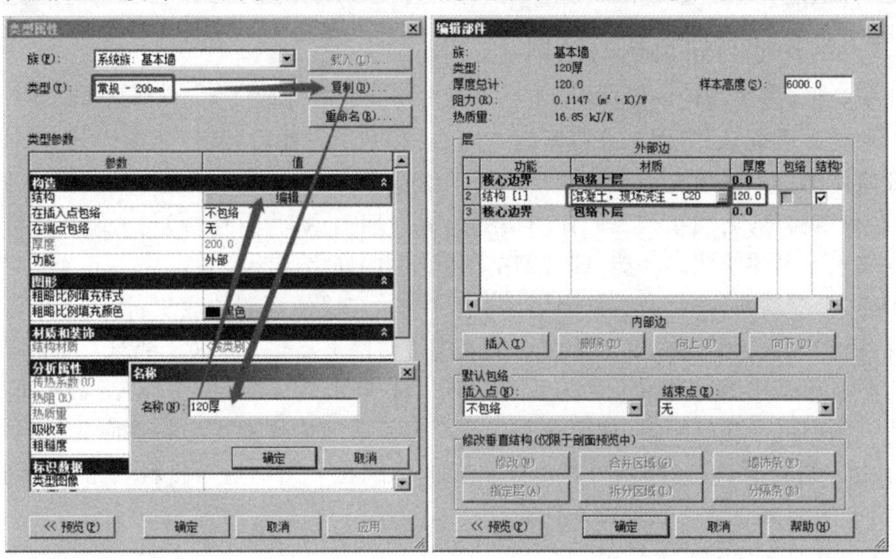

图 3-51　定义墙类型

以行政楼机房屋面处的女儿墙为例，说明绘制墙体模型的后续步骤。完成墙体类型定义，退出到绘图状态，该女儿墙厚度为 120 mm，混凝土强度等级为 C20，在"属性"选项卡的类型选择器中选择定义好的"120 - C20"基本墙类型。修改选项栏中的各项参数，如图 3-52 所示，前面几项参数的含义与结构柱相同，不再重复叙述。墙的平面位置定位线包括中心线及各关键层次的分界线，如图 3-53 所示，结构墙一般仅包含核心层，故常用中心线或核心面的内部或外部进行定位，根据拟绘制墙体与柱、梁或轴线间的相对位置灵活选取。

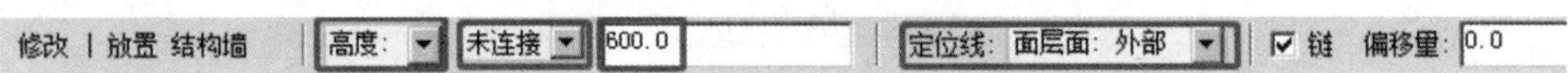

图 3-52　绘制墙时的选项栏设置

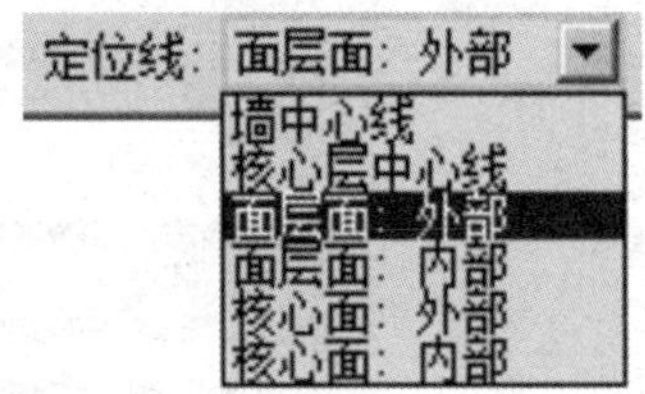

图 3-53　选择墙水平定位线

操作视频
墙的创建与修改

此外，与结构柱类似，通过修改墙的实例属性，设置墙的钢筋保护层厚度。由于女儿墙一般不参与结构受力，因而取消勾选实例属性中的"启用分析模型"选项。然后利用"修改|放置结构墙"上下文选项卡中的绘制工具，在绘图区域绘制墙体轮廓，绘制完成后，按 Esc 键退出命令，完成结构墙的创建。

关于墙的平面位置，一方面可以在绘制过程选择便捷的定位方式进行定位，也可先粗略布置，然后利用"对齐"命令与柱、梁或轴线等相关参照进行快速准确定位。

在 Revit 中结构墙与建筑墙模型随时可以进行转换。墙体实例属性面板中，结构属性的

“结构”选项如果是勾选状态，说明该墙属于结构墙。如果取消该勾选，则结构墙将转变为建筑墙，结构属性随之发生改变，“启用分析模型”选项变为灰色的不可选状态，钢筋保护层厚度等参数消失，“结构用途”自动变为“非承重”，两类墙的实例属性参数差异见图 3－54。反之，建筑墙的属性中勾选“结构”参数，可将其转换为结构墙。在用结构样板创建的项目中，去掉结构墙的“结构”勾选状态，用户会发现墙体通常变为不可见状态，如果需要保持其处于可见状态，需要将该平面视图实例属性面板中，图形属性的“规程”改为“建筑”或“协调”，如图 3－55 所示。

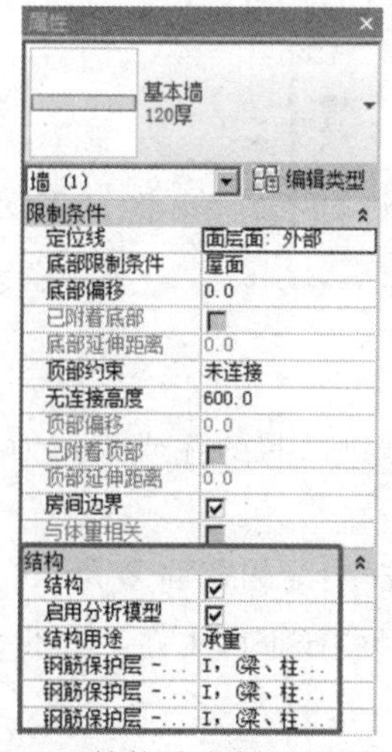

(a)结构墙实例属性　(b)建筑墙实例属性

图 3－54　结构墙与建筑墙的实例属性对比

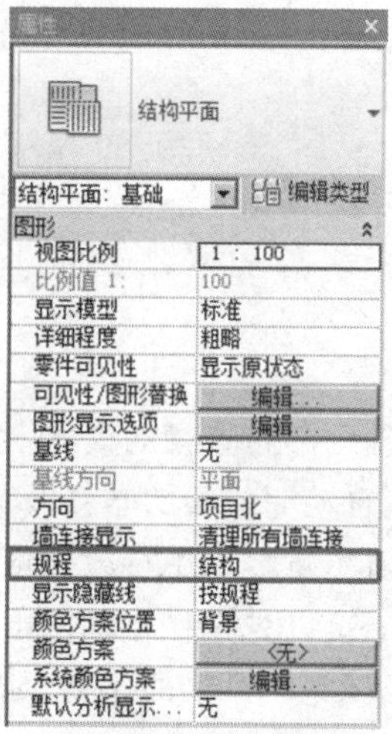

图 3－55　结构平面视图规程对建筑类构件可见性的影响

3.4　结构梁

3.4.1　梁的载入与设置

Revit 中的梁属于可载入族，如图 3－56 所示，通过“插入”选项卡的“从库中载入”面板中的“载入族”命令，梁的文件路径为“结构”→“框架”，根据需要选择钢、混凝土、木质等不同材料的梁族。

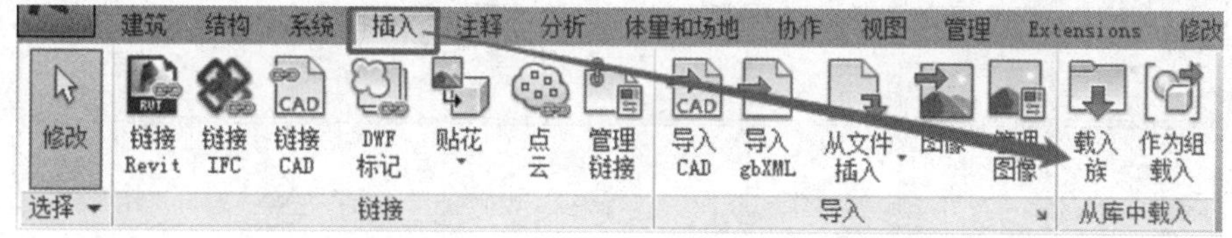

图 3－56　载入梁族

将需要的梁族载入项目，根据施工图将项目中常见规格的梁进行定义，其方法与基础、柱等可载入族类似，通过编辑其类型属性，完成梁类型的添加。

梁的混凝土强度等级属于实例属性参数，在实际工程中同一楼层梁的混凝土强度等级通常相同，不同楼层梁的混凝土强度等级则常常不一样。因此，在定义梁类型时，可以先不设置，而在布置前设置，或布置后批量修改。

3.4.2　梁的布置与修改

在 Revit 中，梁的布置方法有两种，分别是绘制梁轴线法与在轴网上布置法。启动梁的布

置命令，如图 3－57 所示，“修改|放置 梁”上下文选项卡有“绘制”和“多个”两个面板可用于梁的布置。其中“绘制”面板中提供了 7 种画线和 1 种“拾取线”的绘制梁轴线工具，可根据梁轴线的形状灵活选取，在绘图区域绘制出梁的轴线，按 Esc 键退出，完成梁的布置。采用绘制模式建梁时，多跨连续梁的梁跨需要手动划分，分跨绘制。梁柱相交时，柱为梁的支座，因此梁的跨度以柱为端点。当梁、梁相交时，主梁为次梁的支座。支座两侧的梁必须分段绘制，否则将改变梁的受力状态。为了提高效率，可勾选选项栏中的“链”，即可实现多跨梁的连续绘制。

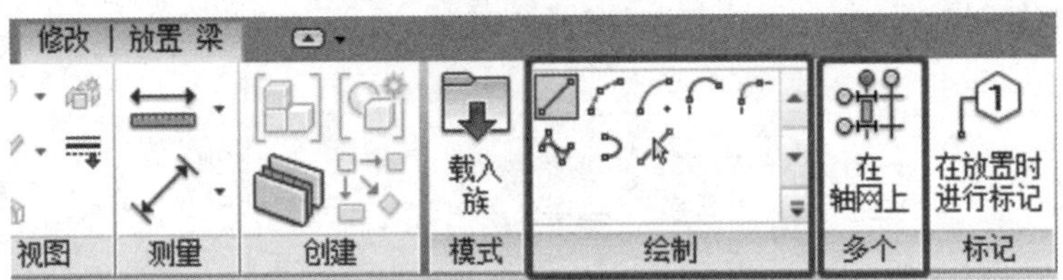

图 3－57　两种布置梁的方式

在轴网上布置梁的模式，系统会在选中的一条或多条轴线上，以已有的柱或梁作为拟建梁的支座，自动完成梁的布置及梁跨划分，该方法建模效率较高。

查看本章案例中行政楼项目“地梁结构布置及配筋图”，纵向框架梁的截面多为 350 mm×600 mm，可以先选择在轴网上布置梁。启动布置梁的命令后，单击“在轴网上”命令，框选所有纵向轴线，完成纵梁的布置，如图 3－58 所示。

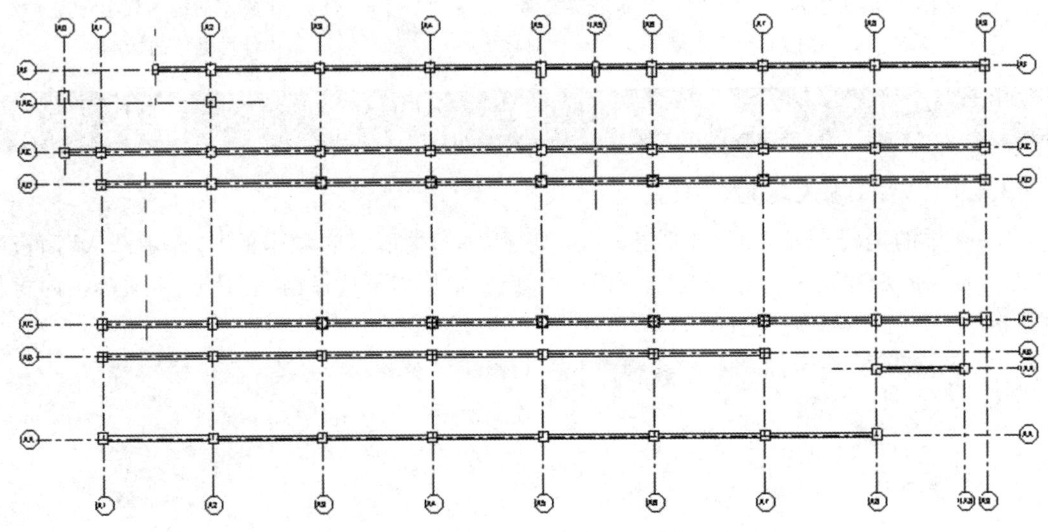

图 3－58　布置行政楼纵向地梁

从图 3－58 能够看出，“在轴网上”布梁的方式下梁均沿轴线居中布置，还需要准确调整每根梁的位置。选中需要移动的梁，单击“修改|结构 框架”上下文选项卡中“修改”面板，单击“对齐”(快捷键为“AL”)，如图 3－59 所示。先后移动光标至柱、梁边缘并分别单击左键，梁与柱边实现对齐。对齐操作的过程中，选中要对齐的参照后，可以使用“Ctrl 键＋鼠标左键”连续选择要对齐的实体。

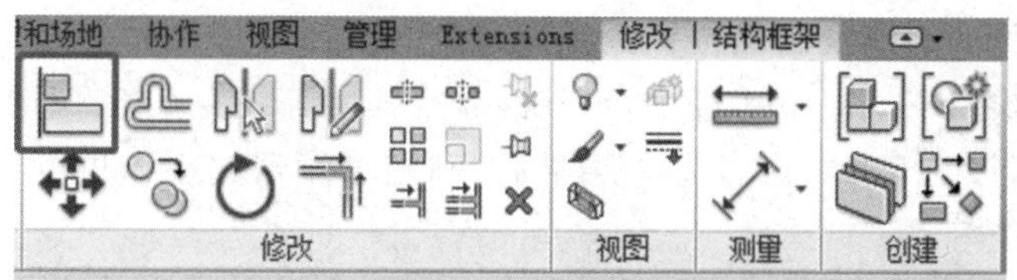

(a)启动对齐命令

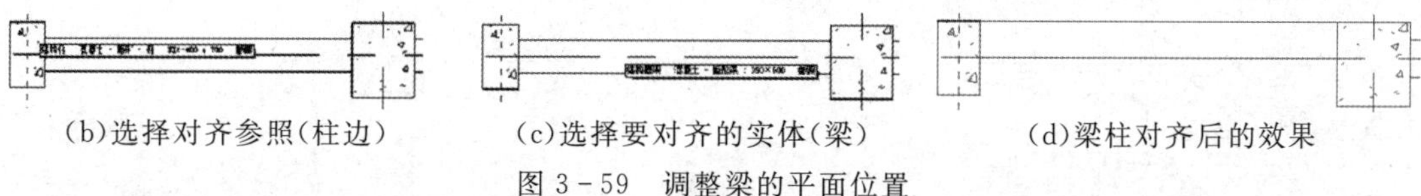

(b)选择对齐参照(柱边)　　(c)选择要对齐的实体(梁)　　(d)梁柱对齐后的效果

图 3－59　调整梁的平面位置

完成纵向框架梁位置调整后的梁平面布置如图 3－60 所示,其中施工图中个别位置的梁截面不是之前选定的 350×600 mm,将其选中后,通过"属性"面板中的类型选择器,选择相应的梁截面。

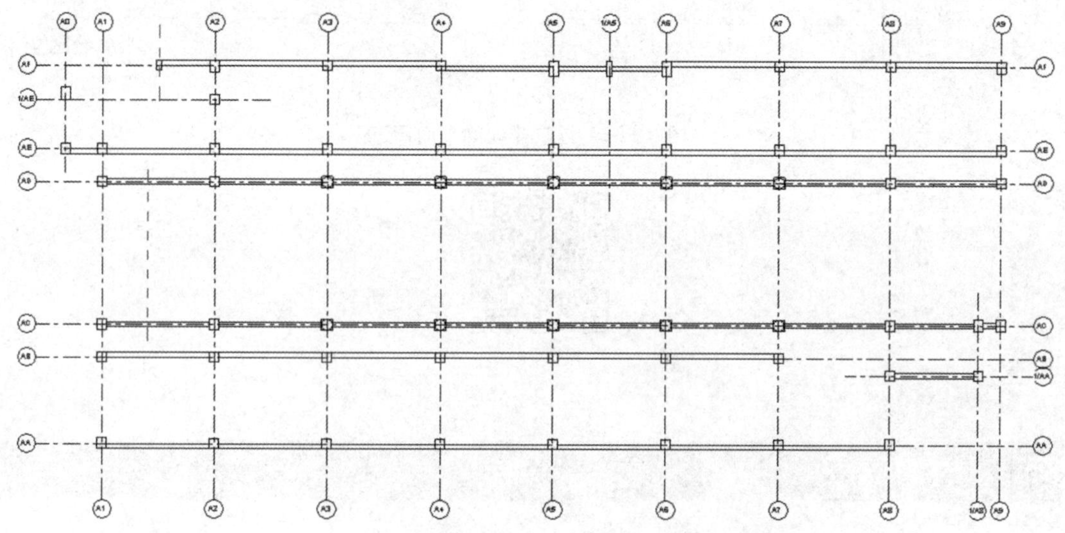

图 3－60　调整平面位置后的行政楼纵向地梁

对于非轴线上的梁,如地梁平面图中的 L2,其梁边与轴线 AF 相距 1250 mm,可利用参照平面作为辅助线,然后利用图 3－57 中的"绘制"工具,进行梁实例创建。绘制该梁时需要注意,L2 共有 5 跨,必须分 5 段绘制,否则将改变梁的受力状态。

本章案例中的框架梁,有几处为带耳梁,可以通过载入系统自带的带耳梁族(名称为"砼梁-边梁-上挑"),编辑其尺寸参数,绘制过程中需注意绘制方向与梁的耳朵方向之间的关系。如果梁的耳朵方向有误,也可以绘制完后再进行修改,选中需要编辑的带耳梁,会在梁上出现翻转实例面"⇅",如图 3－61 所示,点击该图标,实现梁左右两侧的翻转。

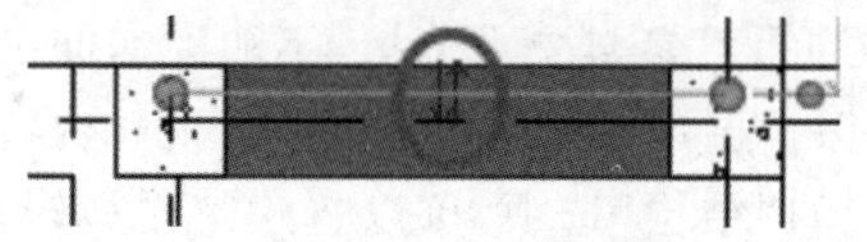

图 3－61　带耳梁实例面翻转

完成该层所有梁的绘制及平面位置调整，如图 3 - 62 所示。

行政楼项目三层及三层以下楼板梁板，其混凝土强度等级为 C35；四层及四层以上楼板梁板，其混凝土强度等级为 C30。布置完一层梁后，利用过滤器选中该层的全部梁，在实例属性中修改其混凝土强度等级。

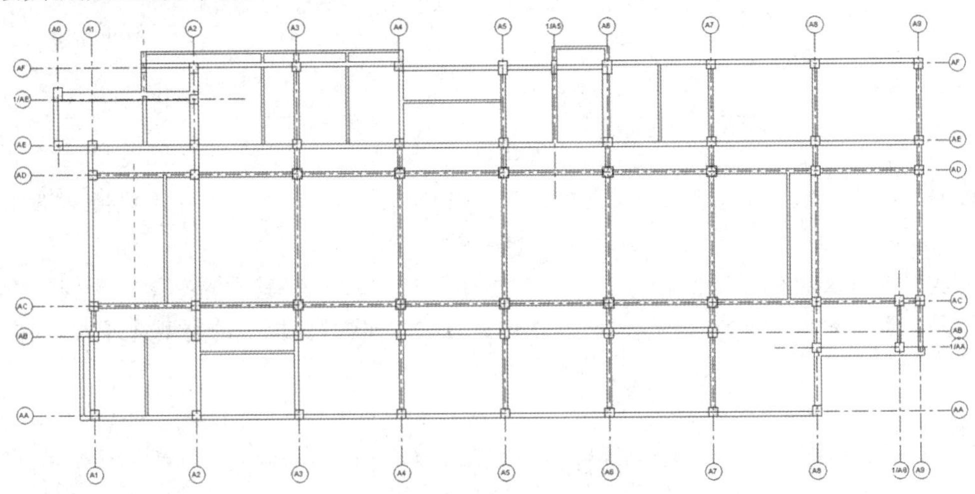

图 3 - 62　行政楼地梁平面图

操作视频

梁的布置与修改

3.5　结构板

3.5.1　结构板与建筑板的区别

从土木工程专业的角度来讲，根据楼板是否参与受力，楼板可分为建筑楼板和结构楼板。在实际工程项目中的楼板，几乎所有楼板均承受相应荷载，应属于结构楼板。但是，在结构楼板的上下两个面，还有一些面层、附加层和顶棚等，起着诸如装饰、保护、保温、隔热、防水等作用，这些层次属于建筑做法，可以划归建筑楼板的范畴。因此，建模时，可以先创建用于受力的结构楼板，然后在其上下表面附着以建筑楼板。

Revit 的楼板包括 3 种类型，分别是建筑楼板、结构楼板及楼板边，如图 3 - 63 所示。楼板边用于创建散水、腰线等附着于建筑边缘的构件。建筑楼板和结构楼板的创建方法基本相同，只是建筑楼板的属性比较少，没有跨度方向，不参与受力分析，不能配钢筋（因而属性参数中没有关于钢筋保护层厚度内容），两者之间也能自由转换，通过勾选“属性”面板中的“结构”选项，可以将建筑楼板转换为结构楼板，反之亦然。

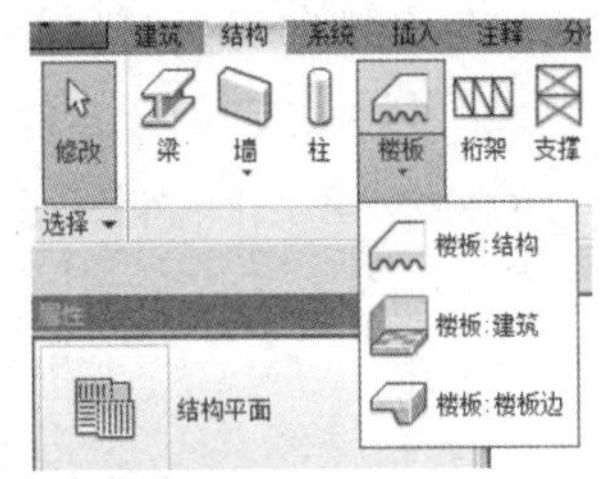

图 3 - 63　楼板类别

3.5.2 结构板创建与修改

启动“结构”选项卡→“结构”面板→“楼板”下拉菜单→“楼板：结构”命令（快捷键为“SB”），弹出“修改|创建楼层边界”上下文选项卡，如图 3-64 所示，继续在“绘制”面板中点击“边界线”。然后根据楼板的边界情况，选择合适方便的绘制方式，如直线、矩形等几何形状直接绘制楼板边界，或用拾取线、拾取墙、拾取支座的方式选取已有元素作为楼板边界。

图 3-64 绘制楼板工具

在绘制楼板边界前，首先应根据项目中的楼板创建楼板类型。通过“属性”选项板→“编辑类型”命令，进入“类型属性”对话框，如图 3-65 所示，“载入”按钮为灰色，表明楼板族为系统族，需根据楼板的设计参数创建楼板类型。通过“复制”→“名称”命令，对新建楼板类型进行命名后，点击“编辑”进入“编辑部件”界面，如图 3-66 所示，选择材质，修改“结构[1]”的厚度。在本章行政楼项目中，三层及三层以下楼板梁板，其混凝土强度等级为 C35；四层及四层以上楼板梁板，其混凝土强度等级为 C30。对于 120 mm 厚楼板，需要定义两种楼板类型，如 120-C35 和 120-C30。

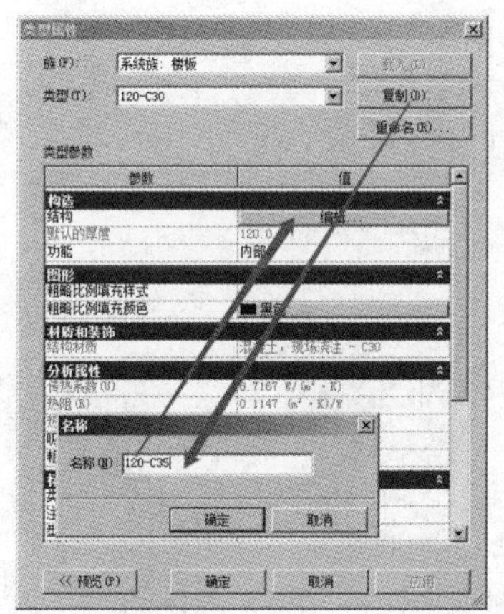

图 3-65 楼板类型属性及新类型创建

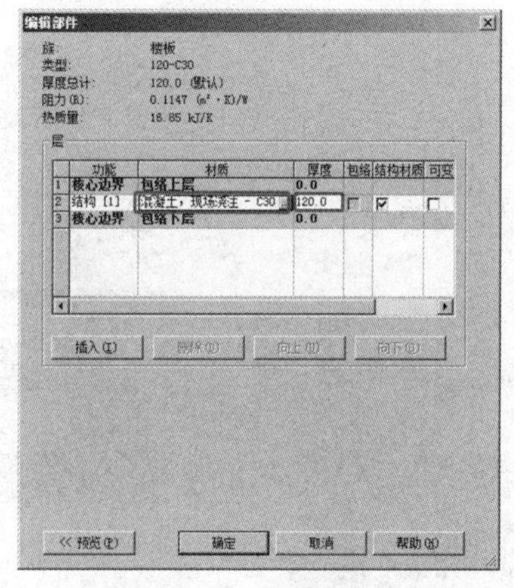

图 3-66 楼板材质与厚度定义

Revit 中的楼板可以不依附于其他构件而独立存在，但需要通过手动绘制或指定其轮廓边界。以本章行政楼二层楼板为例，说明创建楼板模型的步骤与方法。

(1)二层楼板厚度为 120 mm，混凝土强度为 C35，楼板的标高分为三种情况：主要房间楼板标高等于楼面标高，卫生间楼板标高较楼面标高低 150 mm，前后雨棚板标高为 3.370。标高不同的楼板要分别绘制。

(2)启动楼板命令后，在“属性”选项板中选择之前定义的“120-C35”楼板，修改“属性”面板的参数，标高选为“二层”，“自标高的高度偏移”输入“0”，如图 3-67 所示。其余参数前文已有介绍，在此不再

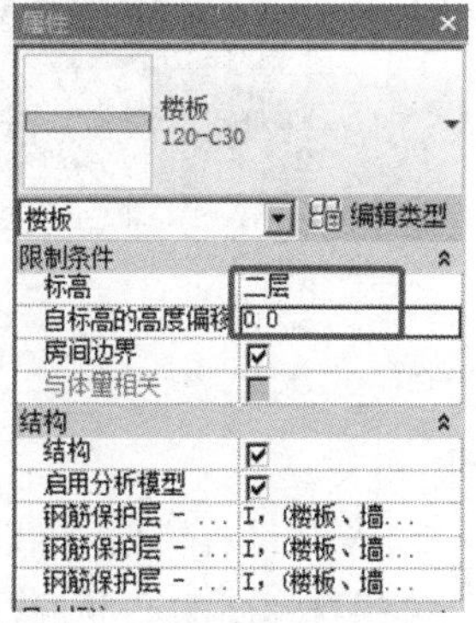

图 3-67 楼板实例属性

赘述。

(3)绘制楼板边界:采用"直线"绘制方式,沿着周边梁的轴线绘制楼板边缘。当边缘为较长的直线时,采用"拾取线"给定部分边缘,再结合"修改/延伸为角"命令(快捷键为"TR")进行修改,系统要求楼板边缘线必须闭合且不能重叠,绘制完成的楼板边界如图 3-68 所示。

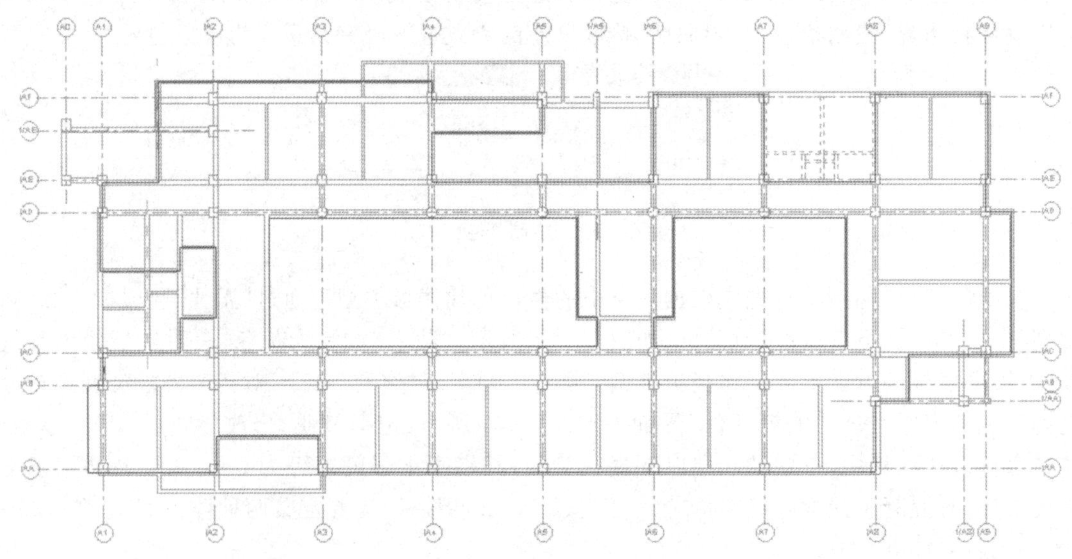

图 3-68　行政楼二层楼板边界

(4)单击"修改|创建 楼层边界"上下文选项卡,选择"模式"面板中的"√",完成编辑模式,布置效果见图 3-69 中阴影部分。

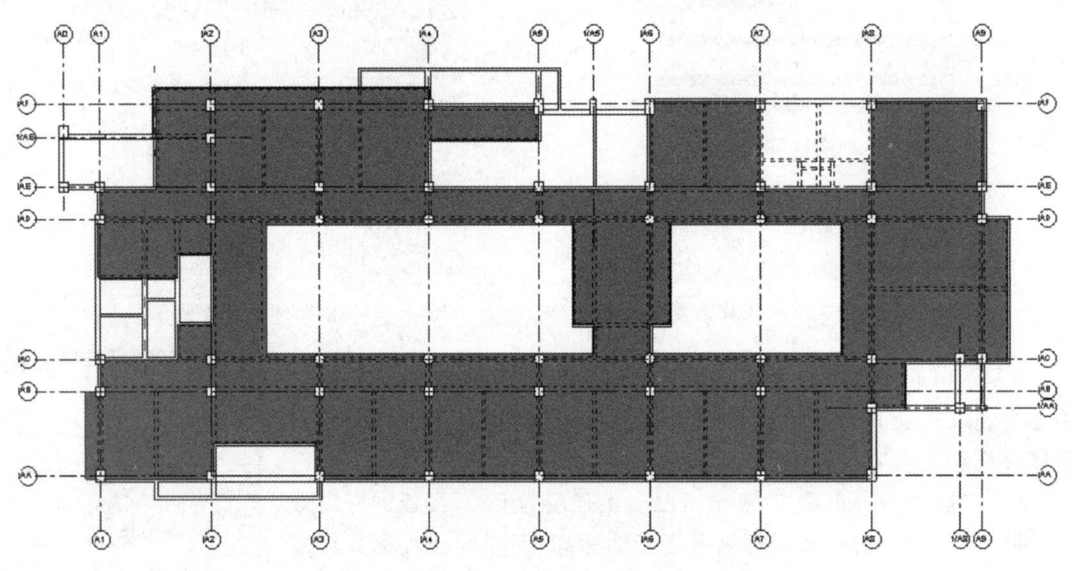

图 3-69　行政楼二层楼板边界

采用同样方法,分别绘制两处卫生间、两个雨棚板的楼板,其中卫生间楼板的属性参数中需将"自标高的高度偏移"设为"-150",而雨棚板的该值应设为"-580",完成后的局部楼面标高如图 3-70 所示。

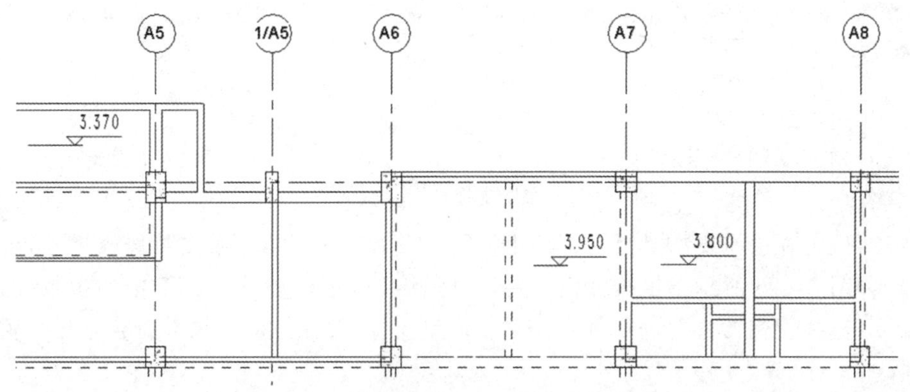

图 3-70　行政楼雨棚板、卫生间楼板模型

楼板形状较复杂时，创建过程中容易出现一些错误，此时可以在创建完成的楼板任何位置的边缘处双击鼠标左键，或者选中楼板后，在上下文选项卡中单击“编辑边界”，对楼板边界进行修改，见图 3-71。修改完成后，再次单击上下文选项卡中的“√”，完成编辑。

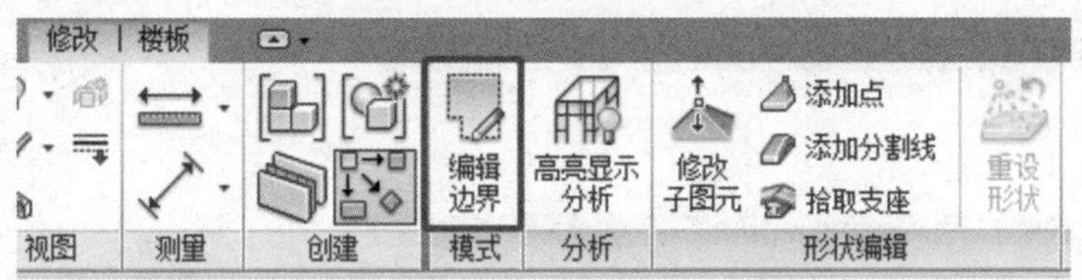

图 3-71　楼板边界编辑命令

操作视频
结构板的创建与修改

对于平面布置(梁、板、柱或墙)相同或接近的楼层，可以采用层间复制再进行局部修改的方法，提高建模效率。

楼板中的水电井、检查口、人孔等，也可在布置完成的楼板上，采取“开洞”的方式进行创建，具体见 4.6 节。

3.6 钢支撑与桁架

本章前面部分以混凝土结构为主要内容，其相应方法也适用于钢结构，只是在创建构件时选择钢结构的构件族，如钢柱、钢梁、压型钢板组合楼板等。与混凝土结构相比，钢结构中支撑与桁架应用较多，本节介绍钢支撑与钢桁架的建模方法。

3.6.1 支撑族的载入

在“结构”选项卡中选择“结构”面板，单击“支撑”选项，见图 3-72(a)，在“修改|放置 支撑”上下文选项卡的“模式”面板中，点击“载入族”，见图 3-72(b)，弹出“载入族”对话框。钢结构的支撑族在“结构”→“框架”→“钢”的路径下，系统提供了常见的建筑用型钢截面，见图 3-73。选择需要载入的截面形状，可以使用 Ctrl 或 Shift 复合键一次选择多个，再点击“打开”。在“指定类型”对话框的左侧选中其中的一个截面形状，用 Ctrl 或 Shift 复合键在右侧选择需要载入的具体规格，见图 3-74，然后点击“确定”，选中的支撑族已经载入项目。在“指定类型”对话框中，如有需要，可以在右侧类型表中，通过各列标题下的箭头进行分参数过滤筛选，见图 3-75，已经将角钢肢长 d 为 40 mm 的所有规格列出，便于快速选择。

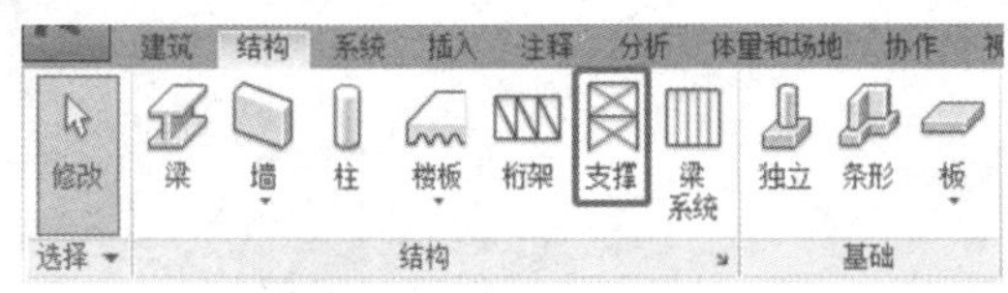

(a)支撑命令

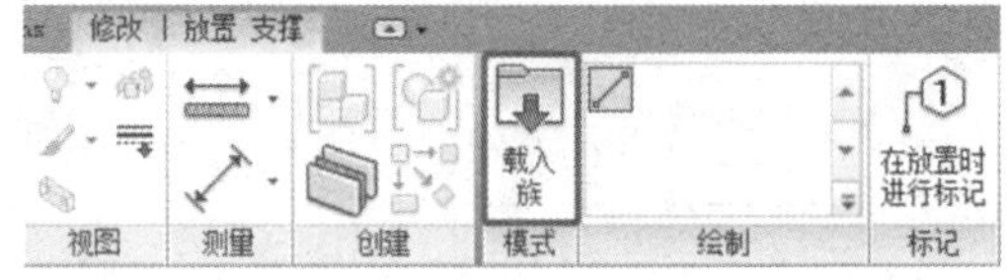

(b)载入支撑族

图 3－72　布置支撑命令及载入支撑族

载入项目后，在已有支撑类型的基础上，通过“复制”→“命名”操作可修改尺寸，定义新的支撑类型，如图 3－76 所示。根据截面主要尺寸的含义，进行如图 3－77 中的参数设置，通过“预览”命令，选择相应的视图进行查看。对于型钢支撑，要注意断面尺寸符合常见型钢规格的截面特性。

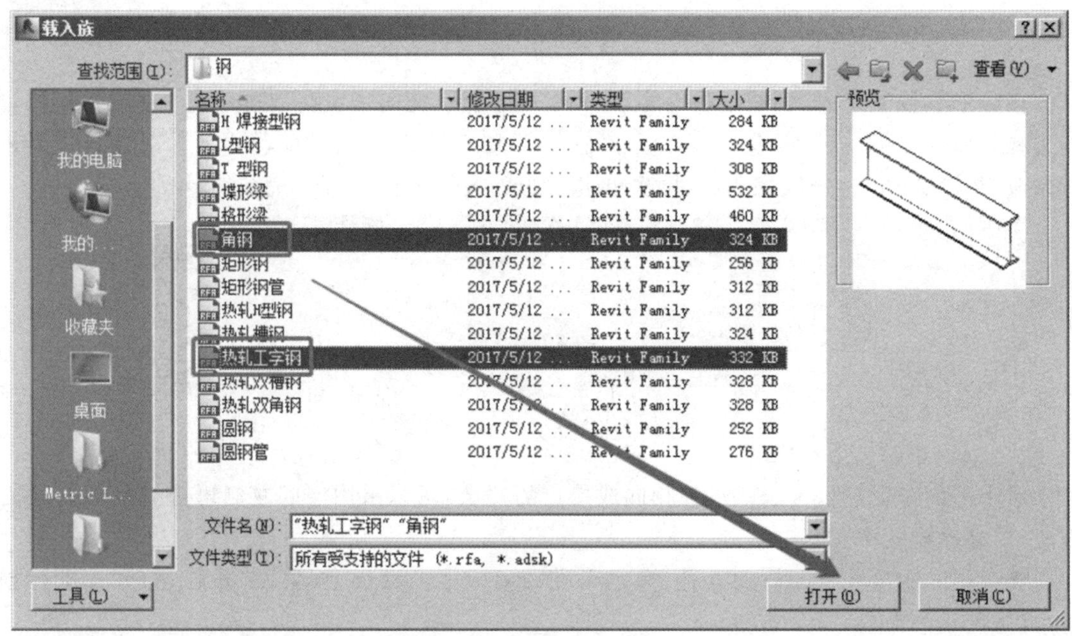

图 3－73　系统中的支撑族

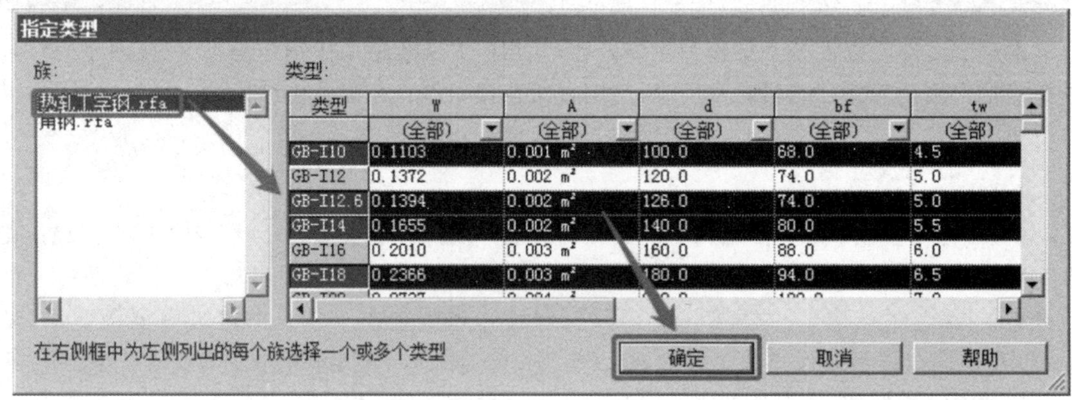

图 3－74　支撑规格

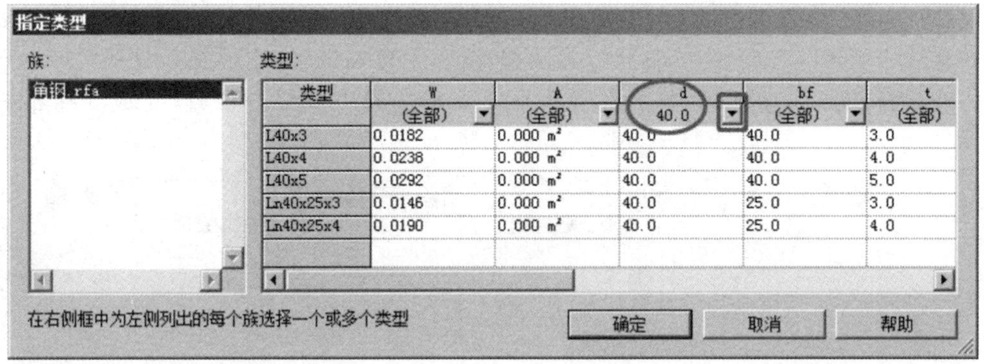

图 3-75 筛选、过滤支撑规格

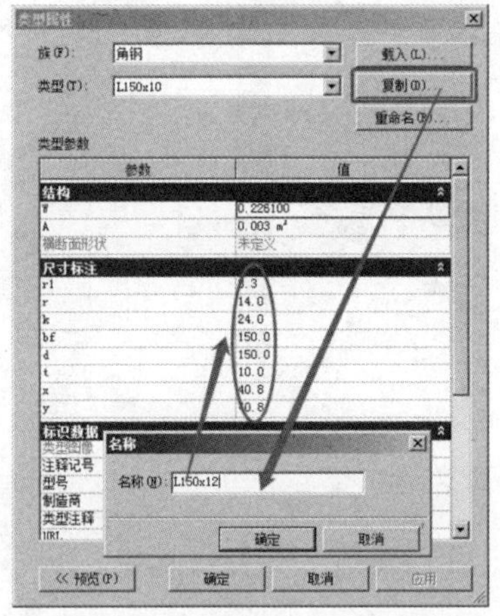

图 3-76 定义新支撑类型

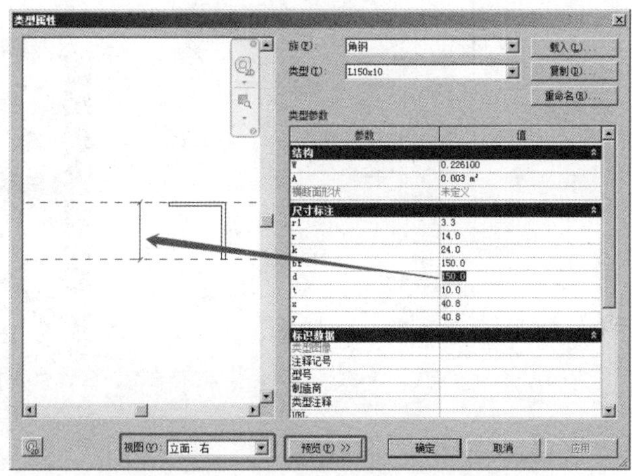

图 3-77 型钢类型属性

在“项目浏览器”中,刚载入的“热轧工字钢”和“角钢”支撑族已经出现在“结构框架”类别之下,如图 3-78 所示。在该类别中,还有“混凝土-矩形梁”及之前载入的“砼梁-边梁-上挑”等族,说明系统将梁和支撑均归为结构框架类别。

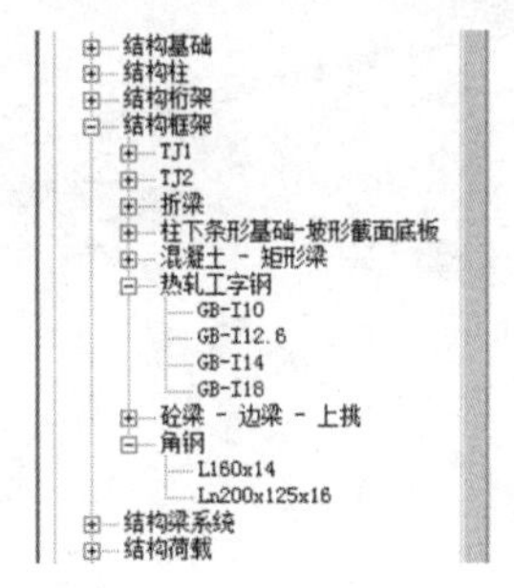

图 3-78 载入后的支撑族

操作视频

支撑族的载入

3.6.2 支撑的创建

Revit 提供了以下两种创建支撑模型的方法。

1.平面创建法

该方法的所有操作在楼层平面图上完成,首先分别设定好起点和终点标高,然后在平面图上给定起点和终点的平面位置,即可创建支撑实例。在“结构”选项卡的“结构”面板中单击“支撑”,在选项栏中设定起点、终点参照标高及偏移值,不要勾选“三维捕捉”,见图3-79。通过“属性”选项板选择支撑类型,在水平工作平面上设置起点和终点位置,完成支撑布置,见图3-80。

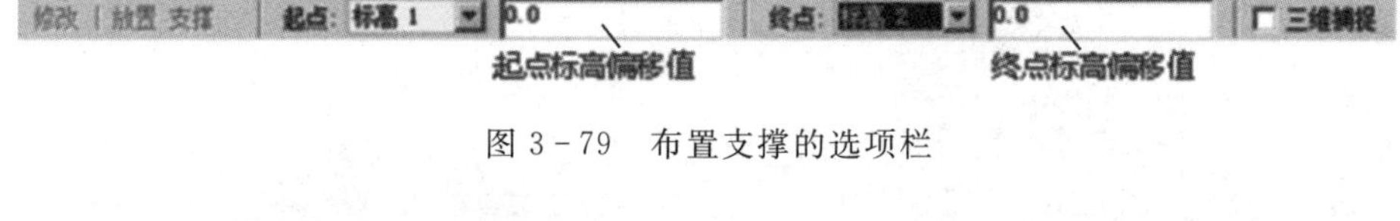

图 3-79 布置支撑的选项栏

图 3-80 支撑类型选择及布置后效果

2.三维创建法

三维创建方法的操作要在三维视图中进行,该方法常用于较为复杂的支撑布置。启动“支撑”命令后,切换至三维视图,勾选选项栏中的“三维捕捉”,点击支撑的起点与终点位置,完成支撑创建,见图 3-81。

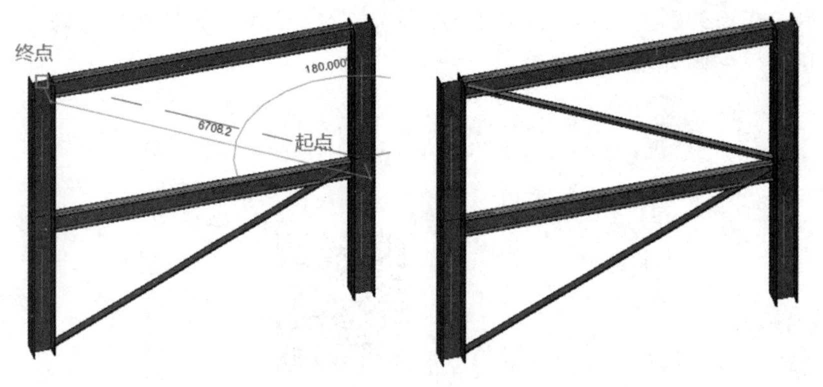

图 3-81 三维创建支撑模型及布置后效果

操作视频
支撑的创建

3.6.3 桁架的载入与创建

1.桁架的载入与类型定义

在钢结构中,桁架的使用也非常广泛,并且形式与种类较多。Revit 提供了丰富的桁架族,如图 3-82 所示,路径为“结构”→“桁架”,根据项目需要载入。载入后的各类族文件,均可以在“项目浏览器”内的“族”列表中找到，如图 3－83 所示。点击各级列表左侧的“＋”，能看到当前项目中包括的族类别、族、类型，如图 3－84 所示。如“结构桁架”类型中，包括“梯形钢屋顶-6 m”“梯形钢屋顶-9 m”等桁架族，“梯形钢屋顶-GWJ18”族内包括标准、轻型两个类型。在各族类型上点击鼠标右键，弹出如图 3－85 所示对话框，可以对该类型进行相应复制、删除、重命名等操作，也可以在此处选择“类型属性”，进入“类型属性”编辑对话框，完成对桁架类型的进一步定义。

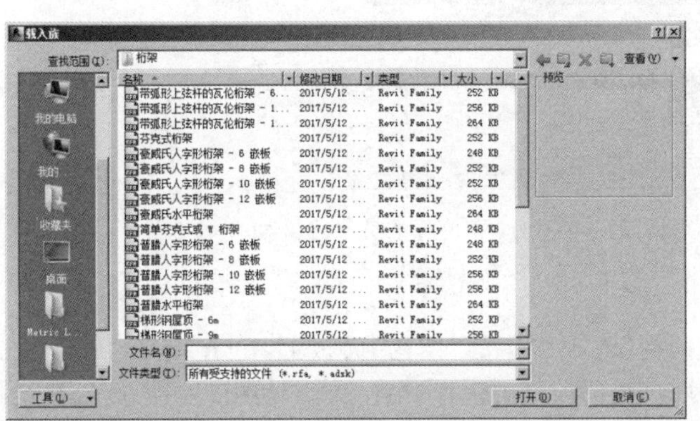

图 3－82　系统自带的桁架族

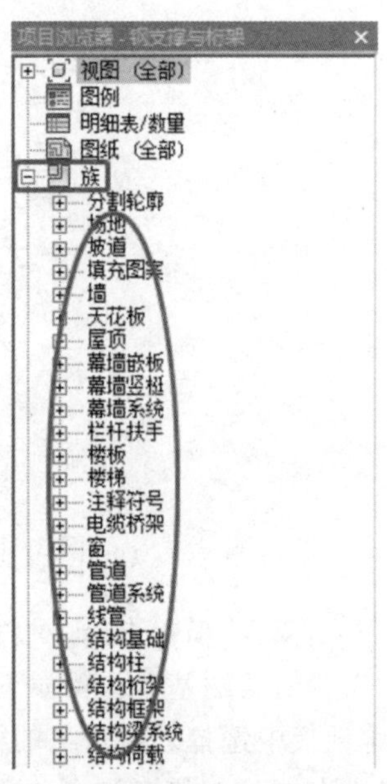

图 3－83　载入项目的各类族

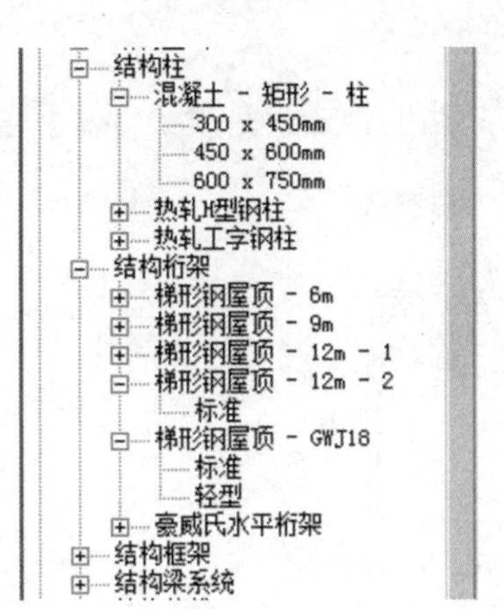

图 3－84　项目中的类别、族及类型

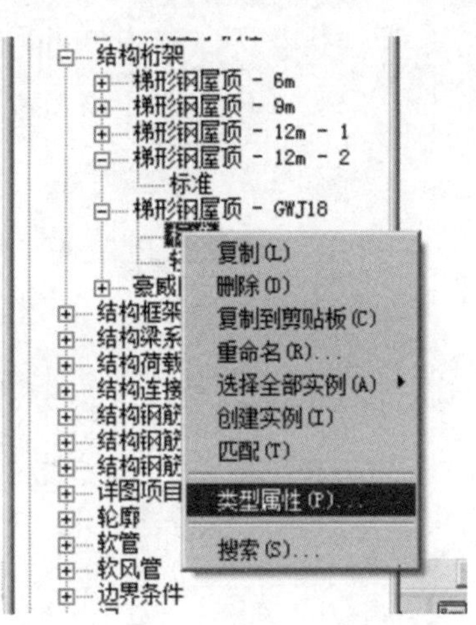

图 3－85　族类型编辑

如图 3－86 所示，Revit 给出了“梯形钢屋顶-GWJ18”族中标准类型的参数，可以看出系统提供的桁架族，其实质为常见各类桁架的几何布局，而杆件材质及规格等还需根据具体情况进行确定，主要尺寸也可进行修改。复制该类型并命名为“3＃厂房屋架”，屋架的各杆件通过“结构框架类型”设定，单击此参数最右侧的下拉三角符号，会列出已经载入项目的各种“框架”

（即载入项目的各种梁截面形式），可以根据结构设计结果进行选择（如果没有需要的规格，按照载入梁族的方法将相应杆件载入项目）。参数中的“桁架高度1”代表桁架端部高度，而桁架的跨中高度为实例参数，需要选中模型中的实例后进行修改。

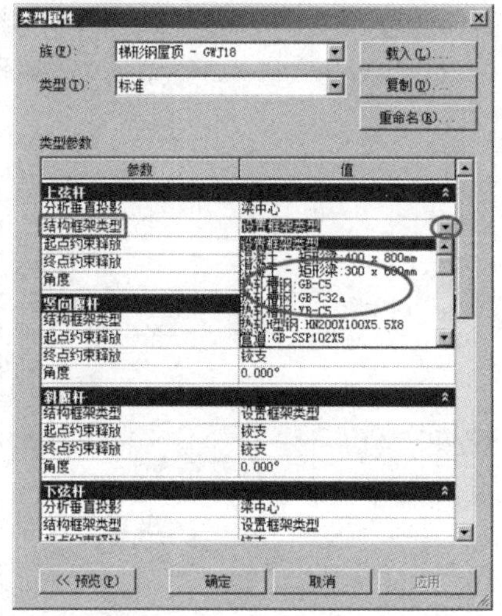

图3-86　梯形钢屋顶-GWJ18中的标准类型的属性

2.桁架的布置与实例修改

布置桁架的基本步骤如下：在“结构”选项卡中的“结构”面板上，单击“桁架”命令，在“属性”选项板中选择之前定义的桁架类型，在选项栏中选择放置平面，见图3-87，然后在绘图区域分别点击起点和终点，完成桁架布置，其效果见图3-88。

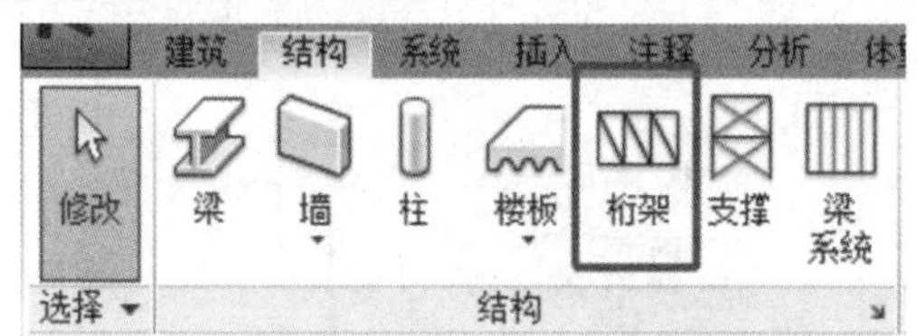

图3-87　桁架命令及选项栏参数

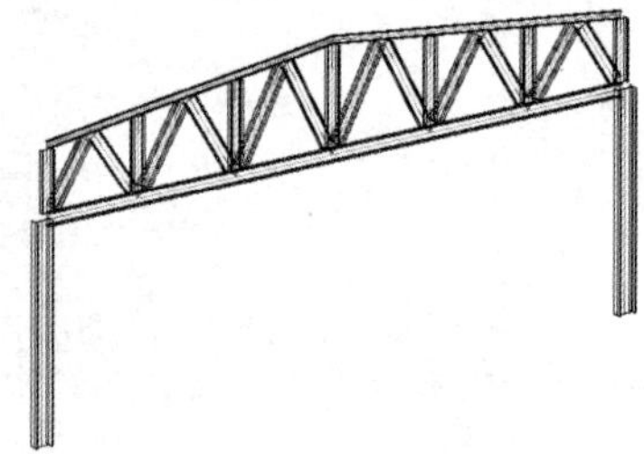

图3-88　桁架布置效果

系统提供了丰富的桁架族，且各桁架族的类型属性参数较多，但在实际工程中，桁架的几何尺寸、杆件布置、杆件类型与规格等各不相同，均需进行设置或修改。

梯形屋架的端部高度在之前已通过“类型属性”面板进行了设置，其跨中高度为实例属性参数中的“桁架高度”，如图3-89所示。更复杂的屋架形状，可通过编辑轮廓的方式实现。选

中需要修改的桁架，在“修改|结构桁架”上下文选项卡中单击“编辑轮廓”，如图 3-90 所示。在桁架的上下弦附近出现两条线，软件界面中粉色线代表上弦杆，蓝色线代表下弦杆，截图如图 3-91 所示。在“修改|结构桁架＞编辑轮廓”上下文选项卡的“绘制”面板，选中“上弦杆”，如图 3-92 所示，可在其右侧选择直线、矩形等绘制工具进行上弦杆的绘制。如有需要，可按相同方法，选中“下弦杆”进行修改。轮廓修改完毕后，点击上下文选项卡中的“√”，完成桁架轮廓编辑，效果如图 3-93 所示。如果编辑桁架轮廓出现错误，可点击“修改|结构桁架”上下文选项卡中的“重设轮廓”，将桁架轮廓还原为该族的默认状态。

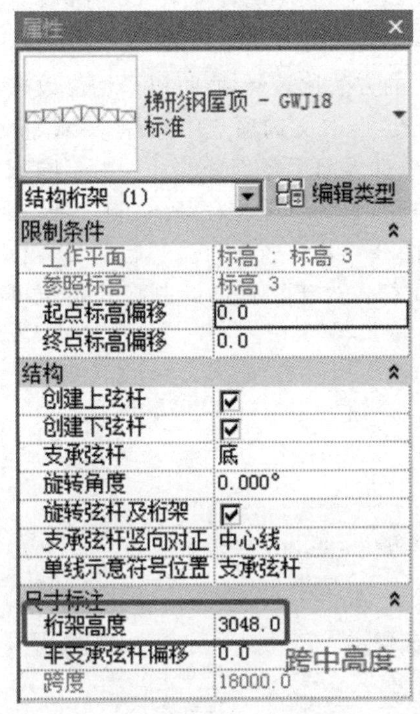

图 3-89 桁架跨中高度

图 3-90 编辑桁架轮廓命令

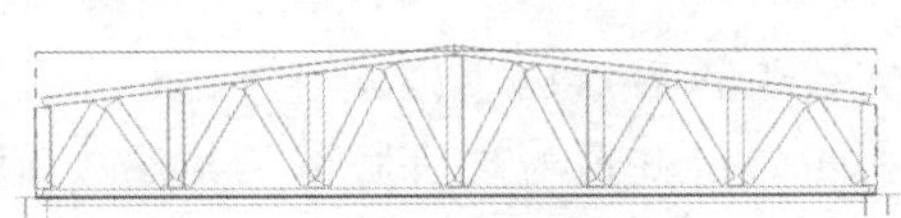

图 3-91 桁架上、下弦杆轮廓

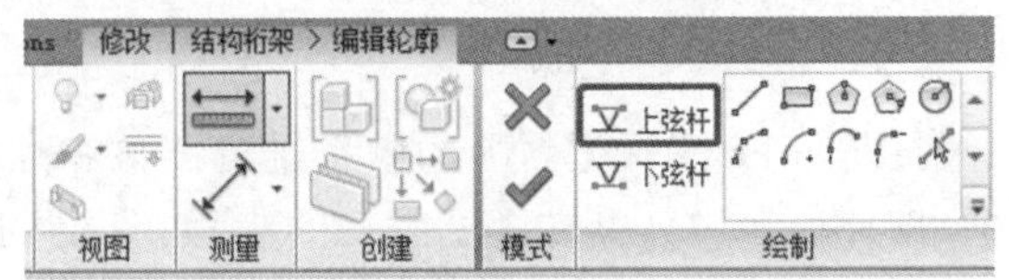

图 3-92 编辑桁架轮廓上下文选项卡

(a)编辑桁架上弦杆

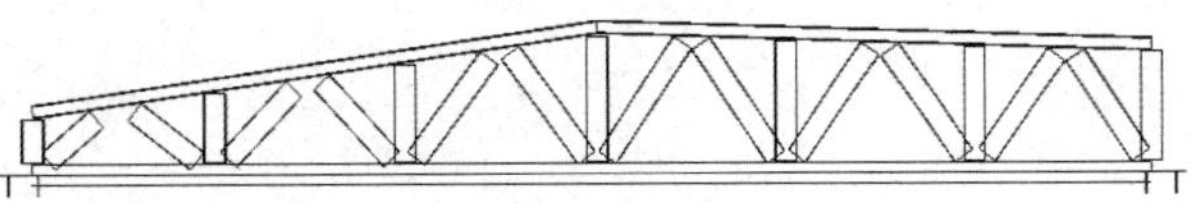

(b)编辑后的桁架

图 3-93 桁架轮廓编辑过程及结果

在桁架的类型定义过程中，通过类型属性编辑界面，只能对上弦杆、下弦杆及腹杆分别进行设定，而一个屋架的腹杆常有多种规格，若需修改应在布置完成的桁架实例中完成。如图 3-94所示，切换至立面视图，利用框选的方式选中需要修改的腹杆，此时“属性”选项板显示的是该腹杆的类型属性，利用“选择器”即可选择新的型钢截面，完成腹杆截面替换。

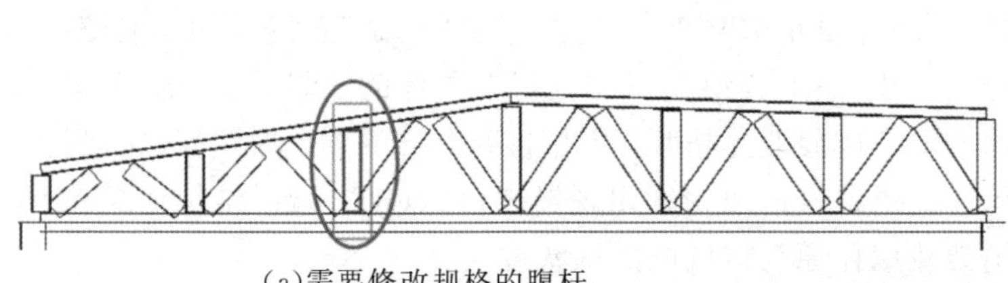

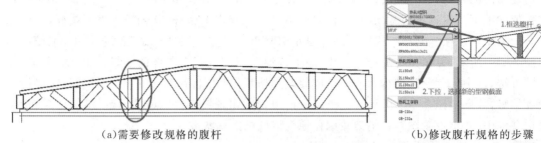

(a)需要修改规格的腹杆 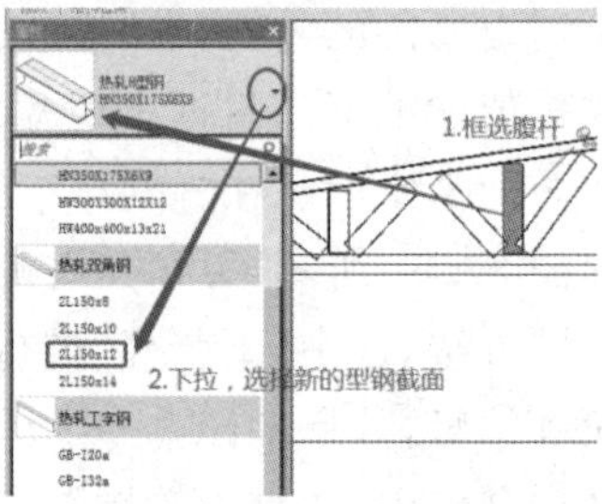　　(b)修改腹杆规格的步骤

图 3－94　桁架腹杆型钢规格修改

如果杆件的布置(数量或位置)需要调整,直接修改实例的方法比较麻烦,可以采用修改族的方式完成。选中桁架,如图 3－95 所示,在“修改|结构桁架”上下文选项卡中选择“模式”面板的“编辑族”命令,进入族编辑界面,如图 3－96 所示。在软件界面中各部分的杆件由不同颜色予以区分。在“创建”选项卡的“详图”面板中,列有“上弦杆”“腹杆”“下弦杆”等绘制选项,如图 3－97 所示,选择其中一项,弹出对应的上下文选项卡。图 3－98 为选择“腹杆”后的“修改|腹杆”上下文选项卡,利用“绘制”面板,即可添加绘制新的腹杆。处于杆件的绘制模式下也可对已有杆件进行复制、移动、拉伸等调整。

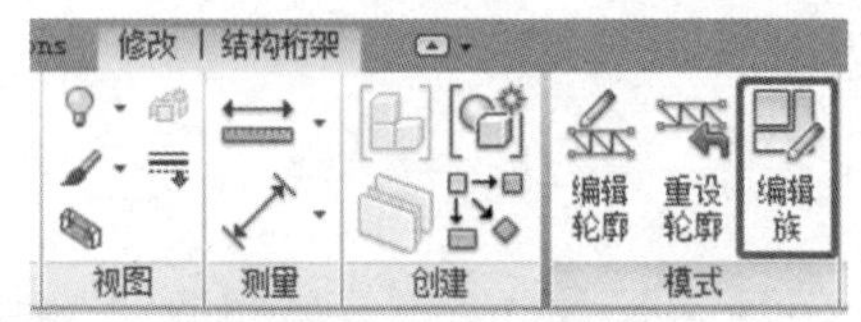

图 3－95　编辑桁架族

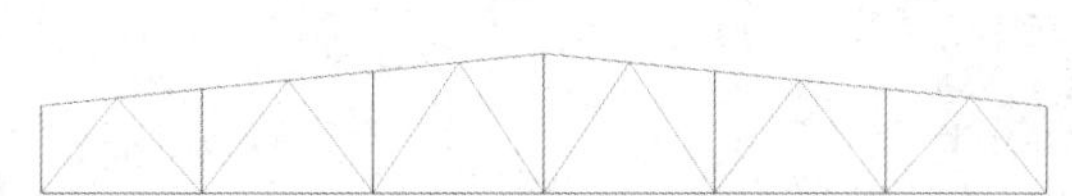

图 3－96　桁架族编辑界面

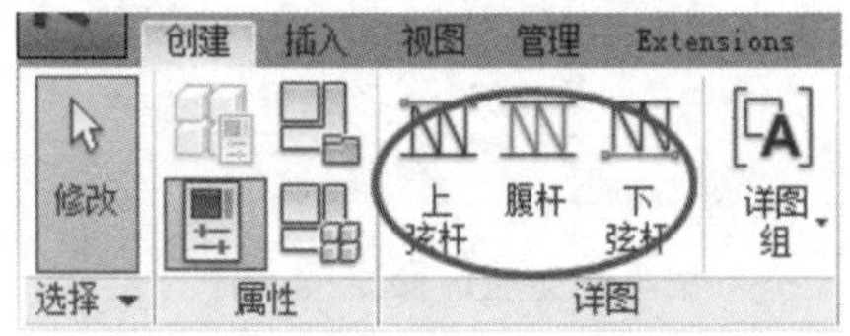

图 3－97　桁架族编辑工具

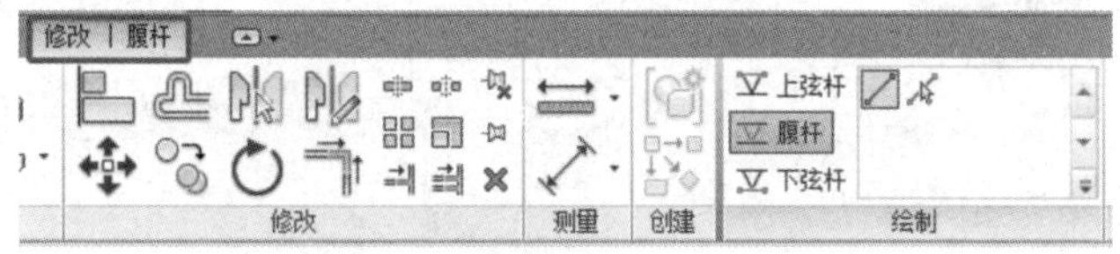

图 3－98　“修改|腹杆”上下文选项卡

对图 3－99 中标记区域的腹杆进行调整和加密,完成编辑后,将族载入项目,此时弹出提示框,即此项目中已存在尝试载入的族,如图 3－100 所示,点击“覆盖现有版本及其参数值”,完成对该实例及对应族的修改,修改前后的“1＃厂房屋架”对比见图 3－101。

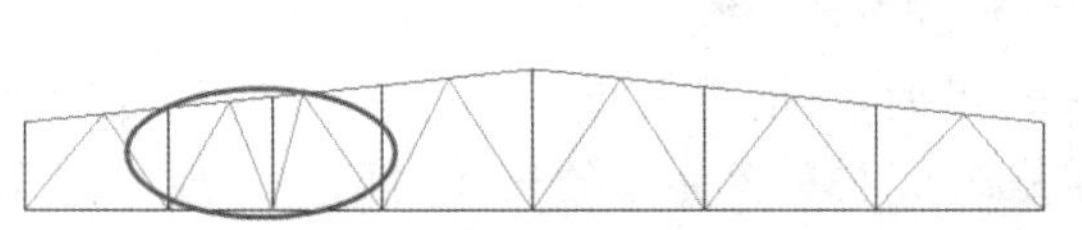

图 3－99　调整腹杆位置及增加新腹杆

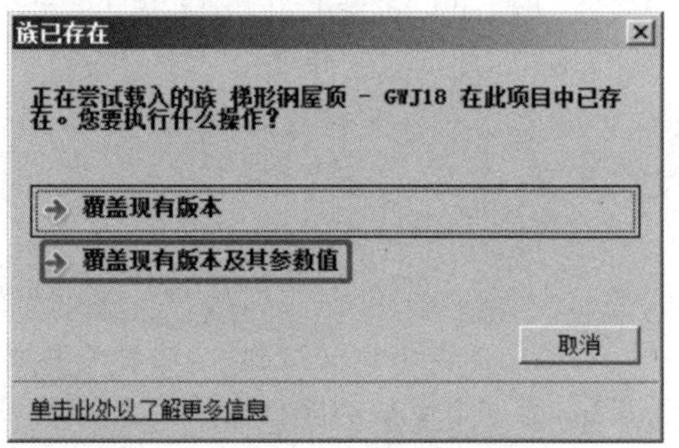

图 3－100　载入编辑后的桁架族提示

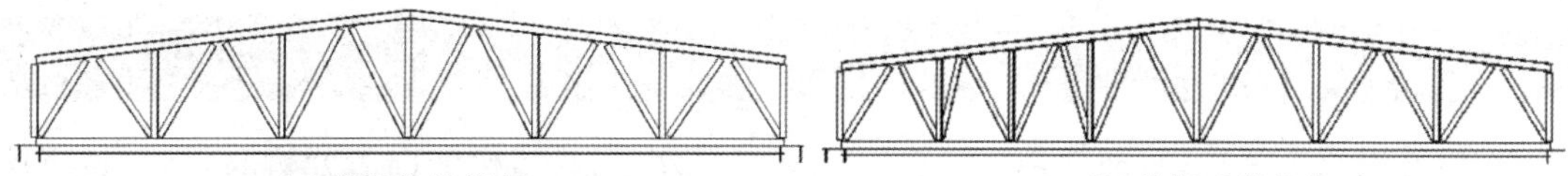

(a)编辑前的桁架　　　　(b)编辑后的桁架

图 3-101　族编辑前后的“1＃厂房屋架”对比

Revit 还提供了另一种对桁架进行修改编辑的方法，即将项目中的桁架实例分解为独立的多个杆件，可分别进行编辑。选择需要修改的桁架，点击“修改|结构桁架”上下文选项卡中的“修改桁架”面板，单击“删除桁架族”，见图 3-102。此操作并非将该实例对应的族删除，而是将选中的桁架实例进行了分解，原有的桁架整体被拆解为一个个独立的杆件，可以对其进行单独编辑，图 3-103 为分解并删除桁架上弦杆后的结果。

图 3-102　删除桁架族工具

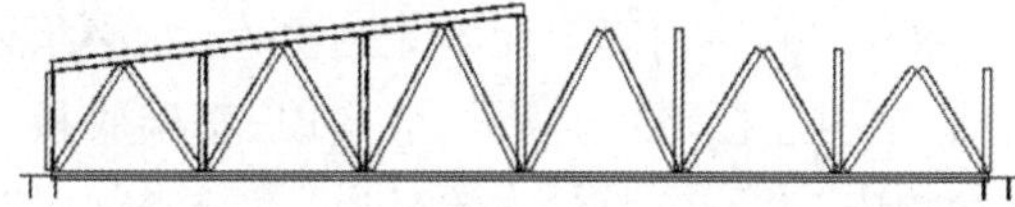

图 3-103　分解桁架并删除右侧上弦杆

删除桁架族与编辑族两种方法均能实现对桁架的深度修改，各有优缺点。删除桁架族的方法可直接修改项目中已创建的实例，并且修改结果只影响当前实例，修改后的桁架也不再是一个整体，如图 3-103 所示。该方法灵活度较高，但其杆件的属性必须符合梁的特性，如创建弦杆为非直线杆时比较麻烦。编辑族的方法能够更加灵活地实现复杂桁架的创建，且修改后的桁架仍为一个整体，在项目中对其进行复制、移动等操作时，比较方便。该方法的缺点是编辑族的过程中需满足族类型参数的限制条件，否则将出现错误，如图 3-104 标示的位置，族与实例并不一致。图 3-105、图 3-106 为以系统自带的梯形钢屋顶-GWJ18 族为模板采用编辑族的方法修改后的桁架族，并分别将其命名为弧形钢屋架、梭形钢屋架。

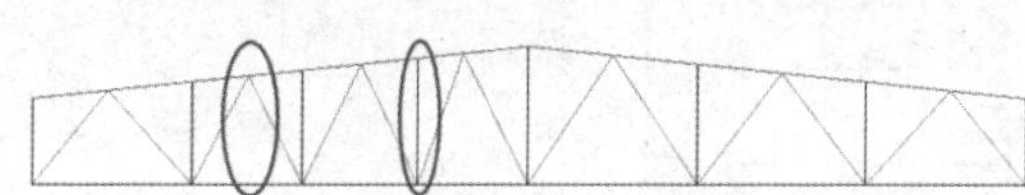

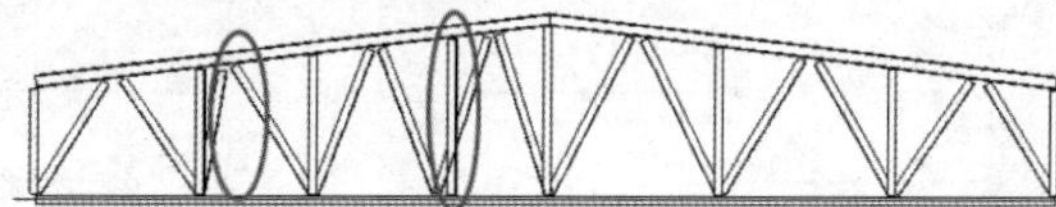

图 3-104　族与实例之间的差异

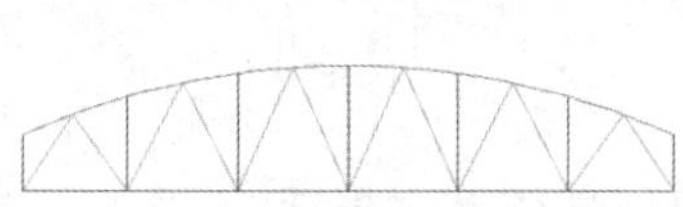

(a)弧形钢屋架族立面

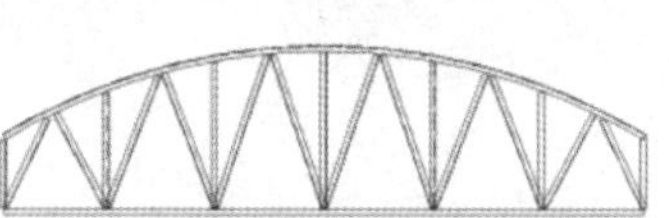

(b)弧形钢屋架实例立面

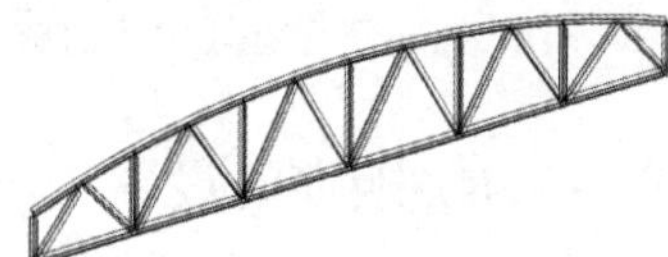

(c)弧形钢屋架实例三维图

图 3-105　“编辑族”法创建的弧形钢屋架

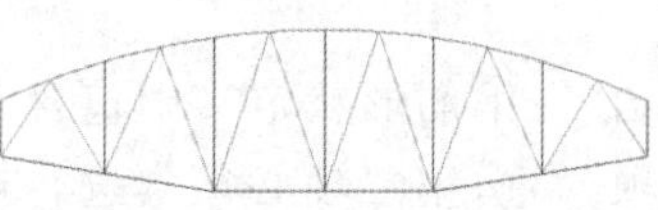

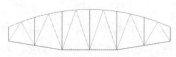

(a)梭形钢屋架族立面

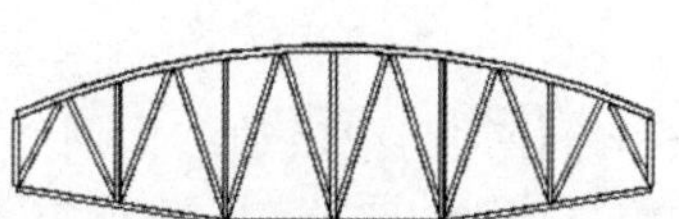

(b)梭形钢屋架实例立面

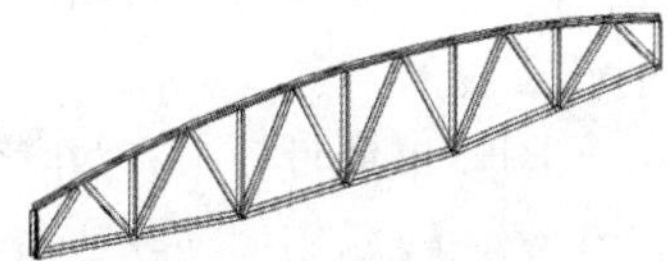

(c)梭形钢屋架实例三维图

图 3-106　“编辑族”法创建的梭形钢屋架

3.7 结构钢筋

在钢筋混凝土结构中，钢筋是非常重要的组成部分，完成结构的内力分析及组合后，按照构件截面的控制内力进行配筋设计，并以此为依据进行施工图绘制。我国目前的混凝土结构施工图通常采用“混凝土结构施工图平面整体表示方法”(以下简称“平法”)进行表示，图上并不绘制钢筋。而且一栋建筑物中的钢筋体量非常大，如果在Revit模型中创建所有钢筋实体模型，将会使计算机的运算量很大，运行非常缓慢。因此，一般在建筑物的BIM模型中，通常只会选择比较复杂的构件或节点，局部创建钢筋实体模型，用于进行配筋检查、技术交底或施工放样等。对于装配式建筑，在深化设计阶段，要清晰地表达每一种预制构件的配筋及钢筋大样，需要在预制构件详图中创建钢筋实体模型。

Revit中的钢筋图元不能独立存在，必须依存于有效的主体，包括结构框架、结构柱、结构基础、结构连接、结构楼板、结构墙、基础底板、条形基础及楼板边等多种族。而且，上述类别的族参数中“用于模型行为的材质”参数必须为“混凝土”或“预制混凝土”，见图3-107。

用户利用公制常规模型创建的族文件，如果需要将其作为钢筋的主体，应在“族类别和族参数”对话框中勾选“可将钢筋附着到主体”，或者在“属性”选项板勾选该选项，如图3-108所示。

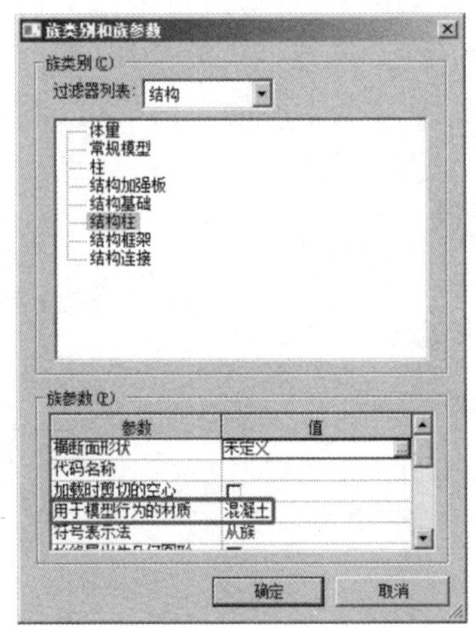

图3-107 钢筋图元有效主体的族参数

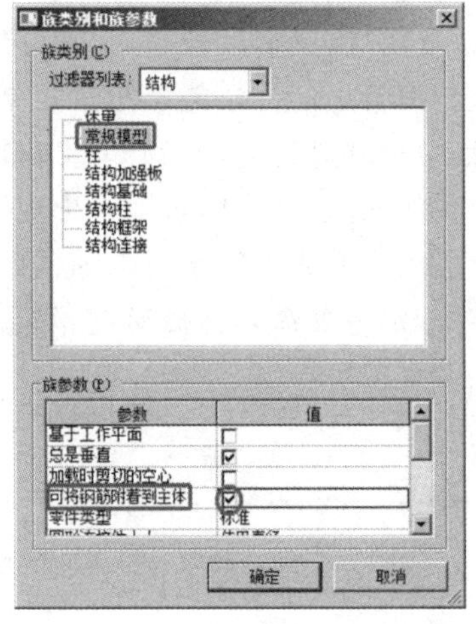

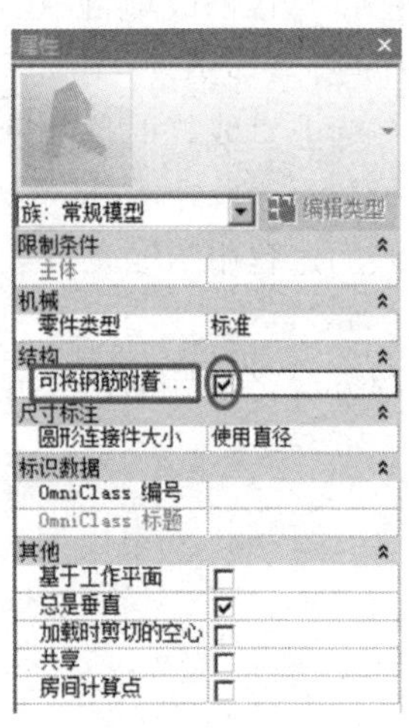

图3-108 常规模型族作为钢筋主体时的参数设置

3.7.1 钢筋的设置

在创建钢筋实例前，需要先进行一些与钢筋有关的基本设置，具体操作步骤为：选择“结构”选项卡，点开“钢筋”面板最下面的三角按钮，展开如图3-109所示菜单，单击“钢筋设置”，弹出“钢筋设置”对话框，共有“常规”“钢筋舍入”“钢筋演示视图”“区域钢筋”及“路径钢筋”等5个设置项。

“常规”钢筋设置中有“在区域和路径钢筋中启动结构钢筋”和“在钢筋形状定义中包含弯钩”两个勾选项，第一项默认勾选，第二项默认不勾选，建议第一项勾选，第二项必须勾选。对这两项的勾选必须在向项目中创建相关钢筋实例前进行，否则一旦创建了任何钢筋，此选项将无法更改。

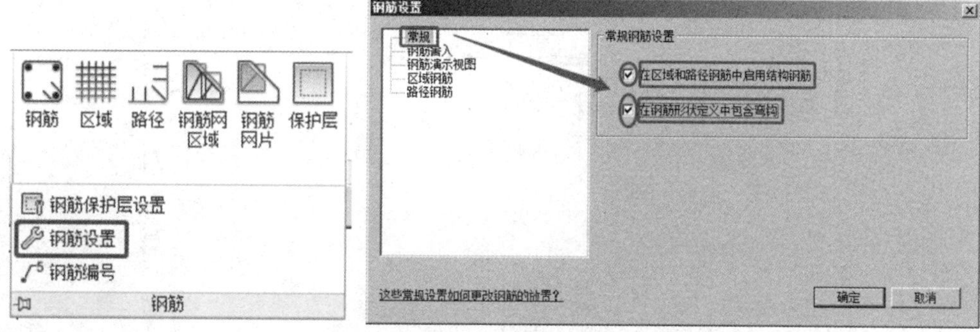

图 3-109 “钢筋设置”命令

“钢筋舍入”保持系统默认状态，不需进行设置。“钢筋演示视图”用来控制钢筋集的显示方式，见图 3-110，该选项可以在创建钢筋实例后进行设置，详细操作请见 3.7.3 节中箍筋相关内容。

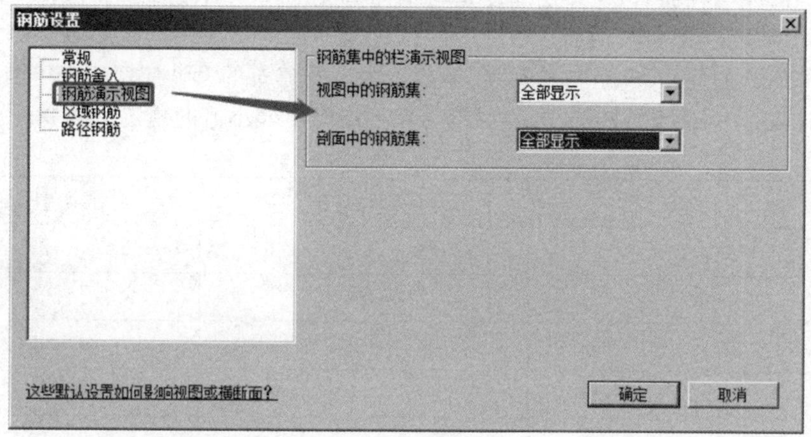

图 3-110 “钢筋演示视图”控制项

“区域钢筋”和“路径钢筋”，用于控制区域或路径钢筋的标记缩写，如图 3-111、图 3-112 所示，用户可根据个人习惯或有关标准的规定，修改注释缩写所用的字母或符号。

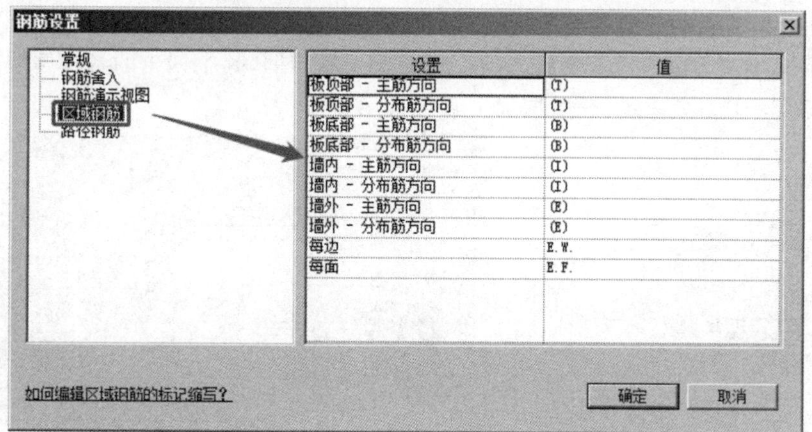

图 3-111 “区域钢筋”的基本设置

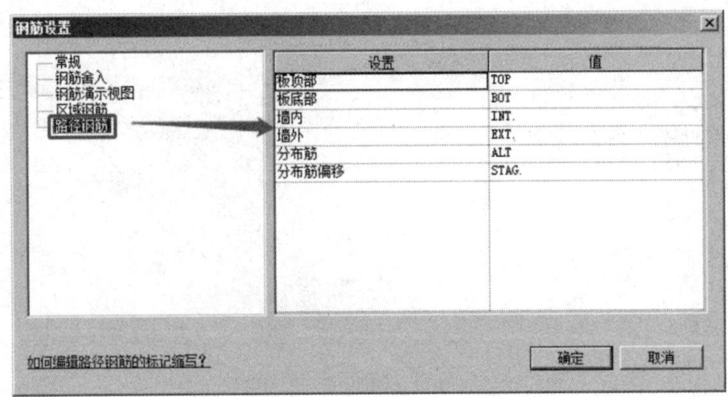

图 3－112 “路径钢筋”的基本设置

3.7.2 钢筋保护层的设置

对钢筋混凝土结构而言，保护层厚度是与钢筋有关的一个重要概念。保护层厚度关系使用过程中钢筋的安全，也会对钢筋在构件中的位置及钢筋的尺寸等产生影响。钢筋保护层厚度主要与构件所处的使用环境、构件类型、混凝土强度及建筑的设计使用年限等因素有关，《混凝土结构设计规范》(GB 50010—2010)对钢筋保护层厚度最小值的规定见表 3－1。

表 3－1 钢筋保护层厚度最小值　　单位：mm

环境类别	板、墙、壳	梁、柱、杆
一	15	20
二a	20	25
二b	25	35
三a	30	40
三b	40	50

注：1.混凝土强度等级不大于 C25 时，表中保护层厚度数值应增加 5 mm。

2.钢筋混凝土基础应设置混凝土垫层，基础中钢筋的混凝土保护层厚度应从垫层顶面算起，且不应小于 40 mm；没有设置垫层的基础，其钢筋保护层厚度不应小于 70 mm。

Revit 关于钢筋保护层的基本设置在“结构”选项卡“钢筋”面板的下拉菜单内，如图3－113所示，单击“钢筋保护层设置”命令后，打开图 3－114 对话框，其中列出的各种情况下钢筋保护层厚度值与表 3－1 完全一致，一般情况下直接选用即可。

图 3－113 “钢筋保护层设置”命令

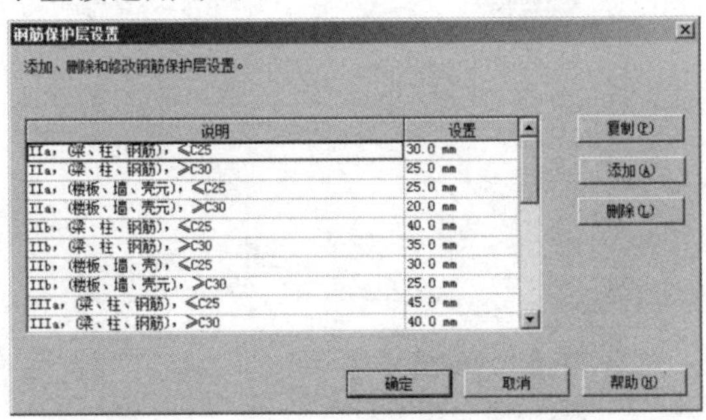

图 3－114 钢筋保护层的基本设置

对于一些有特殊要求的工程，可以通过对话框中的“复制”或“添加”按钮创建新的保护层厚度值，图 3－115 给出了两条新添加的保护层厚度类型。

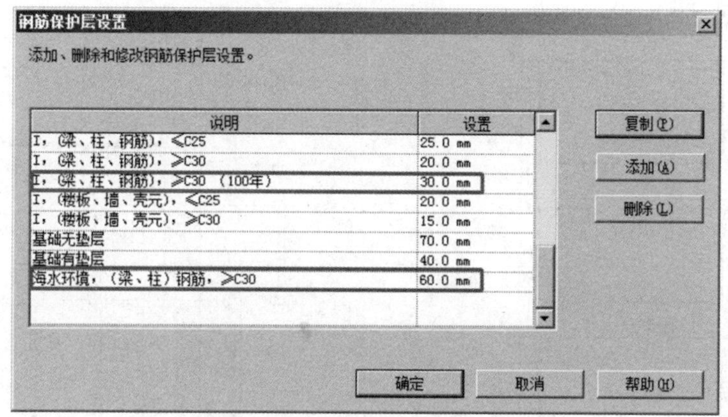

图 3－115　添加钢筋保护层种类

3.7.3　结构钢筋的创建

结构柱、梁以及桁架中的杆件属于线型构件，其中的钢筋由纵筋和箍筋构成，Revit 中的“结构钢筋”可用于此类构件内的钢筋建模。

在 Revit 中创建结构钢筋，需要在相应构件的剖面图或断面中进行操作。要特别说明的是，平面视图是用水平面对建筑进行剖切，其本质也是剖面图，因此可以在平面图中创建柱或墙的钢筋。

在“结构”选项卡中的“钢筋”面板上，单击“钢筋”，启动结构钢筋建模命令，如图 3－116 所示，该命令用于放置平面或多平面钢筋，也可以简单理解为用于创建梁、柱内的纵筋和箍筋。在一个项目中，首次启动该命令，将弹出图 3－117 所示提示框，提醒进行钢筋弯钩的设置。如果已经按照 3.7.1 节所述方法勾选了钢筋弯钩的选项，则点击确认即可。之后会出现“钢筋形状浏览器”（如果没有出现，点击选项栏最右侧的按钮），如图 3－118 所示，选择需要的钢筋形状，在相应构件的剖面图中创建钢筋实例。

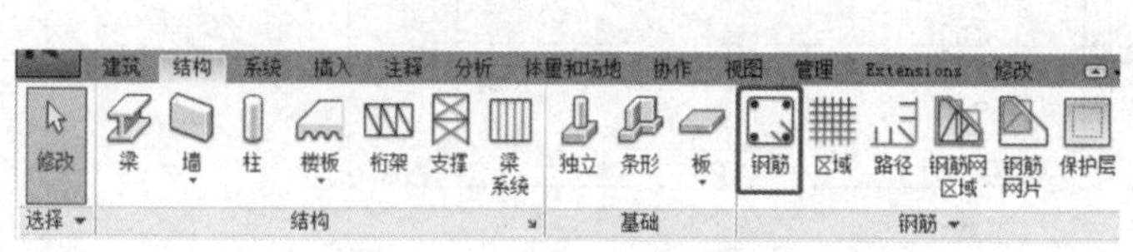

图 3－116　启动钢筋命令

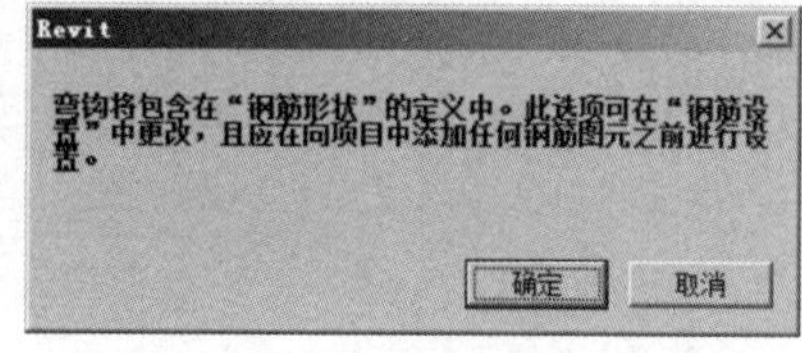

图 3－117　钢筋设置提示框

1.箍筋的创建

以本章案例行政楼二层 AB 轴线上轴线 A1 至轴线 A2 间的 KL7 为例，说明创建箍筋的方法。

（1）创建剖面视图。

平面视图即可视作将结构柱剖切开的剖面图，因此可在平面图中创建柱的钢筋。对于梁，需要单独创建剖面视图。点击“视图”选项卡“创建”面板中的“剖面”命令，在绘图区域确定剖切位置、起点和终点。如图 3－119 所示，该剖面的位置在轴线 A1 与 A2 之间，起点在行政楼最上侧，终点在最下侧，这样可保证能将此处的所有纵梁均被剖切到。完成剖面绘制后，可通过“项目浏览器”中的“剖面”打开剖面视图，刚创建的剖面1如图3-120所示。

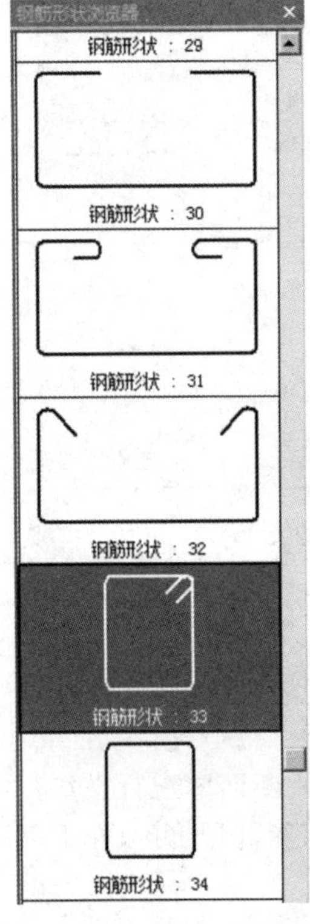

图3-118　钢筋形状浏览器

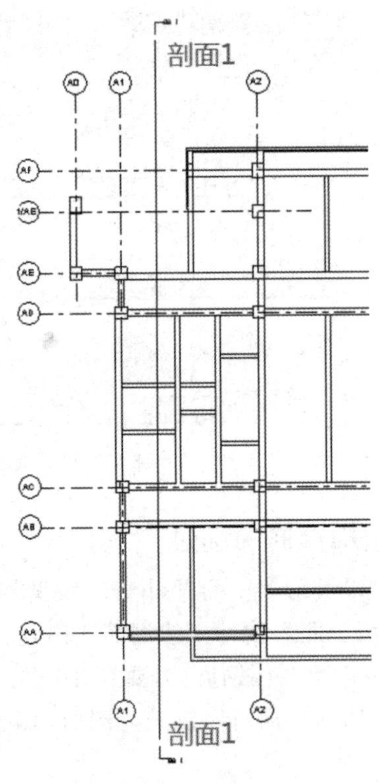

图3-119　创建剖面视图

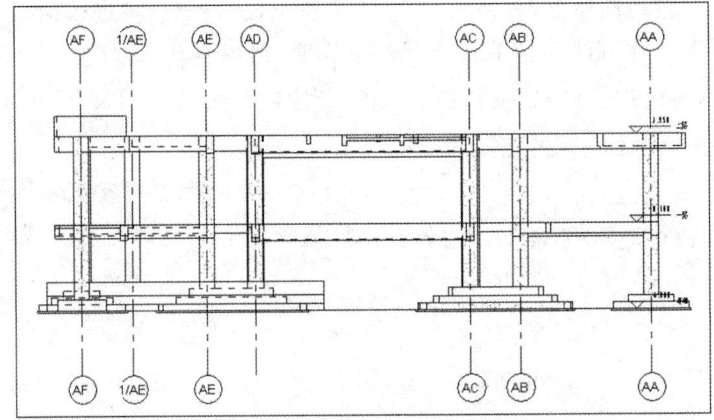

图3-120　创建完成的剖面图1-1

(2)选择钢筋形状、等级及直径。

根据行政楼施工图中的二层楼面梁配筋图，其箍筋采用Φ10@100/200(4)(图纸中箍筋多采用HRB235，由于规范更新，本书中均采用HPB300进行替代)，启动钢筋创建命令，在“钢筋形状浏览器”中选择33号钢筋形状，在“属性”选项板中选择“10HPB300”(钢筋直径与等级)，如图3-121所示。

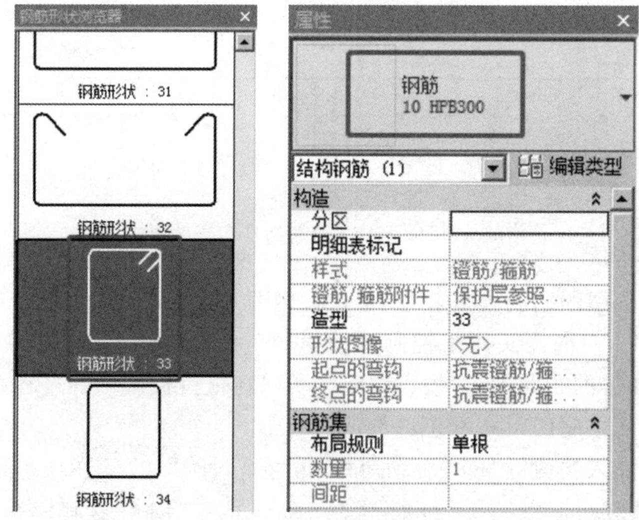

图 3－121　箍筋形状、直径与强度等级

(3)布置钢筋。

在“修改|放置钢筋”上下文选项卡中进行参数设置，如图 3－122 所示。其中，在“放置平面”中选择“当前工作平面”，“放置方向”选择“平行于工作平面”，“布局”选择“最大间距”，“间距”设为“200 mm”。将光标移至梁的断面处，显示箍筋布置后的断面图，如图 3－123 所示，其中，箍筋的弯钩位置可用键盘空格键进行调整。到达既定位置后，点击鼠标，完成布置。

图 3－122　“修改|放置钢筋”上下文选项卡

“修改|放置钢筋”上下文选项卡中的各选项含义说明如下：

①“放置平面”代表钢筋将被布置到的平面。当“放置平面”选为“当前工作平面”时，如果钢筋集的布局选为“单根”，则布置的这根箍筋将被放置在剖切面上。

②“放置方向”用于控制钢筋平面的方向。当该项被选为“平行工作平面”时，如果正在创建普通箍筋，则箍筋所在平面与当前工作平面平行。

③“钢筋集”中包含“布局”“数量”和“间距”三个参数项，根据布置的钢筋形状灵活设置。创建箍筋时，“布局”设为“最大间距”，“间距”根据设计需要输入相应数值。KL7 的箍筋间距为 100 mm 或 200 mm，此处按照非加密区设定，加密区箍筋需另行设置。

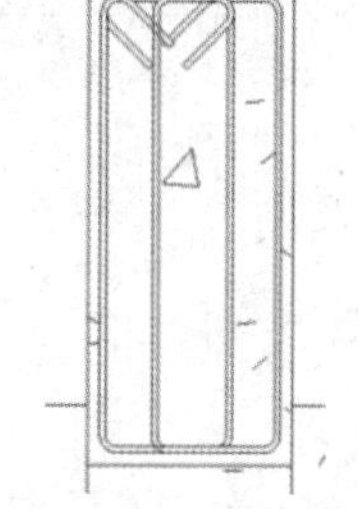

图 3－123　KL7 的断面图

(4)调整箍筋间距及构造。

切换至二层楼层平面视图，能够显示上一步布置箍筋后的结果，如图 3－124 所示。结构施工图中的箍筋加密区间距为 100 mm，《混凝土结构平法图集》(16G101－1)规定加密区的长度为 $\max(2h_b,500)=1600$ mm。

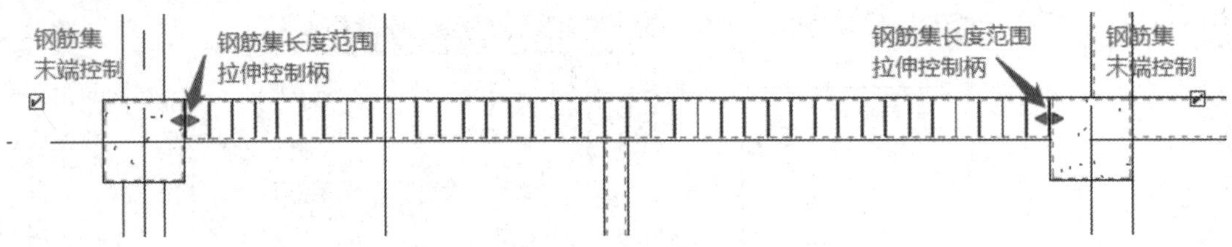

图 3-124　KL7 箍筋初步布置效果

在软件界面中，选中的钢筋集呈蓝色，且在首尾两端各出现两个符号。方框用于控制钢筋集末端是否布置箍筋，双向箭头用于控制钢筋集的范围，拉伸控制柄可以调整箍筋的布置区域。由于之前将钢筋集的布局设为“最大间距”，所以在拖曳控制柄的过程中，软件会自动调整钢筋数量，并保证钢筋之间的距离不超过设定的间距。

绘制参照平面，输入快捷键“RP”启动命令，偏移量设为“50”（梁内第一道箍筋距柱边为 50 mm），沿柱边缘绘制第一道参照平面，如图 3-125 所示。向右复制参照平面，距离为 1600 mm。选中该两道参照平面，通过梁跨中点绘制镜像轴进行镜像（快捷键为“DM”），即可完成加密区范围确定，如图 3-126 所示。

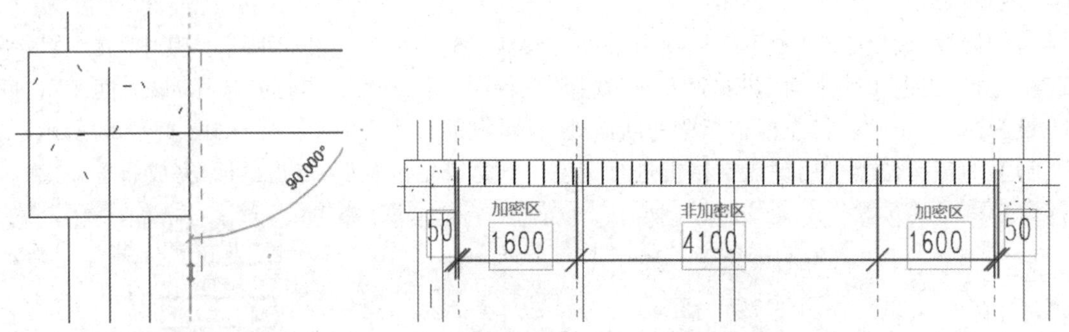

图 3-125　绘制第一道参照平面

图 3-126　箍筋加密区及相应参照平面

选中箍筋集，将其首尾两端的控制柄与非加密区两侧的参照平面对齐，取消钢筋集两端方框的勾选，完成非加密区钢筋的布置，如图 3-127 所示。

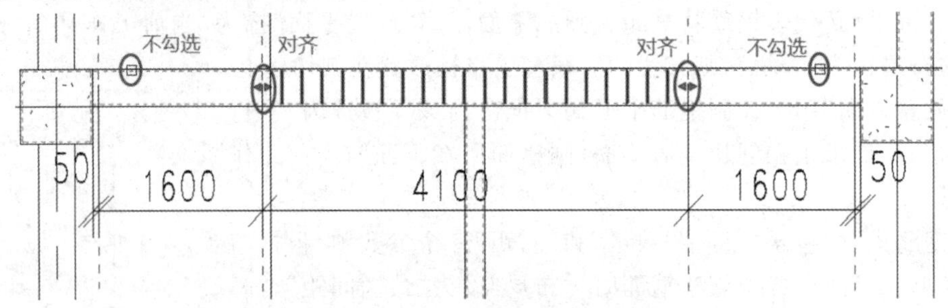

图 3-127　完成非加密区箍筋编辑

选中钢筋集，以钢筋集左侧为基准，复制至梁左侧第一道参照平面，拉伸右侧控制柄，与第二道参照平面对齐，勾选两端的控制方框，修改上下文选项卡中的钢筋间距为 100 mm，完成左侧加密区布置，如图 3-128 所示。选中左侧加密区钢筋集，通过梁跨中点绘制镜像轴进行镜像（快捷键为“DM”），即可完成右侧加密区的布置。

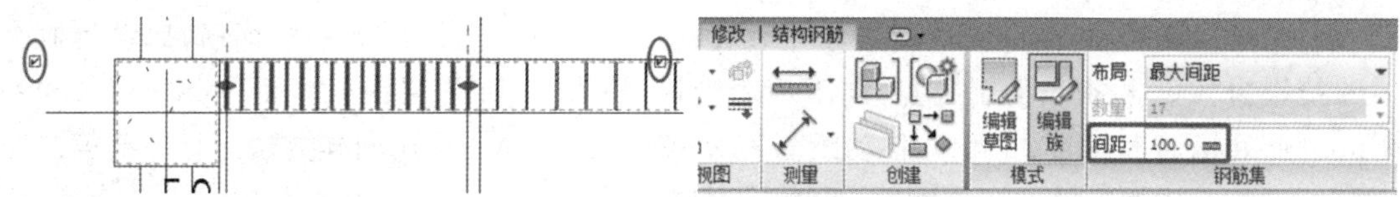

图 3－128 完成左侧加密区箍筋布置

删除参照平面及尺寸标注，完成 KL7 的箍筋布置，如图 3－129 所示。

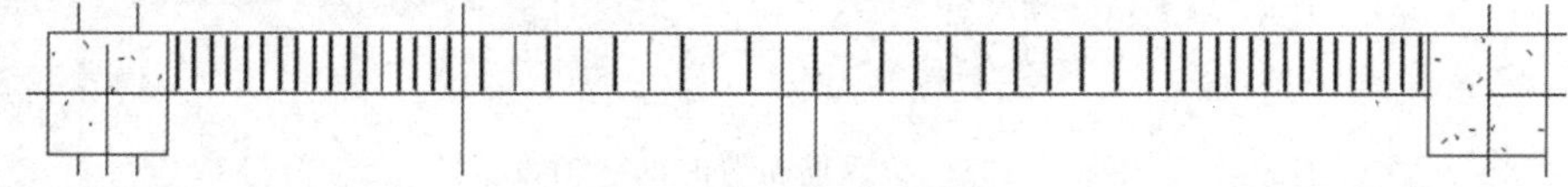

图 3－129 KL7 箍筋布置图

框架柱的箍筋布置与框架梁类似，在楼层平面布置箍筋集，返回立面视图进行调整。需要注意，柱端箍筋的构造要求与梁端不同。其一，柱端箍筋加密区要延伸至节点内。其二，底层柱的根部、刚性地面的上下等部位，其加密区的长度比较特殊，不能像梁的两端那样采用镜像的方法完成建模。

操作视频

箍筋的创建

其他线型杆件的箍筋布置与梁、柱类似，即在杆件的断面完成箍筋的初步布置，然后在杆件的侧面进行箍筋间距、位置及加密区的调整。

2.纵筋的创建

下面以本章行政楼二层 AB 轴线上轴线 A1 至轴线 A2 间的 KL7 为例，说明纵筋的创建方法。

(1)切换至剖面图，启动钢筋命令。

除了在创建箍筋时从“结构”选项卡中启动钢筋创建命令的方法外，还可以选中结构构件，然后在对应的上下文选项卡中，会有一个“钢筋”面板，其中的“钢筋”也可运行钢筋创建命令。选中 KL7 后的“修改|结构框架”上下文选项卡如图 3－130 所示。

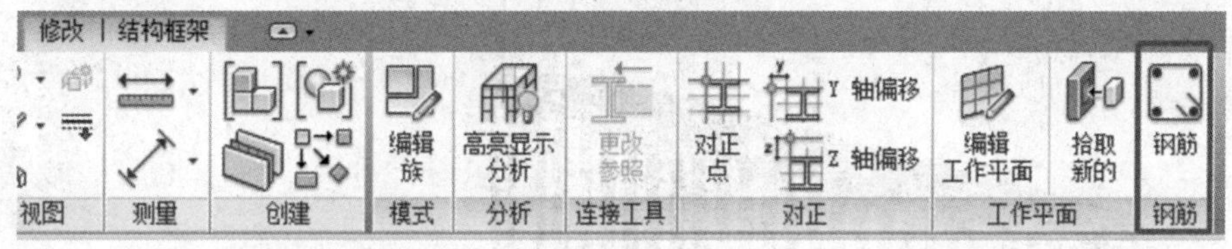

图 3－130 “修改|结构框架”上下选项卡

(2)选择钢筋形状、直径及强度等级。

根据本章案例施工图，KL7 上部纵筋为 8Φ28，其中 4 根在跨中截断，下部纵筋为 6Φ22。启动“钢筋”命令，在“钢筋形状浏览器”中选择“钢筋形状：01”，在属性选项板中选择“28 HRB400”。

(3)布置纵筋。

在“修改|放置钢筋”上下文选项卡中，选择“放置平面”中的“当前工作平面”，将“放置方向”选为“垂直保护层”，“钢筋集”的“布局”选为“固定数量”，数量为“4”(8 根钢筋分两排布置)，见图 3－131。由下向上移动光标接近梁截面顶部保护层，4 根纵筋自动吸附至箍筋，点击鼠标左键完成布置。在属性选项板中选择“22 HRB400”，由上向下移动光标接近梁截面底部

保护层，纵筋自动吸附至箍筋，点击鼠标完成底部纵筋布置。选择顶部 4 根钢筋，启动复制命令（快捷键为“CC”），指定复制起点，向下拖动光标，输入“56”[各层钢筋净距 = max(d,25) = 28 mm，此处钢筋直径为 28 mm，移动距离为 2×28 = 56 mm]，采用同样方法进行底部第二排钢筋的复制，完成梁纵筋的初步配置，见图 3－132。

图 3－131　梁纵筋布置时的选项设置

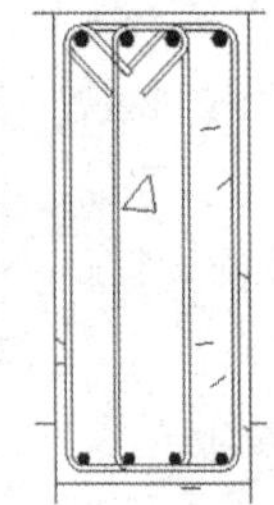

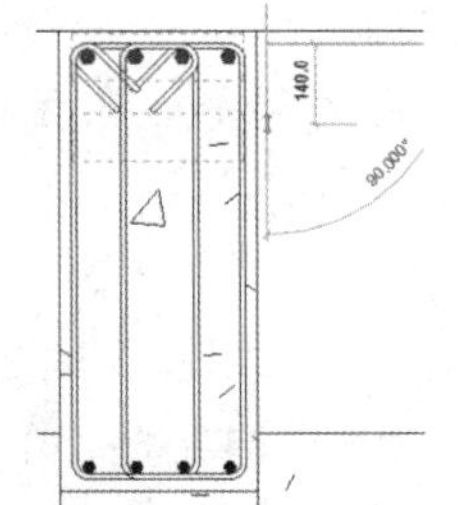

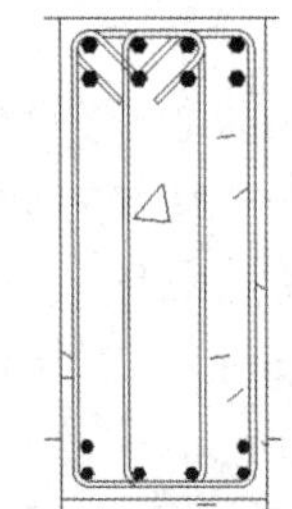

（a）布置上部及下部第一排钢筋　（b）复制上部第一排钢筋　（c）纵筋布置效果

图 3－132　梁纵筋布置过程

（4）调整纵筋截断点。

切换至二层楼层平面视图，根据结构施工图，梁支座截面顶部第二排 4 根纵筋均在跨中截断，按照《混凝土结构平法图集》(16G101－1)要求，框架梁截断点距柱边为 $l_n/4$。KL7 的截断点距柱边为 1850 mm，由此绘制参考平面。选中顶部第二排钢筋，拉伸其右端的造型控制柄与参考平面对齐，完成梁左支座负弯矩钢筋的截断。右侧负弯矩钢筋，可以复制左侧钢筋后进行编辑，此处的 KL7 也可用镜像的方式近似创建。支座处纵筋与箍筋布置效果如图 3－133 所示。

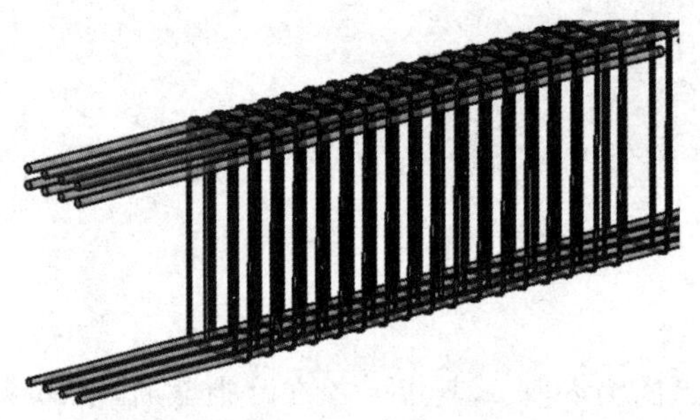

图 3－133　梁纵筋布置效果

操作视频
纵筋的创建

3.7.4　区域钢筋的创建

在楼板、墙、独立基础底面、筏板等平面型构件中，钢筋数量较多，且通常等间距布置，可以利用 Revit 的区域钢筋命令进行模型创建。

选中需要配置钢筋的楼板，弹出“修改 | 楼板”上下文选项卡，在“钢筋”面板中，有“钢筋”“区域”“路径”“钢筋网区域”及“钢筋网片”等 5 种钢筋建模工具，本节介绍“区域”工具。如

图 3-134 所示，点击“区域”命令，上下文选项卡变为“修改|创建钢筋边界”，见图 3-135，利用其中的绘制工具确定需要配筋的范围，其方法与 3.5 节绘制楼板边界相同，配筋边界如图 3-136所示。

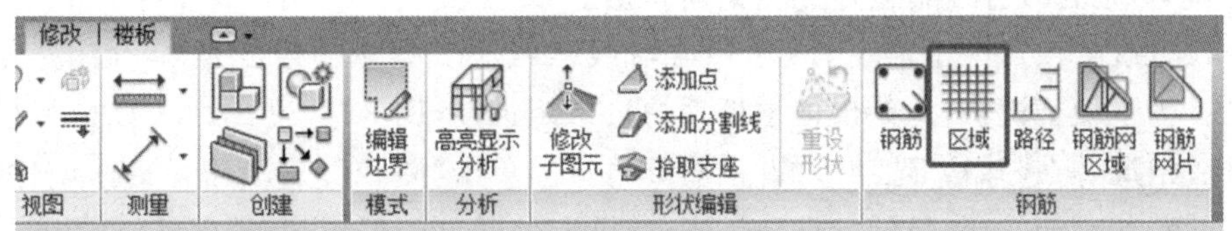

图 3-134　区域钢筋工具

图 3-135　修改|创建钢筋边界

图 3-136　绘制区域钢筋边界

根据二层楼面配筋图，该区域采用双层双向配筋方式：x 轴方向板底配筋Φ8@200，板顶配筋Φ10@150；y 轴方向板底配筋Φ8@150，板顶为Φ10@100。在“属性”选项板中，分别设置板底与板顶两个方向的钢筋的直径、强度等级与间距，此外，板顶钢筋需带向下的 90 度弯钩，如图 3-137 所示。设置好参数，点击上下文选项卡中的“√”完成设置并退出钢筋命令。

此块楼板的配筋见图 3-138，其中钢筋标记的规则与 3.7.1 节的设置一致。

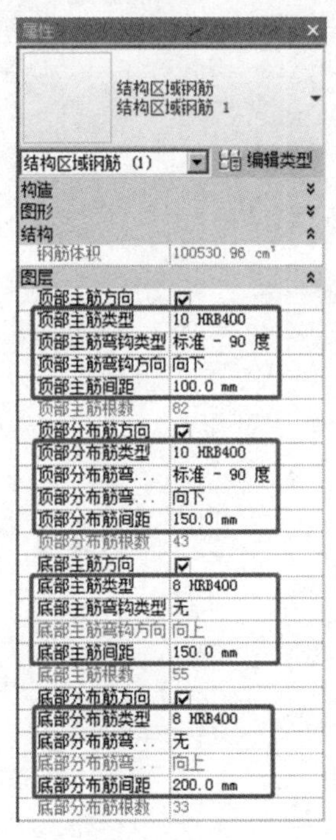

图 3-137　楼板区域钢筋实例属性设置

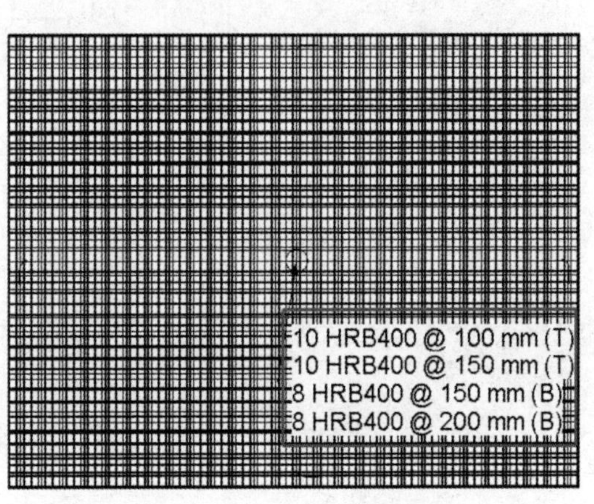

图 3-138　楼板区域钢筋布置效果

3.7.5 路径钢筋的创建

对于沿着折线、曲线等较复杂边界配置的钢筋，且钢筋与边界垂直时，采用 Revit 中的路径钢筋工具，可以比较方便地创建此类钢筋模型。

下面以行政楼项目位于轴线 A8—A9 与轴线 AE—AF 区域的楼板为例，介绍路径钢筋的创建方法。为了便于识认，此处仅创建板顶的负弯矩钢筋，图 3－139 给出了该区域板的负弯矩钢筋配置情况。在“结构”选项卡的“钢筋”面板中，单击“路径”，启动路径钢筋创建命令，选择需要配置路径钢筋的楼板，勾选选项栏中的“链”，见图 3－140，以便能够连续绘制。

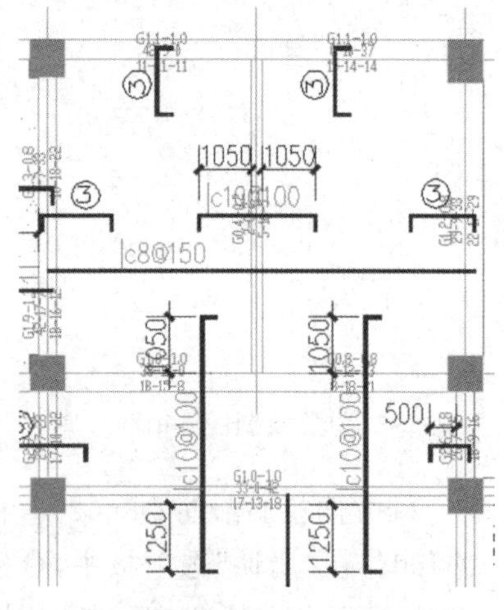

图 3－139 楼板配筋施工图

图 3－140 路径钢筋选项栏

在“属性”选项板中修改各参数，见图 3－141，“布局规则”为“最大间距”，钢筋选“8 HRB400”，主筋长度为“1210 mm”（施工图中尺寸 1050 mm＋伸入梁内 160 mm），主筋形状选钢筋形状 5，起点、终点弯钩均选“标准－90 度”，“分布筋”不勾选。

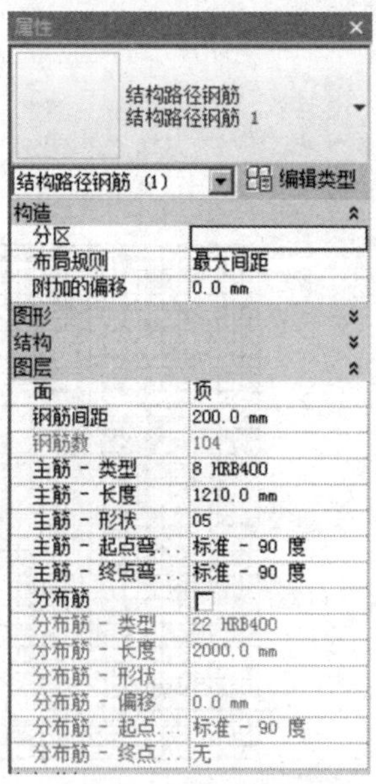

图 3－141 路径钢筋实例属性

在弹出的“修改|创建钢筋路径”上下文选项卡中，利用“绘制”面板中的“直线”命令绘制钢筋路径，见图 3-142，点击上下文选项卡中的“√”完成设置并退出钢筋命令，配筋如图 3-143 所示。

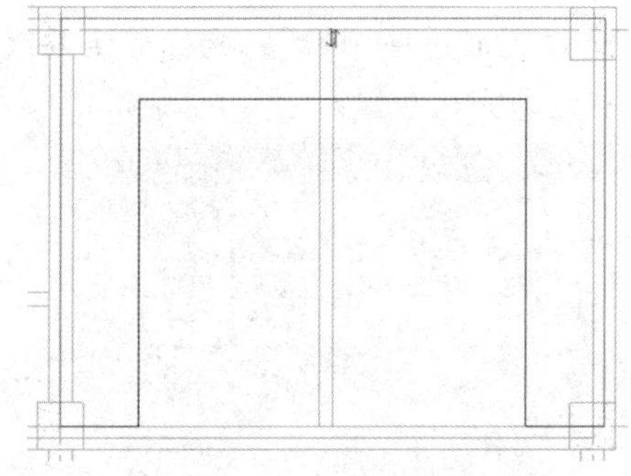

图 3-142　绘制钢筋路径

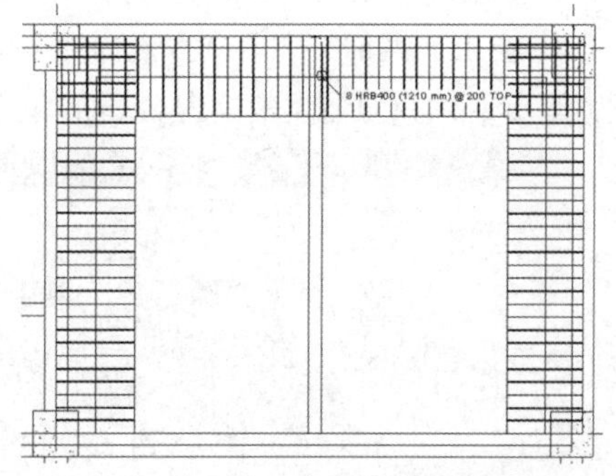

图 3-143　楼板边缘负弯矩钢筋布置效果

采用同样方法绘制板中间区域的扁担钢筋，选项栏中“偏移量”为 1150 mm，主筋长度为“2300 mm”，钢筋为Φ10@100，沿中间梁轴线绘制路径，见图 3-144，点击确认并退出，配筋布置效果如图 3-145 所示。

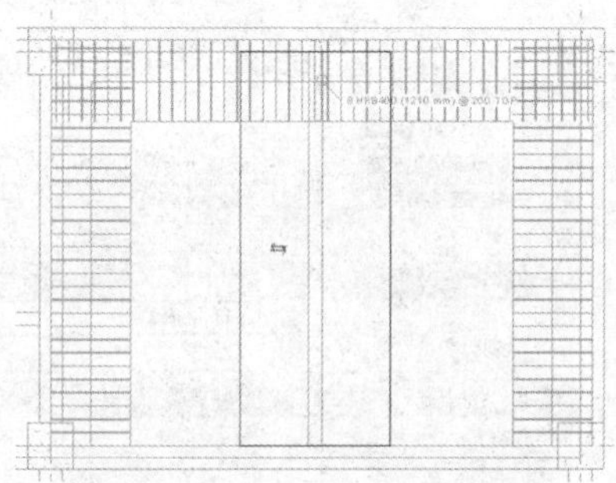

图 3-144　楼板中部钢筋路径绘制

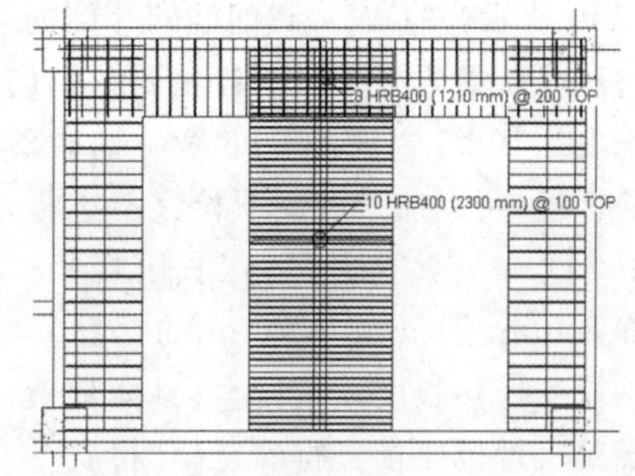

图 3-145　楼板中部负弯矩钢筋布置效果

对于图 3-146 中带弧形边缘的楼板，其负弯矩钢筋采用路径钢筋工具创建较为方便，布置效果见图 3-147。

使用路径钢筋命令需注意，绘制的路径不能闭合，否则将无法完成命令，对于图 3-147 中的板顶负弯矩钢筋，可以采用两次路径钢筋命令进行创建。

操作视频
路径钢筋的创建

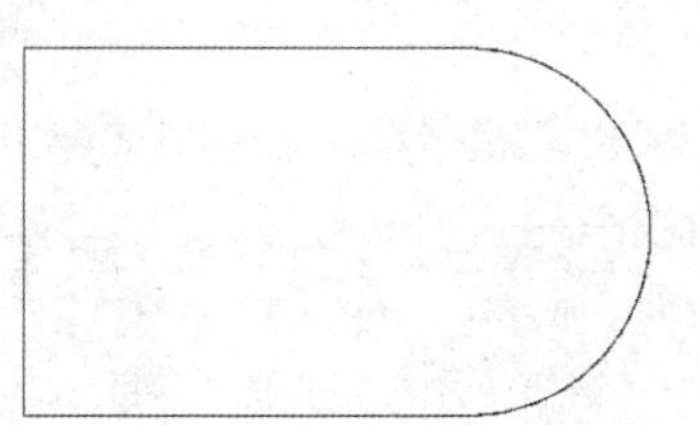

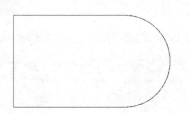

图 3-146　弧形边缘楼板

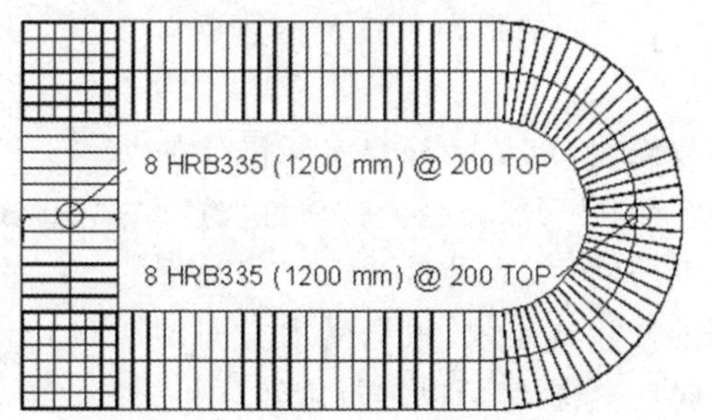

图 3-147　弧形路径钢筋布置效果

3.7.6 钢筋网片的创建

在 Revit 提供的钢筋工具中，有一个单钢筋网片配置工具，可以为墙、板或基础底板配置平面网状钢筋，通过“结构”选项卡打开“钢筋”面板，单击“钢筋网片”命令，启动该工具，见图 3－148。与其他几个钢筋工具不同，该命令不需要先选择配筋主体，只需将光标移至墙或板内，则会自动弹出一片钢筋网，在板内合适的位置点击左键即完成布置。

图 3－148 “钢筋网片”工具

Revit 提供了 17 种钢筋网片族，这些族均为系统族，可以通过复制、命名并修改其类型属性参数生成不同规格的钢筋网片。中文版的 Revit 软件关于钢筋网片属性参数的含义翻译不够准确，如图 3－149 所示为“JW－1a”钢筋网片族的“类型属性”面板，在此简要介绍一下各主要参数的含义及注意事项。其中，主筋和分布筋的钢筋条类型实为钢筋直径，可以通过右侧下拉菜单进行选择，有 6 mm—12 mm 共 7 种规格（我国规范一般只有 6 mm、8 mm、10 mm、12 mm 的钢筋）。主筋与分布钢筋的搭接长度，可以输入具体数值，该值需按照混凝土规范要求进行确定。“材质”一般选 HPB300、HRB335 或 HRB400。“切片质量”代表一片钢筋网的质量，该参数不能随其余参数的修改而变化，如果修改了其余相关参数，则需要手动计算后重新输入。图层中能够修改的参数，主要用于控制钢筋网片的尺寸及钢筋间距，其中的起始悬挑和结尾悬挑表示该钢筋端部与另一方向第一道或最后一道钢筋之间的距离。其余参数意义较明确。

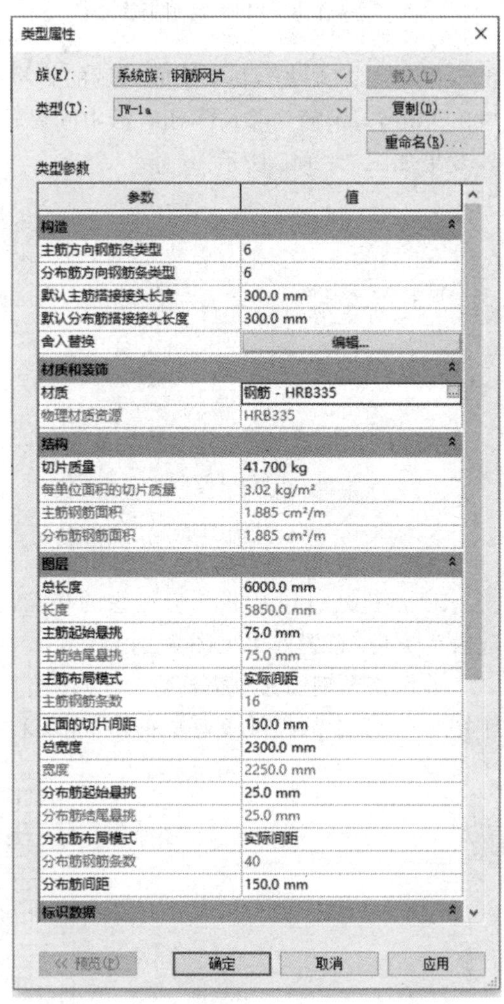

图 3－149 钢筋网片的类型属性参数

通过上述参数修改，定义好符合实际需要的钢筋网片后，启动“钢筋网片”命令，在“属性”选项板中选择相应的钢筋网片，见图 3－150。将光标移至需布置钢筋的楼板或墙内，根据受力方向调整钢筋网主筋方向，按空格键可以进行旋转，网片的定位点默认为角部。在布置主体范围内移动光标时，钢筋网会自动捕捉主体（保护层）边缘、其他钢筋网片的边缘或搭接点，以便快速定位。

案例项目下的“属性”面板的“按主体保护层剪切”选项如被勾选，则钢筋网片会自动识别构件边缘及洞口,并按照构件的保护层设置对钢筋网进行剪切,如图 3－151 中的钢筋网 1,其左侧超出楼板部分以及位于洞口 1 内部分均已被自动剪裁。在布置钢筋网 2 时,取消"按主体保护层剪切"的勾选,钢筋网可以超出楼板边缘,且洞口区域的钢筋不被切断,则保持连续,此功能可用于一些诸如电井等位置的楼板。

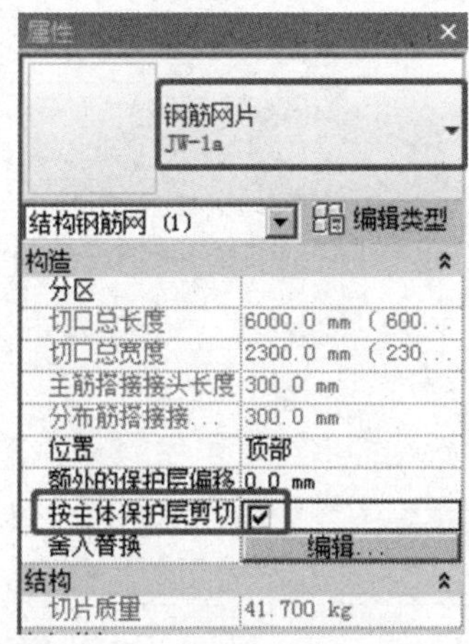

图 3－150　钢筋网片的类型及实例属性

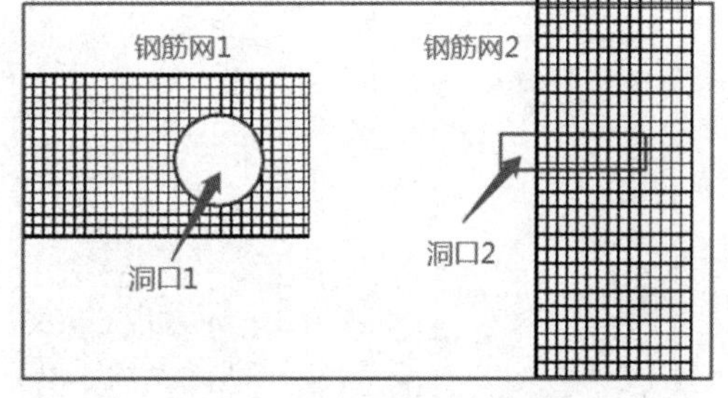

图 3－151　不同实例属性对布置结构的影响

布置完成的网片,可以通过拖动调整其位置,拖动过程中会捕捉主体及其他钢筋网片并显示,也可与其他钢筋网片进行位置锁定。

3.7.7　钢筋网区域的创建

由于运输及施工方面的原因,钢筋的长度都会有所限制,因此钢筋网片的最大尺寸也不宜超过相关规定。对于尺寸较大的区域,可以采用多片钢筋网片进行搭接的方式。Revit 提供的"钢筋网区域"工具,用于在指定范围内自动布置多片指定规格的钢筋网片,并可以设置多片钢筋网的搭接关系。

在"结构"选项卡的"钢筋"面板中单击"钢筋网区域",见图 3－152,启动"钢筋网区域"命令,在楼板或墙体边缘点击鼠标左键,通过"属性"选项板修改其属性。结构钢筋网区域的实例属性如图 3－153 所示,该实例属性的内容会根据前一步拾取的对象为墙或楼板而略有区别。选择在 3.7.6 节设定的钢筋网片,修改网片在楼板(顶部、底部)或墙(外部、内部)内的位置。搭接头位置分为对齐与错开两类,接头错开又包括主筋错开和分布筋错开以及错开的位置,一般选择主筋中间错开比较容易满足混凝土规范对受力钢筋搭接接头面积百分率的要求。主筋搭接接头长度应根据混凝土规范计算后确定,分布钢筋的搭接长度一般为 150 mm。利用"额外的保护层偏移"参数可控制钢筋网在板或墙中的位置,从而实现在板或墙厚度方向的中间区域配筋,或配置多层钢筋,见图 3－154。

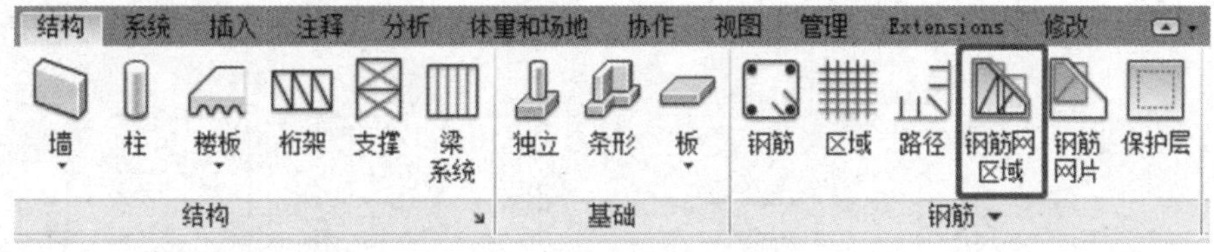

图 3－152　"钢筋网区域"命令

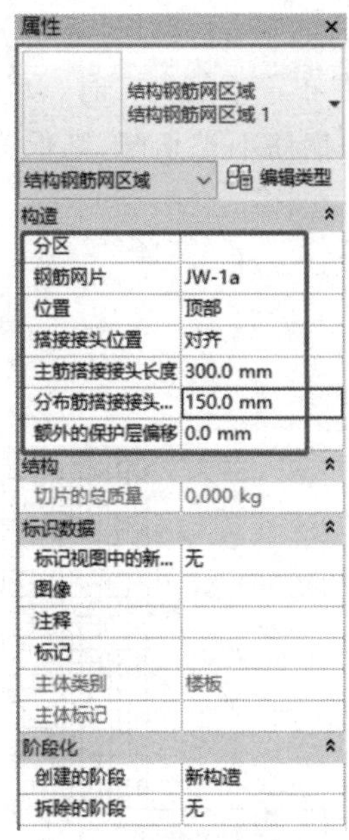

图 3-153　钢筋网区域实例属性

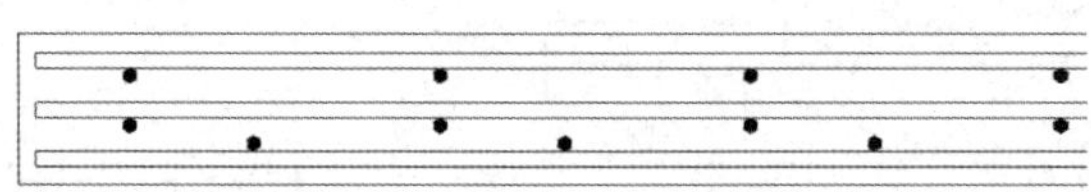

图 3-154　板内配置三层钢筋网

设置完实例属性，还需要确定布置钢筋网的区域，并指定主筋方向，如图 3-155 所示，在“修改|创建钢筋网边界”上下文选项卡的“绘制”面板中，可以通过“边界线”和“主筋方向”两个选项进行设置。绘制边界线后，在边界线的 4 个边会分别出现钢筋网片对齐控件，勾选相应控件，则钢筋网片在该边缘进行对齐布置，如图 3-156 所示。一般勾选两个相邻边控件，如果两对边均勾选，则该方向的搭接长度设置将失效，见图 3-157。分别按照邻边对齐和对边对齐主筋的方式布置钢筋，其配筋效果的对比见图 3-158。

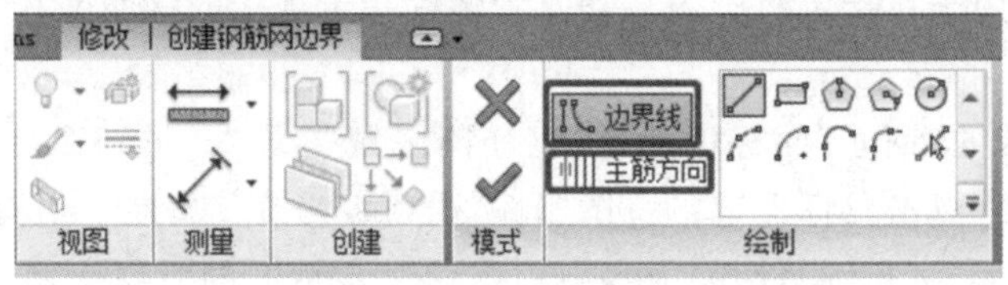

图 3-155　绘制区域边界及指定主筋方向

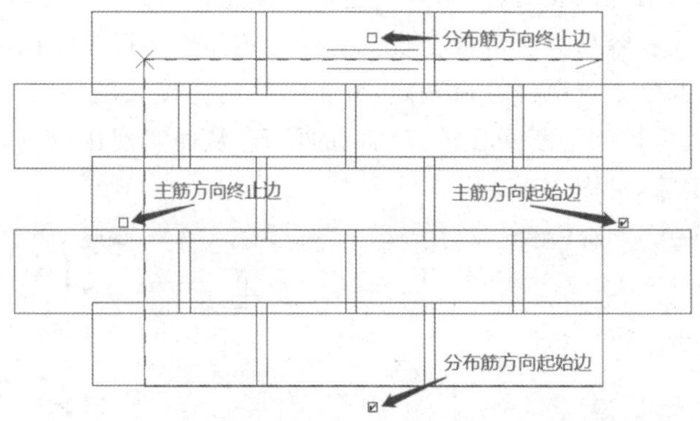

图 3-156　钢筋网区域的对齐控件(邻边对齐)

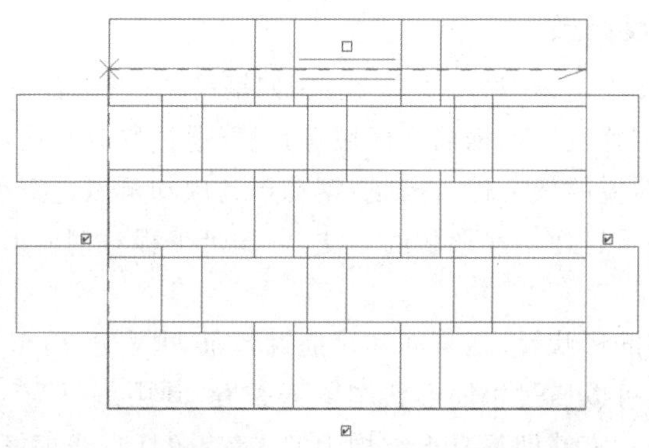

图 3-157　钢筋网区域的对齐控件(左右对边对齐)

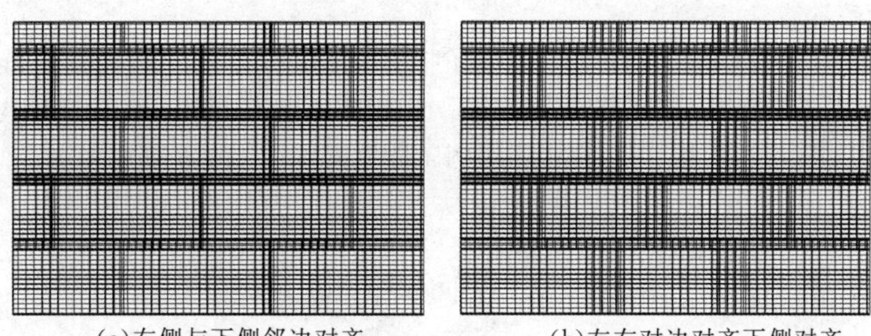

(a)右侧与下侧邻边对齐　　(b)左右对边对齐下侧对齐

图 3-158　对齐方式对配筋效果的影响

利用“钢筋网区域”工具完成的配筋是多个钢筋网片组合形成的整体,不能对其中的网片进行移动、复制、旋转或更换其他规格网片等操作,如果需要对其中部分网片进行此类编辑,Revit 提供了删除钢筋网区域的工具。选择需要编辑的钢筋网区域,在“修改|结构钢筋网区域”上下文选项卡中点击“删除钢筋网系统”命令,如图 3-159 所示,原有的钢筋网区域整体将被分解为若干个独立的钢筋网片,见图 3-160,此时可以对其中的各个网片进行单独编辑。

图 3-159　删除钢筋网区域工具

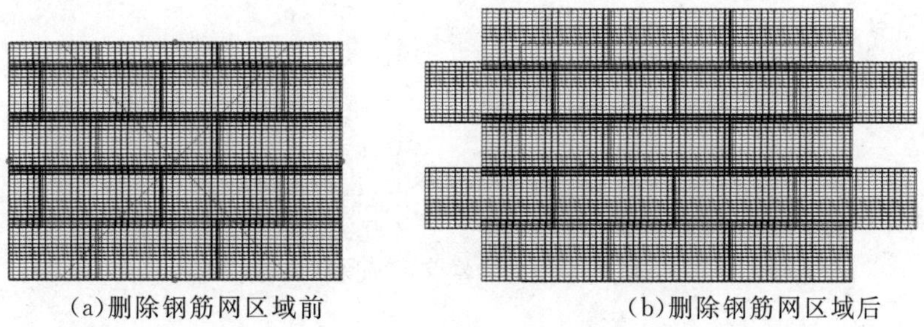

(a)删除钢筋网区域前　　(b)删除钢筋网区域后

图 3-160　删除钢筋网区域前后对比

3.7.8 钢筋形状及修改

与钢筋相关的各类元素均为 Revit 系统族，例如钢筋规格（包含直径及强度等级）、钢筋弯钩、结构路径钢筋、钢筋网片及结构钢筋网区域等，只能通过修改其属性参数来修改相关图元，不能直接编辑这些元素对应的族文件。但是，钢筋形状族却可以进行编辑，也能作为外部族载入项目，而且系统还提供了自建钢筋形状的方法，以满足工程对钢筋形状的复杂需求。

1.系统钢筋形状

系统提供了 53 种钢筋形状，包括直筋和箍筋及镫筋两大类，用于创建工程上常见的各类钢筋模型，具体钢筋形状可以通过钢筋形状浏览器查看，其中编号为 1—27 的钢筋为直筋，编号 28—53 为箍筋及镫筋。直筋即混凝土结构中的纵筋，包括直线钢筋、折线钢筋及弧线钢筋，布置在构件中将自动捕捉边界并将钢筋长度延伸至边界。箍筋及镫筋即横向钢筋，用于布置混凝土结构中的箍筋、拉筋等。

上述两类钢筋还有一个区别，即端部弯钩所嵌套的族不同。Revit 的钢筋弯钩族分为两类，分别是标准弯钩和镫筋/箍筋弯钩，如图 3-161 所示。直筋只能选择标准弯钩，而镫筋/箍筋则只能选用镫筋/箍筋弯钩，可以在钢筋实例属性中选择不同的弯钩形状。

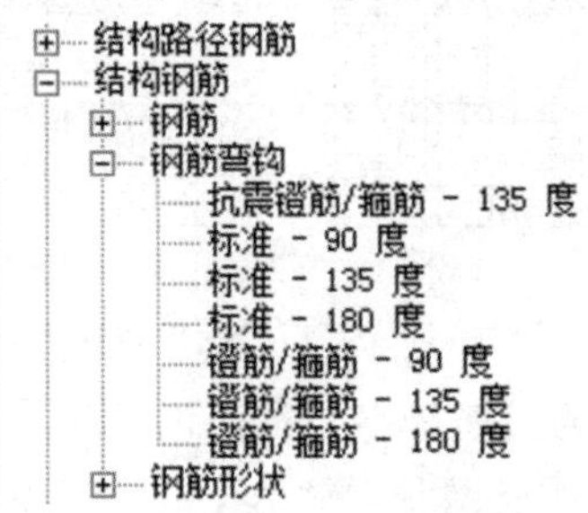

图 3-161 钢筋弯钩族

2.钢筋形状修改

在创建钢筋模型时，Revit 生成的钢筋形状有时不符合实际需要，此时可以通过控制钢筋形状上的操纵柄来调整钢筋形状。如图 3-162 所示，选中箍筋后，在钢筋的每条边出现了双三角的操纵柄，在钢筋端部出现了圆圈形操纵柄。拖曳这些操纵柄便能调整箍筋尺寸，实现如图 3-162 中 4 肢箍的创建。

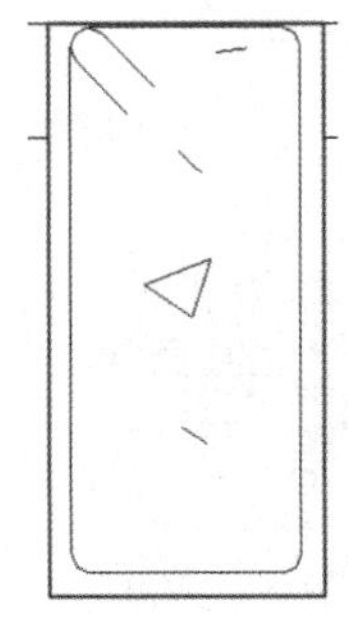 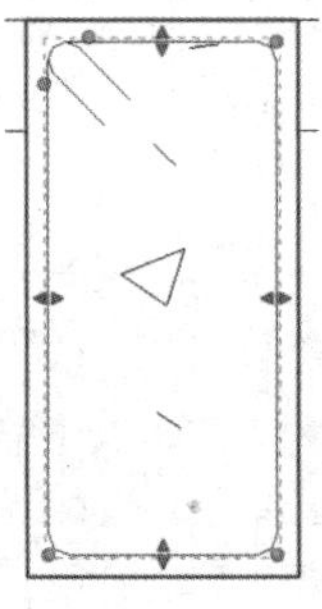 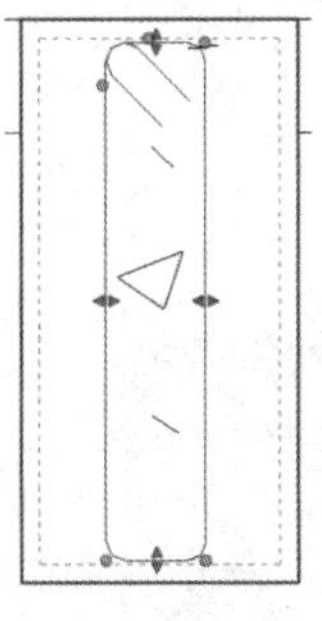 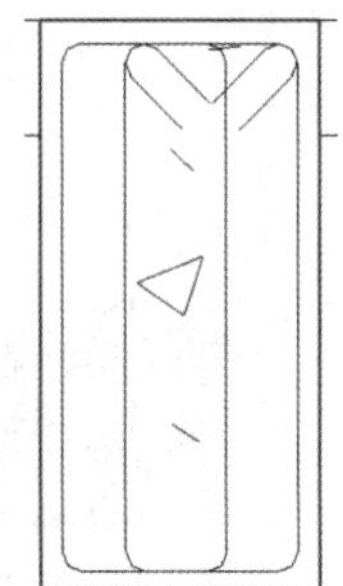

图 3-162 修改箍筋形状

如果要对钢筋形状进行更复杂的修改，则需要在选中钢筋后，点击“修改|结构钢筋”上下文选项卡中的“编辑草图”命令，见图 3-163。钢筋形状变为草图线，此时可以进行删除、添

加、重新绘制线条和切换弯钩方向等编辑操作，编辑完成后点击确认退出，其过程与结果如图 3 - 164 所示。编辑后的钢筋形状将自动生成一个内建族，在“项目浏览器”及“钢筋浏览器”中均能看到该族，如图 3 - 165 所示，该钢筋形状可以用在其他主体中创建钢筋模型。图 3 - 166 显示了用之前自动生成的钢筋形状族创建的钢筋模型，该族与主体边界的适应性没有系统自带族好，需要通过钢筋上的操纵柄进行编辑。

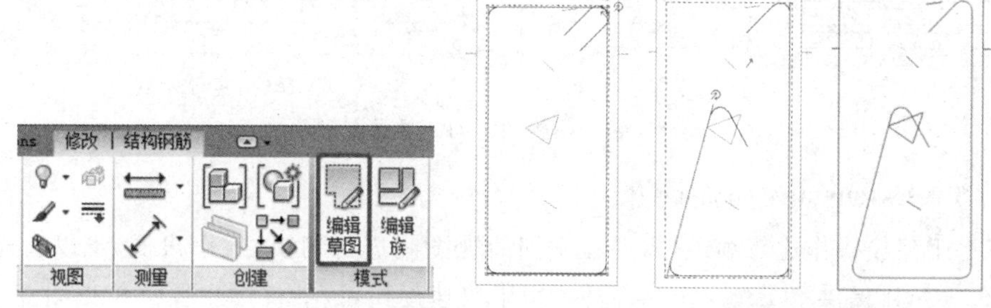

图 3 - 163 “修改|结构钢筋”上下文选项卡

图 3 - 164 编辑钢筋草图

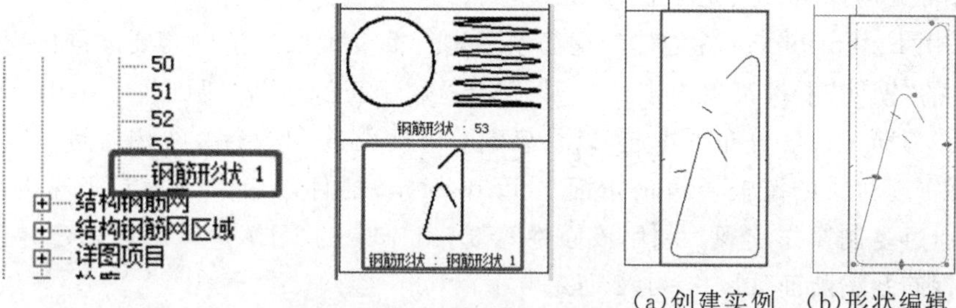

图 3 - 165 自动生成的钢筋形状内建族

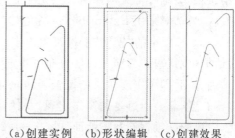

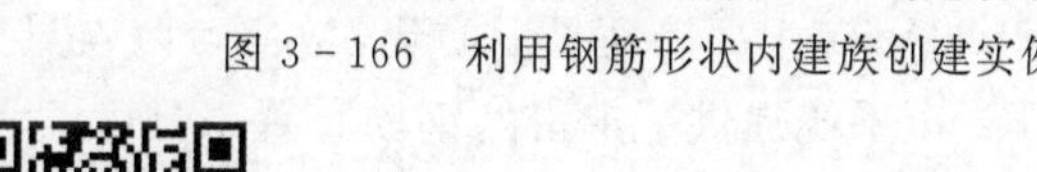

图 3 - 166 利用钢筋形状内建族创建实例

操作视频

钢筋形状修改

3.7.9 钢筋集的视图显示

在创建结构钢筋、区域钢筋及路径钢筋的过程中，系统均提供了钢筋集功能，可以一次布置多根钢筋，采用此方式创建的钢筋图元有 4 种不同的显示方式，分别为全部显示、只显示两端、显示中间以及指定显示。选择需要修改演示方式的钢筋，弹出“修改|结构钢筋”上下文选项卡，其中的“演示视图”面板列出了用于控制显示方式的 4 个选项，见图 3 - 167，对应效果见图 3 - 168。

图 3 - 167 钢筋集视图显示控制工具

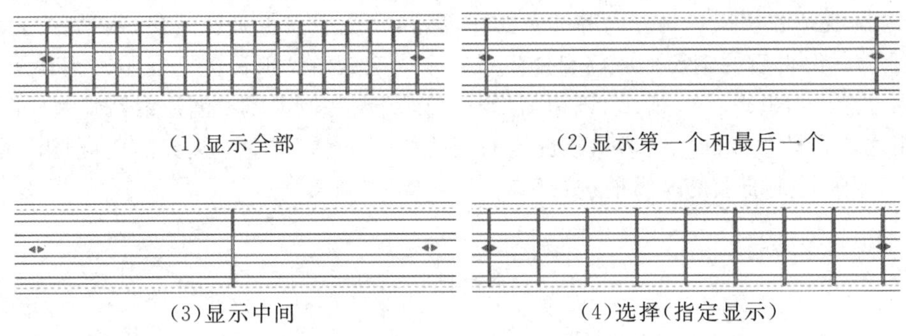

(1)显示全部　(2)显示第一个和最后一个

(3)显示中间　(4)选择(指定显示)

图 3-168　钢筋集视图不同的显示方式及效果

3.7.10　Extensions 插件简介

上述手工建模操作比较烦琐,需要在不同的视图间进行切换,效率很低,难以适应钢筋建模的需求。Revit 提供了 Extensions 插件,用于快速建模,该插件的主要菜单见图 3-169,包含"建模""分析""钢筋""钢结构连接节点"及"工具"等 5 个模块,其中"钢筋"模块可实现对板、墙、梁、柱及基础等常见构件的参数化配筋,如图 3-170 所示。

以梁为例对采用 Extensions 插件创建的钢筋模型进行简要说明。选中需要配筋的梁,在 Extensions 选项卡的"钢筋"下拉菜单内点击"梁",弹出"梁配筋"对话框,见图 3-171。通过该对话框可对包括"箍筋""箍筋分布""主筋"以及梁端负弯矩钢筋相关参数等内容进行设置,点击"确定"后即可实现对梁的配筋。目前市面上 Extensions 插件的版本还不能实现梁钢筋的多排布置,需要通过复制操作实现。利用该插件对 3.7.3 节中的 KL7 进行配筋创建并修改优化,完成的三维钢筋及梁断面如图 3-172 所示。

Extensions 大大提高了钢筋建模效率,但它只能用于规则配筋的创建。手动建模效率较低,但 Revit 系统提供了丰富的钢筋布置工具。读者需在熟悉各软件工具的基础上灵活应用,即可提高效率。

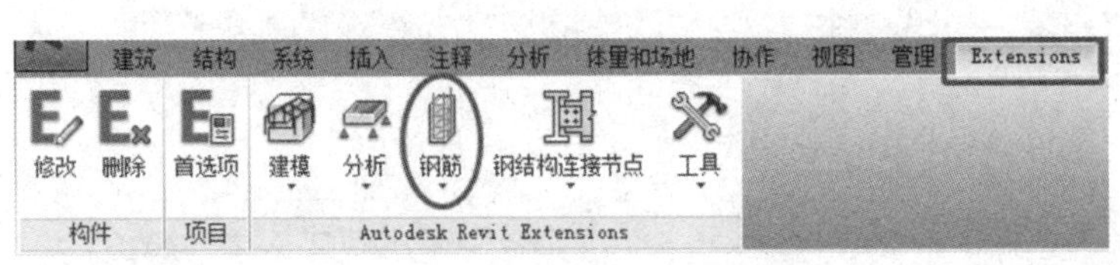

图 3-169　Extensions 插件菜单

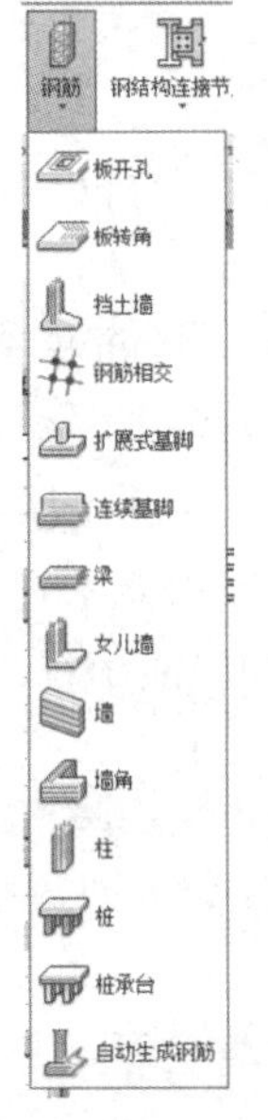

图 3-170　Extension 插件中的钢筋菜单

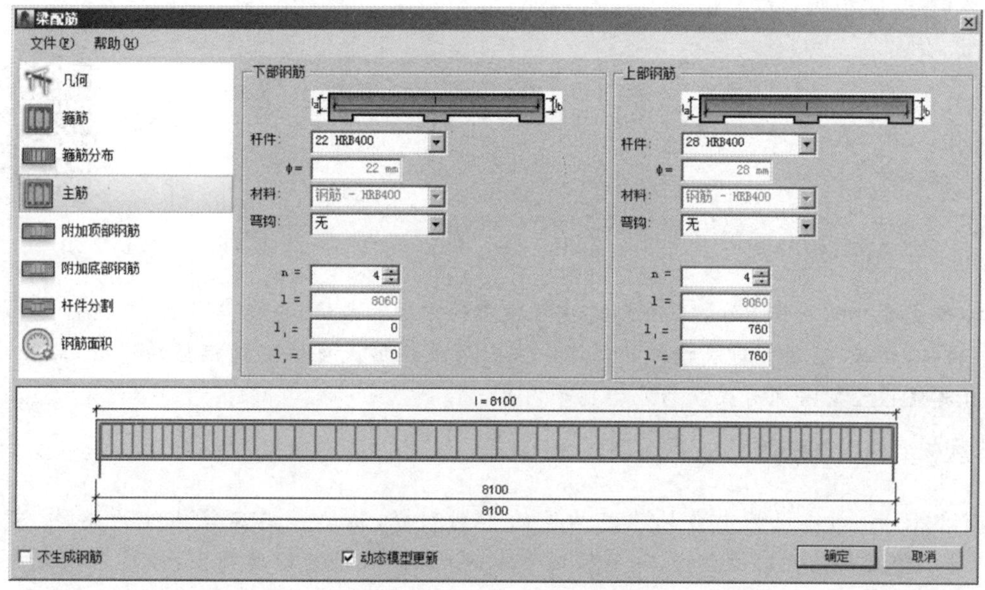

图 3-171 “梁配筋”对话框

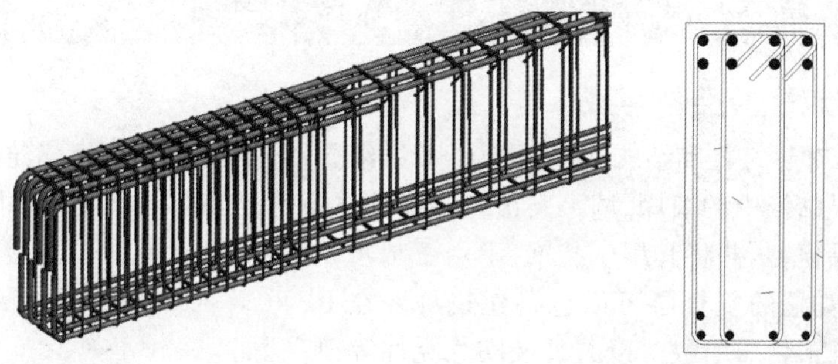

图 3-172 运用 Extensions 插件创建的梁配筋模型

第4章　建筑模型创建

本章学习内容

本章主要介绍利用 Revit 软件创建建筑模型的方法和步骤，包括建筑柱、常规墙体、幕墙、门窗、楼梯、楼板、屋顶等建筑构件的创建方法以及最终形成整体建筑模型的流程，此外，还包括基于建筑模型的房间布置和场地绘制等内容。

本章学习目标

了解 Revit 对建筑物中常见建筑构件的类别划分，熟悉各类建筑构件的属性，掌握在 Revit 中创建建筑构件的操作方法，能够运用 Revit 等软件创建建筑模型，并将创建完成的模型用于相关工程。

4.1　建筑柱

4.1.1　建筑柱的类型与载入

本书 3.2 节对建筑柱和结构柱的区别作了详细介绍，本节主要介绍建筑柱的创建。建筑柱主要用于砖混结构中的墙垛、墙上突出结构如壁柱等模型创建；也可以使用建筑柱围绕结构柱创建柱框外围模型，并将其用于装饰，不用于承重；也可以自动继承其连接到的墙体等其他构件的材质，例如墙的复合层可以包络建筑柱。在 Revit 软件中系统自带的建筑柱，有中式柱、倒角柱、圆锥形柱、现代柱、欧式柱及陶立克柱等很多类型。

Revit 中建筑样板默认载入的柱为矩形柱，更多类型的建筑柱可通过插入族的方式载入项目，具体操作为打开“插入”选项卡选择“载入族”，弹出如图 4－1 和图 4－2 所示界面，依次选择路径“建筑”→“柱”，将列出系统自带的建筑柱族文件，选择需要载入的柱族（见图 4－3），点击“打开”按钮，即可将选中的柱族载入项目。

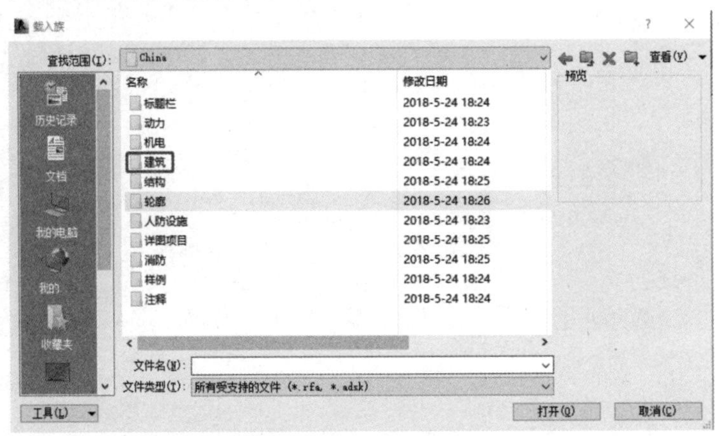

图 4－1　载入建筑族文件

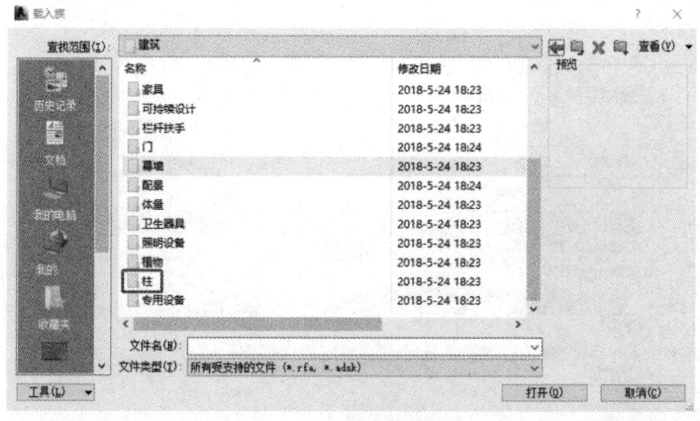

图 4-2　载入柱族文件

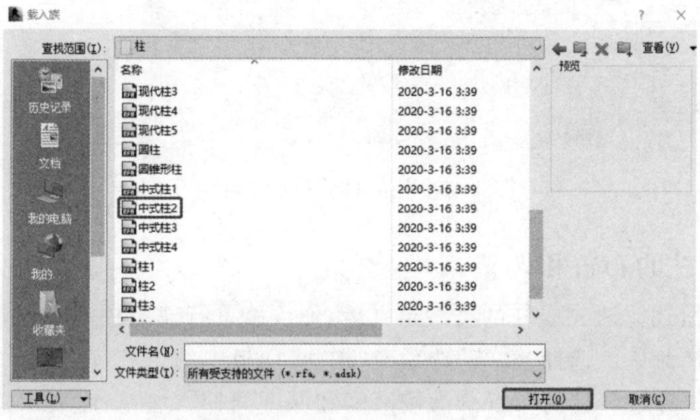

图 4-3　建筑柱族的类型

在“建筑”选项卡下的“构建”面板，点击“柱：建筑”（此处即为建筑柱），如图 4-4 所示，启动建筑柱命令。与结构柱的类型属性编辑基本相同，在“属性”选项板中点击“编辑属性”按钮，启动“类型属性”编辑器，通过“复制”生成新类型，对其命名并修改相关尺寸标注、材质和装饰参数，见图 4-5，得到相应规格的柱子。在布置建筑柱之前，参照项目图纸一次性地将项目中涉及的所有建筑柱类型定义完成，以便提高后面建模效率。

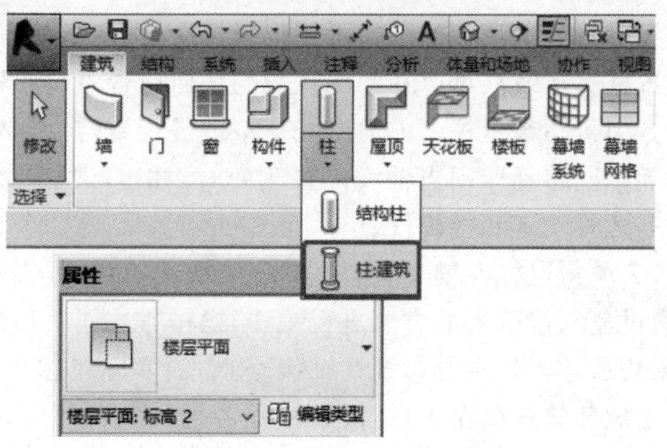

图 4-4　启动建筑柱命令

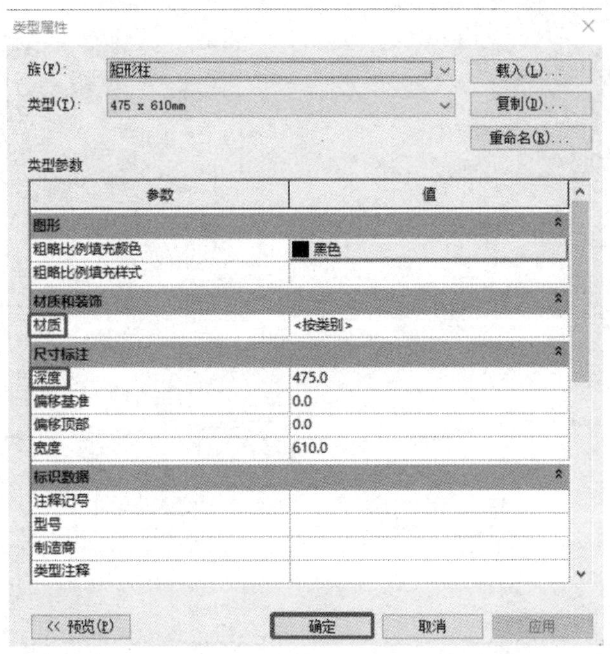

图 4-5　柱的材质和尺寸设定

4.1.2　建筑柱的布置和调整

按照 4.1.1 节所述方法完成柱的类型定义后，便可以进行建筑柱的布置，主要步骤如下：

(1)启动建筑柱命令。选择"建筑"选项卡"构建"面板中的"柱"，单击"柱：建筑"。

(2)修改选项栏参数。柱的布置分为按高度和深度两种方法，高度表示柱自当前平面视图标高向上进行布置，深度表示柱自当前平面视图标高向下进行布置。选择好布置方法后，还需设置柱顶部或底部控制标高。布置方法通常选择"高度"命令调整，此时柱顶部的标高一般选择上一层楼面标高，也可以选择"未连接"命令，输入柱的高度。如图 4-6 所示，如果勾选"房间边界"选项，那么柱将作为房间的边界，会影响后续房间的相关命令。

图 4-6　布置建筑柱时的选项栏

(3)选择柱类型。在"属性"选项板的下拉类型选择器中，选择当前需要创建的柱类型。

(4)在绘图区域布置柱。建筑柱可以在绘图区域的任何位置进行布置，并不依赖于其他构件或者轴线，柱截面的方向可在布置柱之前通过按空格键进行旋转。如果将柱布置在轴线上，且在实例属性中勾选"随轴网移动"，则当轴线位置改变时，柱也随之移动，这样在后期进行轴线位置调整时，可以提高建模效率和准确性。

柱的布置方式默认为单击鼠标左键布置，如图 4-7 所示，该种方式一次只能布置一个柱。

柱的创建还可以通过复制或阵列的方法进行操作，操作方法同其他构件，在此不再赘述。

采用单击布置的方法通常将柱中心布置在轴线交点，而实际工程中的柱常会出现偏心布置，因此按照上一小节完成建筑柱的布置后，需要根据各柱的定位尺寸，将柱的位置进行准确调整，操作方法同结构柱，可参见 3.2 节。

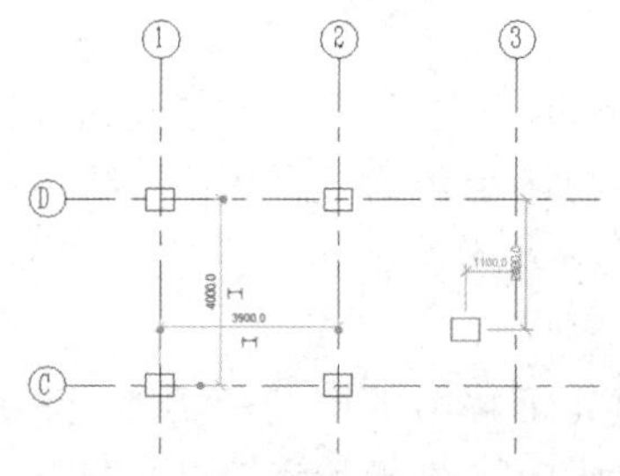

图 4－7　单击布置建筑柱

操作视频
建筑柱的布置和调整

4.2　墙体

4.2.1　墙的分类

墙体作为建筑物重要的组成部分之一，其作用有承重、分隔空间和围护，按照是否参与受力可将墙体分为两大类，分别是建筑墙和结构墙。结构墙的模型创建在 3.3 节已经详细介绍，在此重点介绍建筑墙的类型与创建。在 Revit 软件中，墙包括建筑墙、结构墙、面墙、墙饰条、墙分隔条等五种，如图 4－8 所示。其中，建筑墙主要用于创建隔墙、填充墙，属于非承重墙；结构墙用于创建承重墙，以及有结构构造需要的墙体；面墙一般用于体量中墙体的创建；墙饰条一般是指用来绘制墙体的线型装饰条，如踢脚线、腰线、女儿墙压顶等；墙分隔条通常用于将墙的装饰层用水平或竖直线槽进行分格。面墙、墙饰条、墙分隔条三种墙体的功能示意见图4－9。

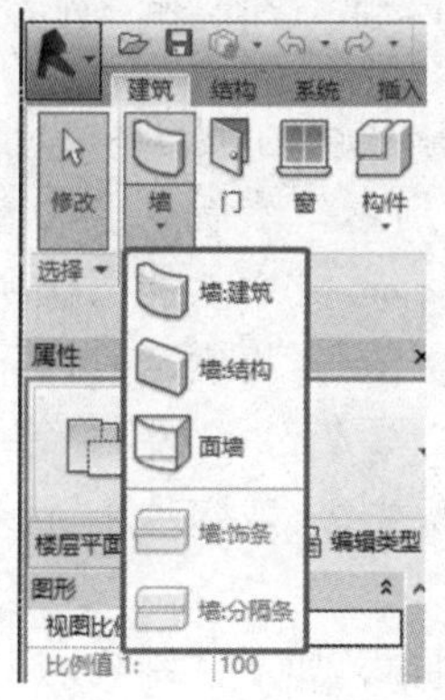

图 4－8　各种墙的创建工具

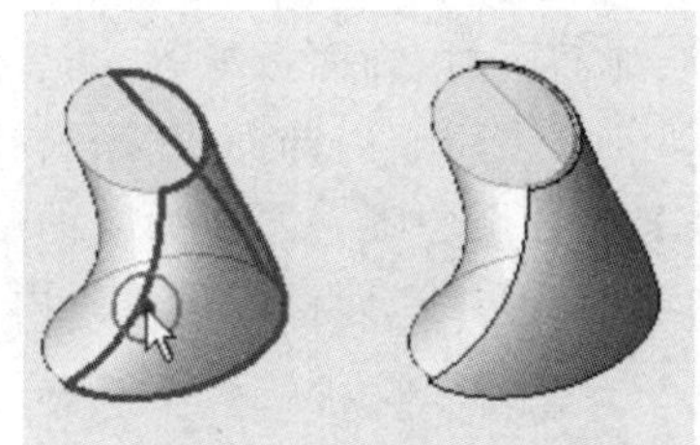

(a)面墙

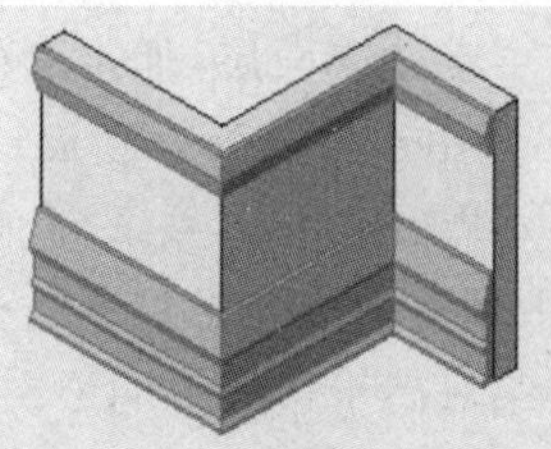

(b)墙饰条

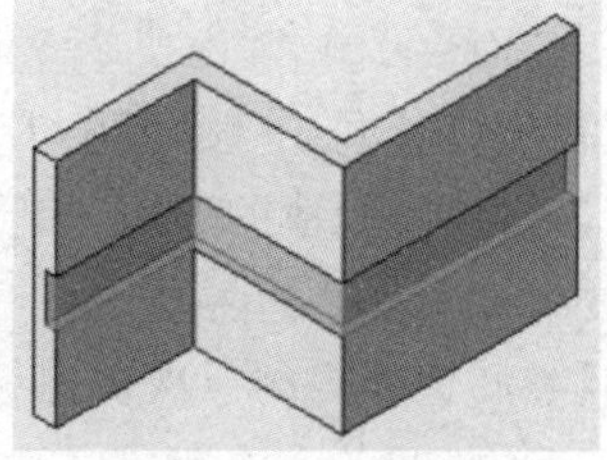

(c)墙分隔条

图 4－9　面墙、墙饰条及分隔条功能示意

4.2.2 墙体的创建

Revit 中的建筑墙属于系统族，不能对族本身进行编辑。在“建筑”和“结构”选项卡下均能调用建筑墙命令，其中“建筑”选项卡中的默认墙体为建筑墙，而结构模型中默认墙体为结构墙。

1.创建墙构件类型

在使用 Revit 软件绘制墙体之前，需要先了解图纸中墙的类型、尺寸、位置、材料等信息，然后启动建筑墙布置命令。通过“属性”选项板的“编辑类型”按钮，打开“类型属性”编辑器，如图 4－10 所示，系统提供的墙族包括叠层墙、基本墙和幕墙，在布置墙之前，先以上述墙族为基础，定义工程项目中涉及的墙类型。

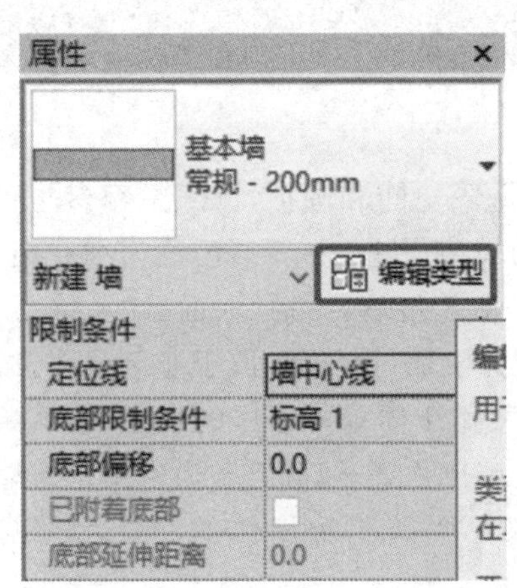

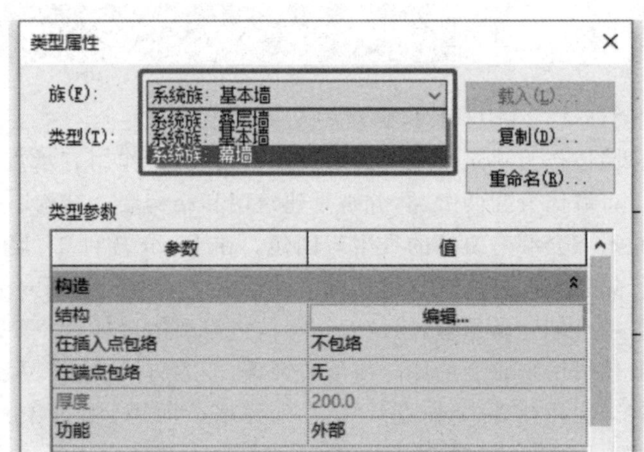

图 4－10　墙的类型属性编辑

在“类型属性”编辑器中，以基本墙族中的“常规－200 mm”为基础，通过“复制”和“名称”操作，定义出新的墙类型，如图 4－11 所示。然后点击构造参数中“结构”右侧的“编辑”按钮，打开“编辑部件”对话框，如图 4－12 所示，其中功能层次用于创建墙体的多层构造，例如结构层、找平层、防水层、保温层及面层等。Revit 提供了 6 种层次，分别为“结构[1]”“衬底[2]”“保温层/空气层[3]”“面层 1[4]”“面层 2[5]”及“涂膜层”等。各个层次名称后面中括号内的数字，代表墙体相交处各层次连接时的优先级，数字越小，优先级越高，优先级高的层次可以穿透优先级低的。

“编辑部件”对话框中的相关名词含义如下：“结构[1]”通常用来定义墙的结构层，用于支撑墙的其余层次，例如砌体墙中的砖墙、剪力墙中的混凝土墙等。“衬底[2]”用于定义其他层次的基层，如砂浆找平层、石膏衬板等。“保温层/空气层[3]”可用于定义保温层、隔热层、空气隔层等。“面层 1[4]”“面层 2[5]”可定义饰面层，如饰面砖、饰面石材、饰面板材等，两者的差异在于优先级不同，一般“面层 1[4]”用于外饰面，而“面层 2[5]”多用于内饰面。“涂膜层”通常用于定义厚度较薄的层次，如防水层、涂料层、壁纸等，是上述各层中唯一厚度为 0 的层次。此外，还有 2 个核心边界层，通常用来作为结构层与非结构层的分界线，即核心边界以内为结构层，且核心边界内的层次优先级绝对高于边界外的层次。

在定义墙的各个构造层次时，尽可能根据其建筑功能选择对应的功能层，并结合墙体相交处层次间的连接关系指定合适的功能层，也可灵活运用核心边界来调整特殊层次的连接需要。根据墙体的实际构造进行层次定义时，可以通过图 4－12 中的“插入”“删除”“向上”及“向下”

进行各构造层的增加、删除及位置移动。墙体至少应包含 3 个层次，即两个核心边界层和一个位于核心边界内的层次。

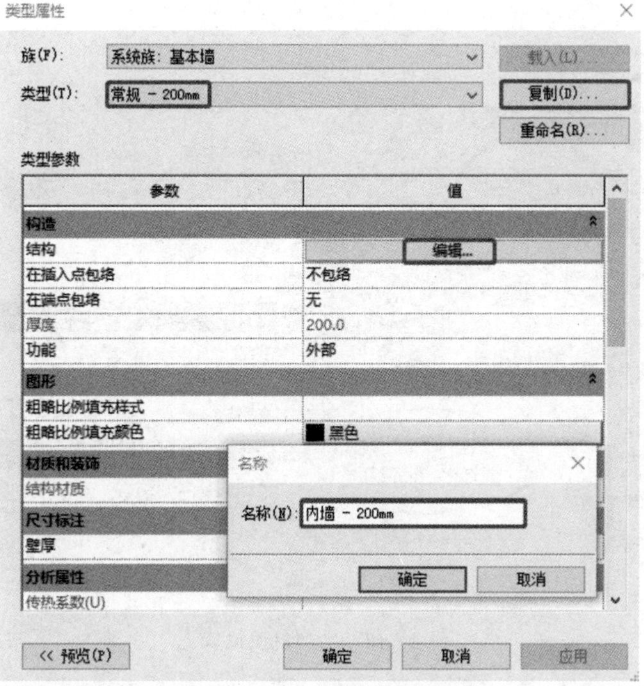

图 4－11 墙类型定义

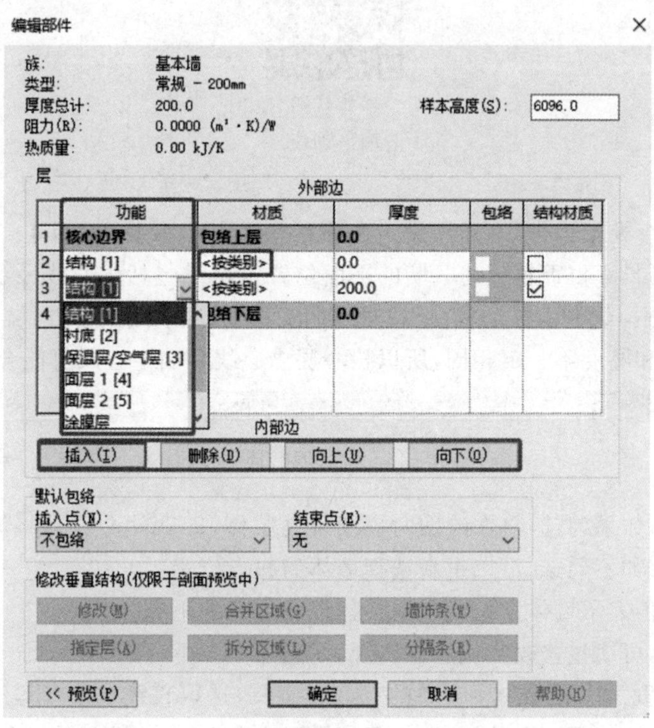

图 4－12 墙构造层次的定义

设置好墙体的构造层次后，还需设定各层次的厚度，然后选择墙体各构造层的材质(见图 4-13)，其操作同结构墙，点击“确定”完成对该墙体类型的定义。重复上述过程，完成项目中其余墙体的定义。

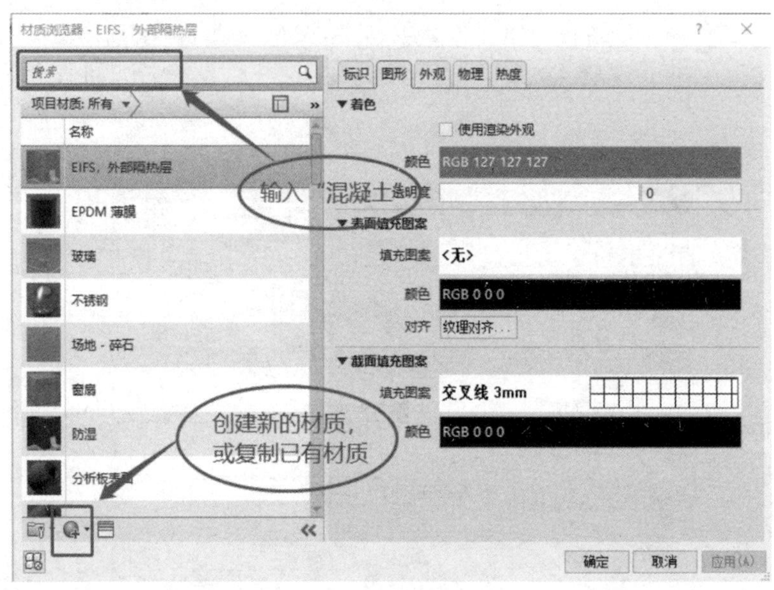

图 4－13　墙的材质设置

操作视频
墙体创建

2.墙体的布置

当墙体布置命令处于运行状态时，设定选项栏中的各项参数，见图 4－14，前面几项参数的含义与建筑柱相同，不再重复叙述。墙的平面位置定位线包括中心线及各关键层次的分界线，见图 4－15，根据拟绘制墙体与柱、梁或轴线间的相对位置灵活选取。需要注意的是，墙核心层内外表面构造和厚度不一定相同，所以核心层中心线和墙中心线可能会不重合。

图 4－14　设定墙的选项栏

对于“链”选项，如果勾选，将在绘图时连续绘制墙体，即软件会自动将第一道墙的终点作为第二面墙的起点；如不勾选，可以重新选择墙体的起点位置。

“偏移量”的数值表示墙体定位线与鼠标捕捉点之间的距离。

墙的限制条件，可通过修改实例属性实现，如图 4－16 所示。

利用“修改|放置 墙”上下选项卡中的“绘制”工具，选取直线或矩形等绘制方式，见图 4－17，在绘图区域绘制墙体平面形状，然后按 Esc 键退出命令，完成建筑墙的创建。

关于墙的平面位置，可以在绘制过程选择便捷的定位方式进行定位，也可先大致布置，然后利用“对齐”命令与柱、梁或轴线等相关参照进行快速准确定位，操作方法同结构墙。

操作视频
墙体布置

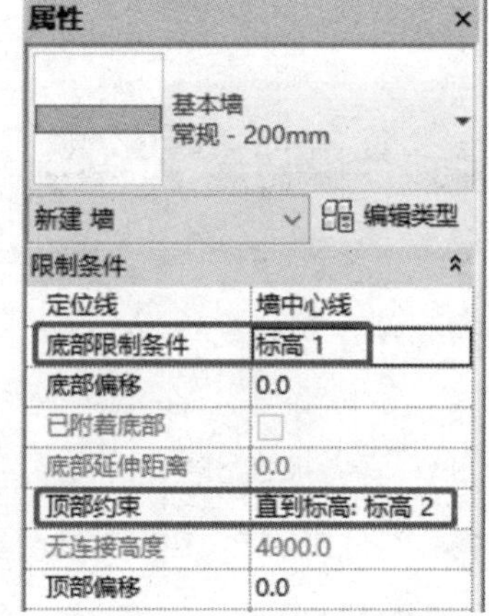

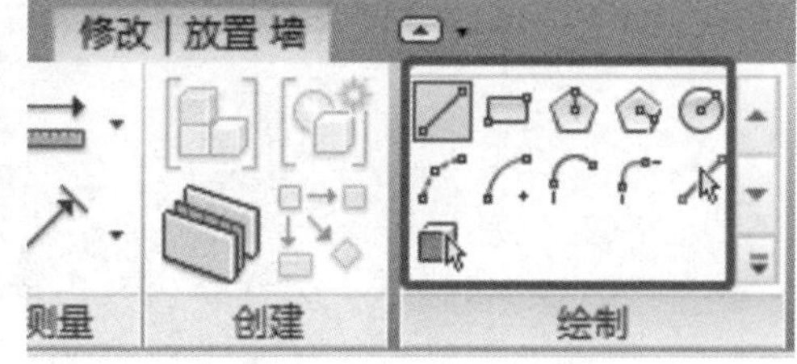

图 4-15　墙的定位线　　图 4-16　修改墙的限制条件　　图 4-17　墙的绘制方法

4.2.3　墙饰条的创建

墙饰条是依附于墙体的带状模型，主要用于创建墙装饰线脚、女儿墙压顶、室外散水、冠顶或墙体的其他线型装饰线条。

墙饰条的创建需在墙体绘制完成后，在三维视图或立面视图中才能激活该命令并进行创建。创建墙饰条时，如果只需对局部墙体添加墙饰条，可以打开三维视图，选择“建筑”选项卡中“构建”面板的“墙”选项，单击“墙：饰条”，如图 4-18 所示。将鼠标移至墙面上，会高亮显示墙饰条的位置，在“修改|放置 墙饰条”选项卡下的“放置”面板中，选择墙饰条的布置方向“水平”或“垂直”，在墙面适当位置点击鼠标左键，确定布置墙饰条的定位，再次单击鼠标完成布置并退出命令，完成效果见图 4-19。如果需要连续布置多个饰条，可在墙面上点击鼠标左键确定饰条位置后，点击上下文选项卡中的“重新放置墙饰条”，如图 4-20 所示，即可完成当前墙饰条的创建，并继续布置下一个墙饰条。

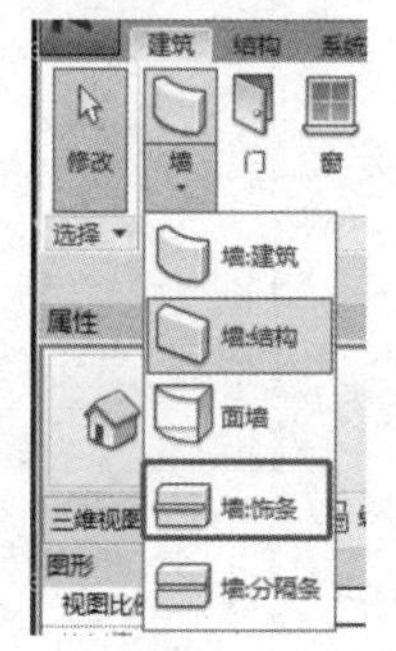

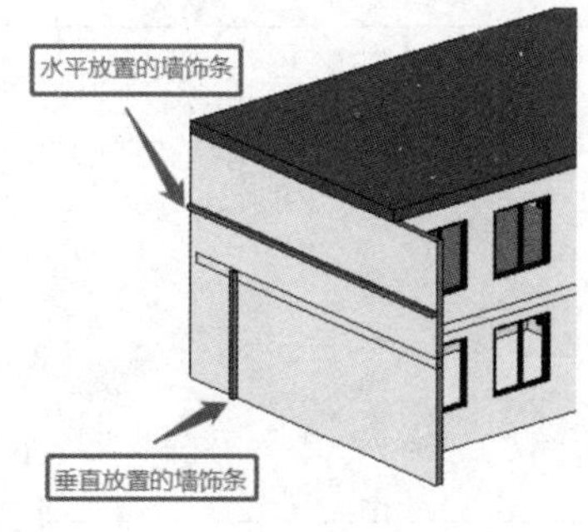

图 4-18　启动墙饰条命令　　图 4-19　墙饰条布置效果　图 4-20　“修改|放置 墙饰条”上下文选项卡

如果需要在同一类型的所有墙体上均创建相同的墙饰条，则可以打开该墙体的"类型属性"编辑对话框，点击结构参数后的"编辑"按钮，会弹出"编辑部件"的对话框，见图 4－21。点击左下角的"预览"，选择剖面视图 ，点击"墙饰条"按钮后，弹出如图 4－22 所示的"墙饰条"编辑窗口，点击"添加"即出现默认轮廓形状的墙饰条，然后对饰条的材质、距离及位置等参数进行设定，即可定义带有饰条的墙体类型。如果需要其他形状的饰条，也可以选择其他形状的轮廓，或者载入系统自带轮廓，如图 4－23 所示。

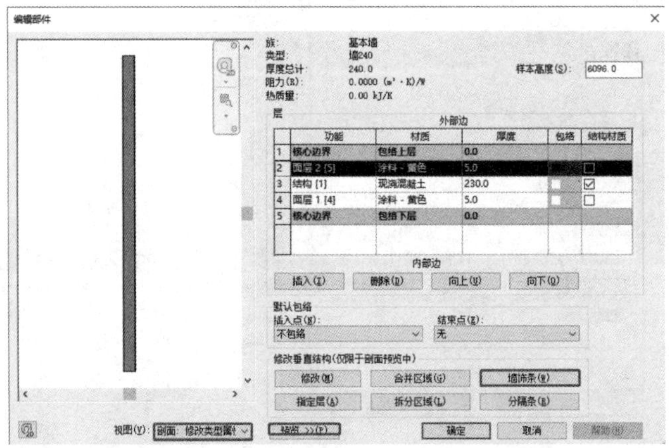

图 4－21 "编辑部件"对话框

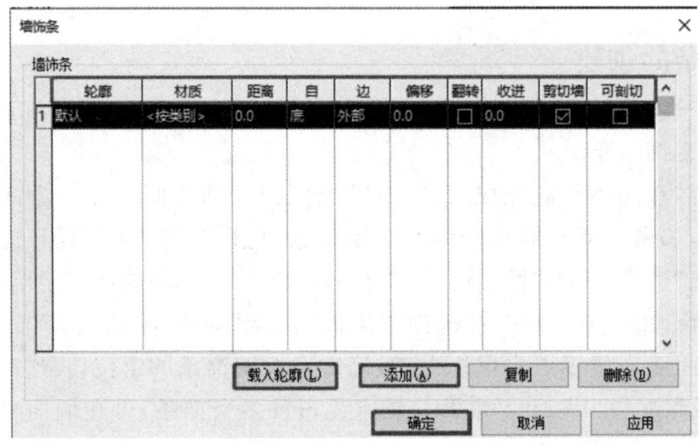

图 4－22 "墙饰条"编辑窗口

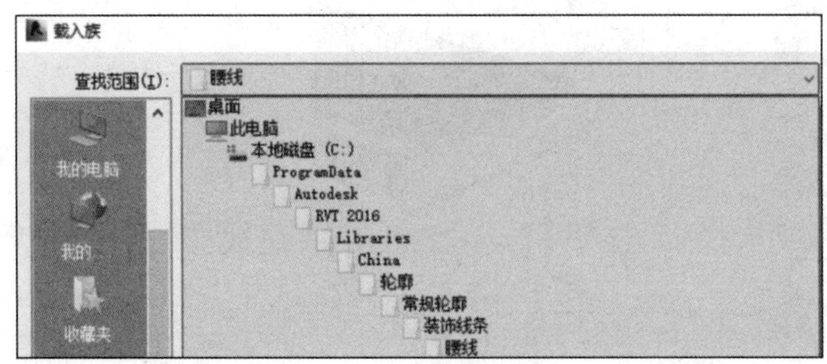

图 4－23 轮廓族的路径

4.2.4 墙分隔条的创建

墙分隔条，主要用于墙体表面刻槽、分格，即对墙体表面进行裁剪。创建墙分隔条的方法及步骤与墙饰条相同，可以在墙体绘制完成后，只在某些实例中创建，也可通过编辑墙类型属性，在墙类型中统一添加，此处不再赘述。

4.2.5 编辑墙轮廓

一般情况下，墙的立面轮廓多数为矩形，如果需要创建其他立面形状的墙体，有以下两种方法：第一种方法是对墙体轮廓进行编辑，基本墙、叠层墙和幕墙的创建都可以采用此方法；第二种方法是将墙的顶部或者底部附着到其他图元上，也可以改变墙体的轮廓，此方法适用于修改坡屋顶、异形屋顶下顶层墙的轮廓，或者修改地面起坡、有台阶等情况下的墙体轮廓。本节主要介绍第一种方法，第二种方法将在创建屋顶模型时进行介绍。

对墙体轮廓进行编辑，需要在立面、剖面或三维视图中进行。

1.创建剖面视图

在标高 1 平面视图下，点击“视图”选项卡“创建”面板中的“剖面”工具，如图 4－24 所示。然后进入绘图区域，在剖面起点及终点位置分别单击鼠标左键创建剖面视图，如图 4－25 所示，将出现被剖面线和虚线围住的裁剪范围，也可以修改剖切视图方向及裁剪范围，如图 4－26所示。

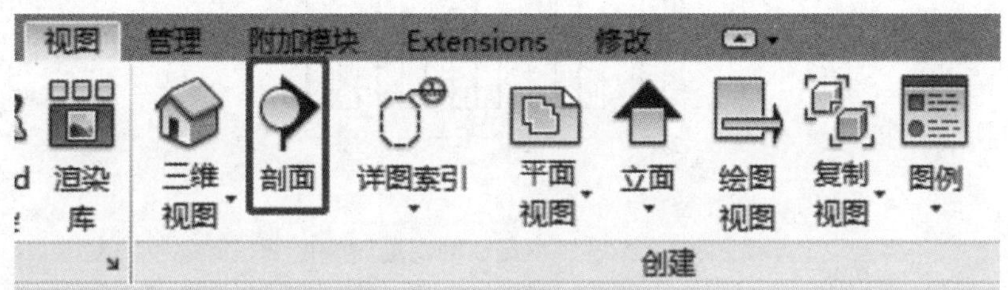

图 4－24 “剖面”工具

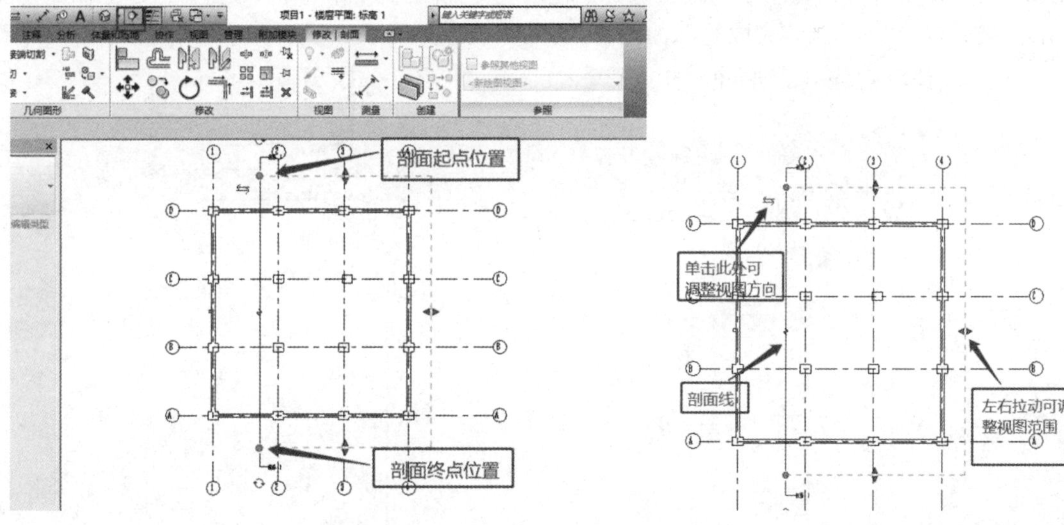

图 4－25 创建剖面视图

图 4－26 修改剖面视图的方向和视图范围

2.调整剖面视图的范围

双击“项目浏览器”中的“剖面 1”打开剖视图(见图 4 - 27),在软件界面中的绘图区域单击其中方框上的四个圆点,可以改变剖视图的区域范围。

3.编辑轮廓

选中所要编辑的墙体,此时墙体会改变颜色,拖曳边上的 4 个三角形,可以调整墙体的高度和宽度,如图 4 - 28 所示。

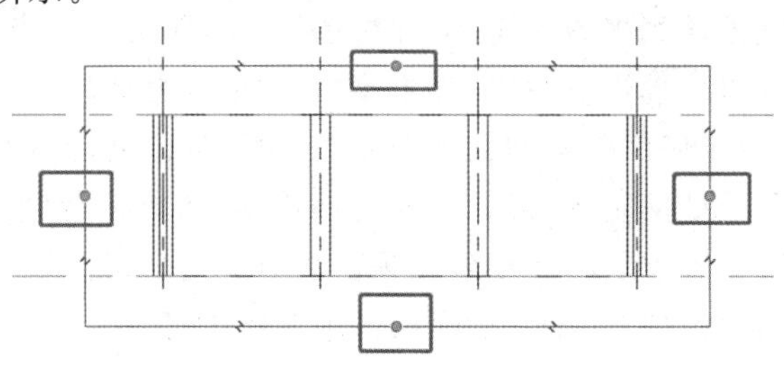

图 4 - 27　调整剖面视图的范围

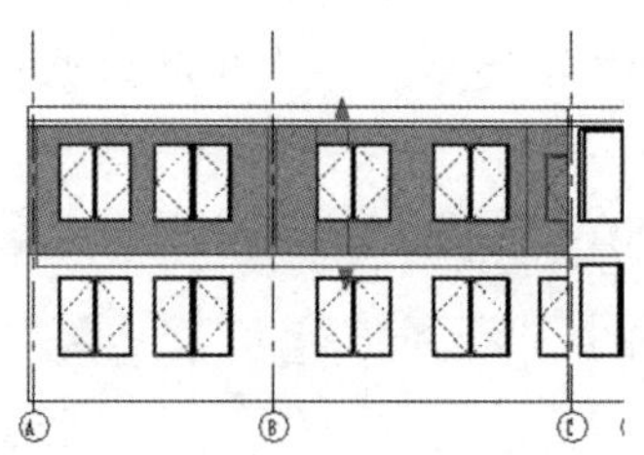

图 4 - 28　调整墙体的高度与宽度

点击上下文选项卡下“模式”面板中的“编辑轮廓”,如图 4 - 29 所示,墙体的轮廓线将呈现出来。然后在“绘制”面板中根据需要选择绘制墙轮廓的工具,对墙体轮廓进行修改,如图 4 - 30 所示。最后点击“✓”图标,完成轮廓的编辑,其三维效果见图 4 - 31。

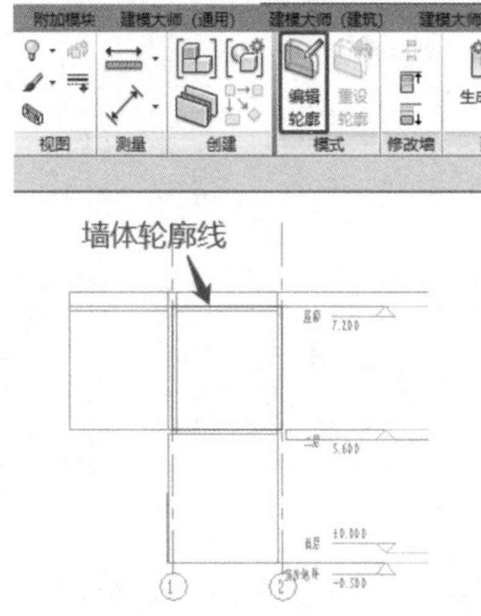

图 4 - 29　调整墙体轮廓线

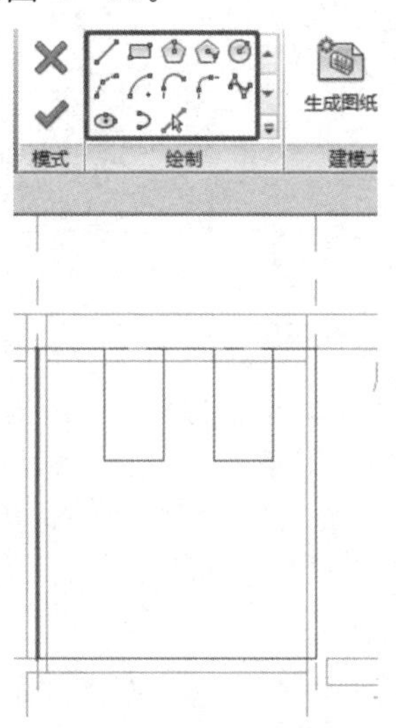

图 4 - 30　墙体轮廓编辑

如果要将已经编辑好的墙体恢复到最初的轮廓形状，则应选中该墙体，在上下文选项卡下的“模式”面板中，选择“重设轮廓”命令即可，如图 4－32 所示。

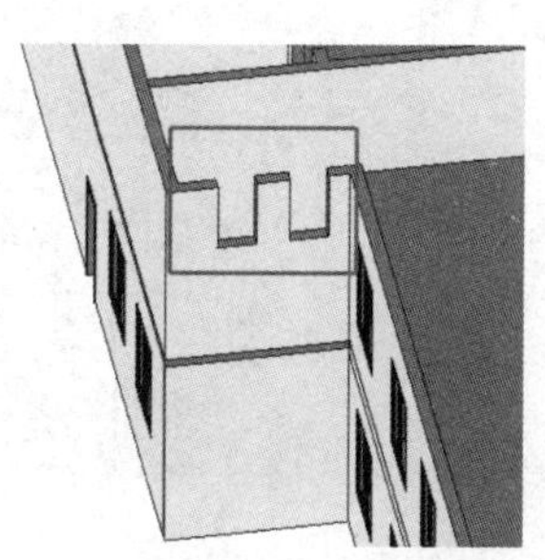

图 4－31　经过编辑的墙体轮廓

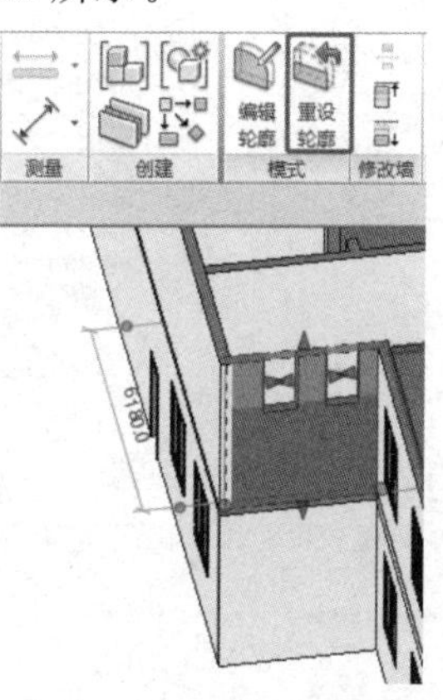

图 4－32　重设墙轮廓

编辑轮廓时，不仅可以编辑墙体周边轮廓，也可在墙体中间通过增加轮廓创建出墙上的洞口，此项内容将会在 4.7 节有关洞口创建中讲述，在此不再展开介绍。

4.3　门窗

门窗是建筑中的重要构件，Revit 中门窗图元需要依附于墙体，不能独立存在，是一种基于墙主体的构件族。创建门窗模型时，需要先创建墙体模型，然后才能在墙上创建门窗，如果删除墙体，该墙上的门窗也随之被删除。常见的门窗可通过修改族类型参数，如需修改门窗宽度、高度和材质等参数，定义新的门窗类型。

4.3.1　门窗族的载入

在平面视图状态下，点击“建筑”选项卡“构建”面板中的“门”或“窗”，可以启动门、窗的布置命令，见图 4－33。Revit 中建筑样板默认载入的门类型只有一种，更多的类型可以通过插入族的方式载入项目。具体操作为：点击“插入”→“载入族”，选择“建筑”→“门”，面板中将列出门的族文件夹，如图 4－34 和图 4－35 所示，进入相应的文件夹，使用鼠标左键或鼠标左键与 Ctrl 键组合或鼠标左键与 Shift 键组合等方式选择需要载入的门族，将选中的门族载入当前项目。窗族的载入方法与门族相同，如图 4－36 和图 4－37 所示，将选中的窗族载入当前项目。

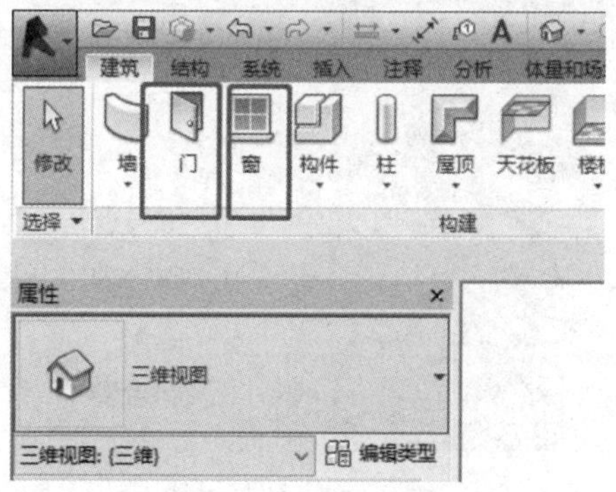

图 4－33　启动门、窗命令

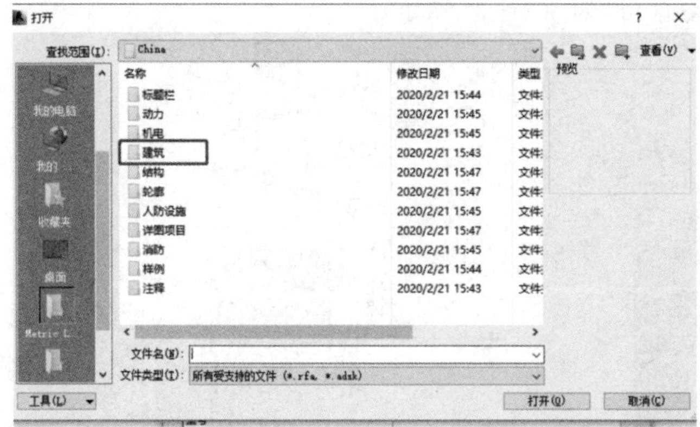

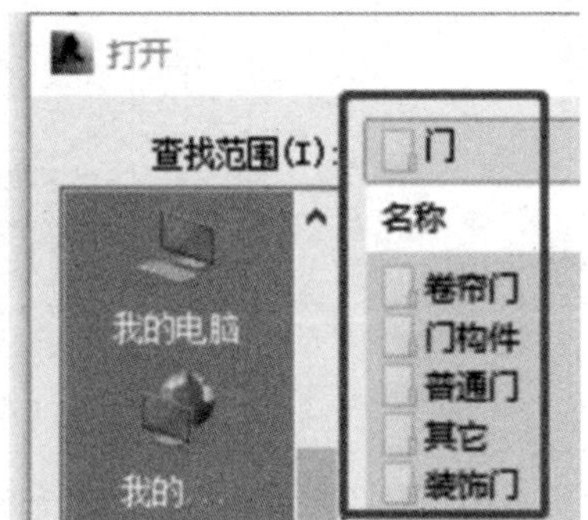

图 4－34　门族所在文件夹

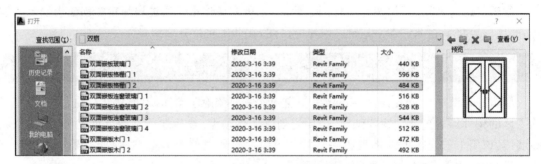

打开

查找范围(I): 双扇

名称	修改日期	类型	大小
双面嵌板玻璃门	2020-3-16 3:39	Revit Family	440 KB
双面嵌板格栅门 1	2020-3-16 3:39	Revit Family	596 KB
双面嵌板格栅门 2	2020-3-16 3:39	Revit Family	484 KB
双面嵌板连窗玻璃门 1	2020-3-16 3:39	Revit Family	516 KB
双面嵌板连窗玻璃门 2	2020-3-16 3:39	Revit Family	528 KB
双面嵌板连窗玻璃门 3	2020-3-16 3:39	Revit Family	544 KB
双面嵌板连窗玻璃门 4	2020-3-16 3:39	Revit Family	512 KB
双面嵌板木门 1	2020-3-16 3:39	Revit Family	472 KB
双面嵌板木门 2	2020-3-16 3:39	Revit Family	492 KB

历史记录　文档　我的电脑　预览

图 4－35　双扇门的族文件

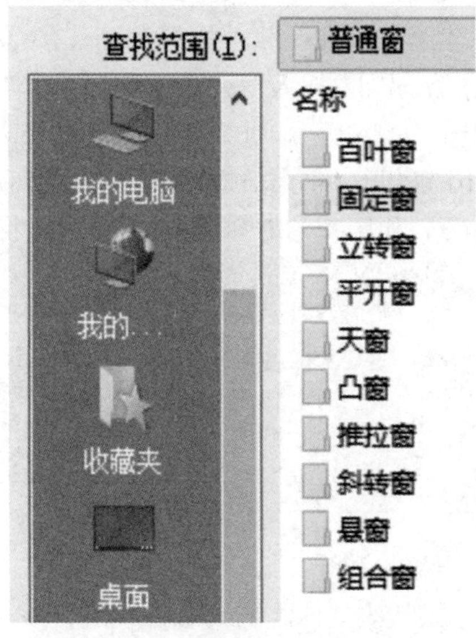

图 4－36　窗的形式

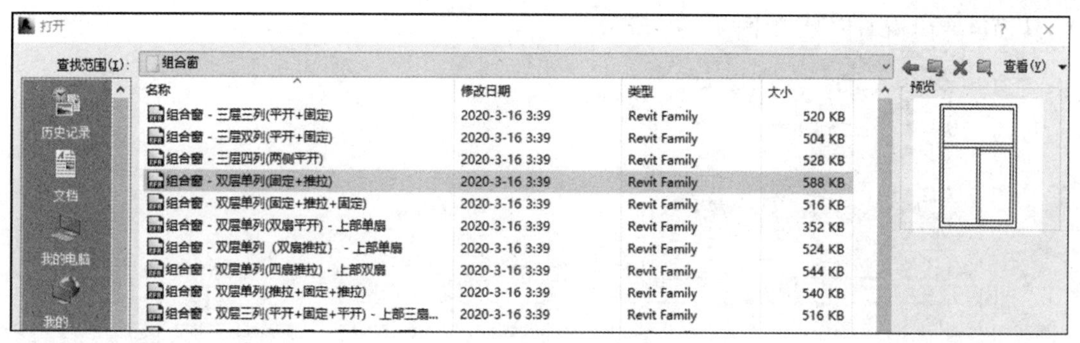

图 4－37　组合窗的族文件

4.3.2 门窗的布置

在“类型属性”编辑框中，通过“复制”和“名称”命令调整、修改相关参数，定义出新的门窗类型。例如定义项目中的 M0921 类型，如图 4－38 所示，类型名称改为“M0921”，尺寸标注中“宽度”和“高度”分别改为“2100”和“900”，同时对门的材质进行设置，完成该门类型定义。按照上述操作流程，完成项目中所有门类型的创建。

门和窗的布置方法是一样的，并且在平面视图、剖面视图、立面视图或三维视图中均可以完成布置。在此，以门的布置为例进行介绍。切换至平面视图中，选择“建筑”选项卡中“构建”面板下的 “门”选项，在“属性”选项板中选择门类型，光标移动到绘图区域的墙体上，会显示门的图标，单击即可将门布置在墙上。鼠标点击图中右侧红色框内的蓝色双箭头，可以改变门的开启方向，还可以通过空格键进行方向调整。鼠标点击图中左侧框内的数值并修改，可以调整门与墙垛间的距离，以便对门进行准确定位，如图 4－39 所示。

选中模型中创建好的门，通过修改实例参数，可以对门作进一步修改。其中“标高”用于控制门的标高，“底高度”表示门底部与“标高”间的高差，正值表示门底在“标高”之上，如图4－40 所示。修改实例参数，仅对选中的实例产生影响，模型中同类型的其他图元并不发生变化。

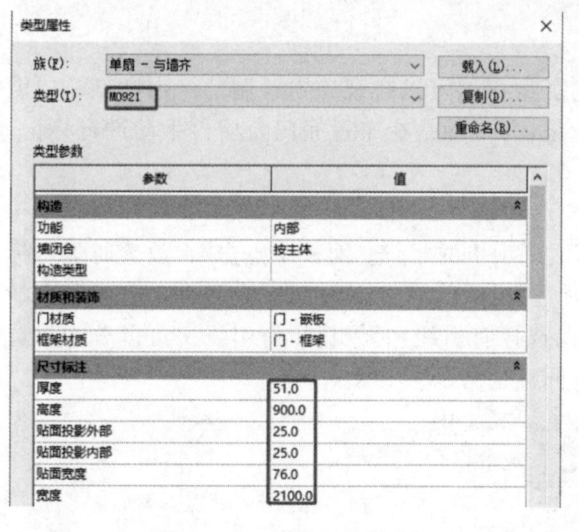

图 4－38　门类型的创建

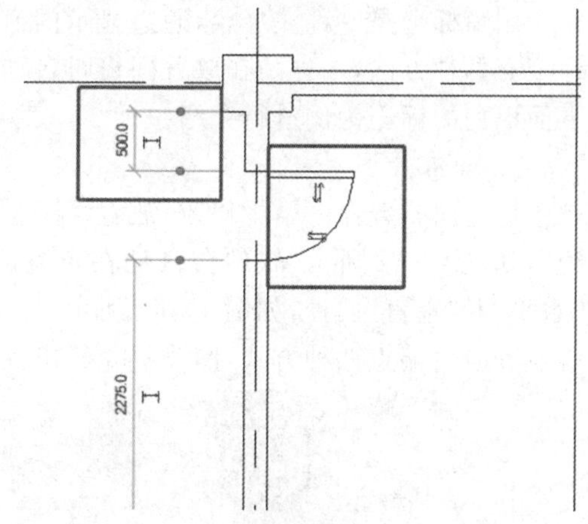

图 4－39　门的布置与调整

在三维视图中，可以选中门窗，点击“拾取新主体”，将光标移到其他位置上，单击进行放置，从而改变门窗的位置，如图 4－41 所示。

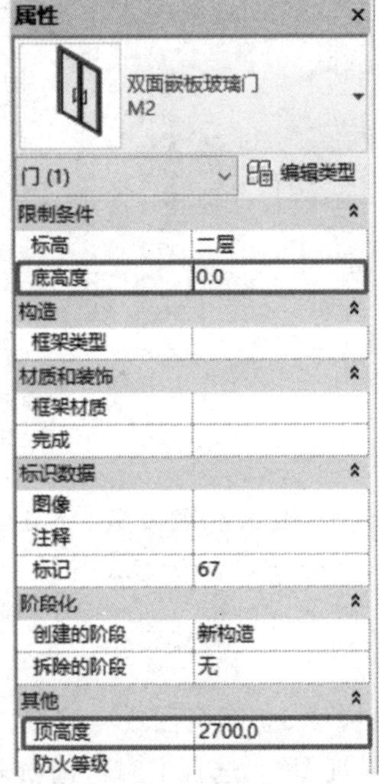

图 4－40　门底标高设定

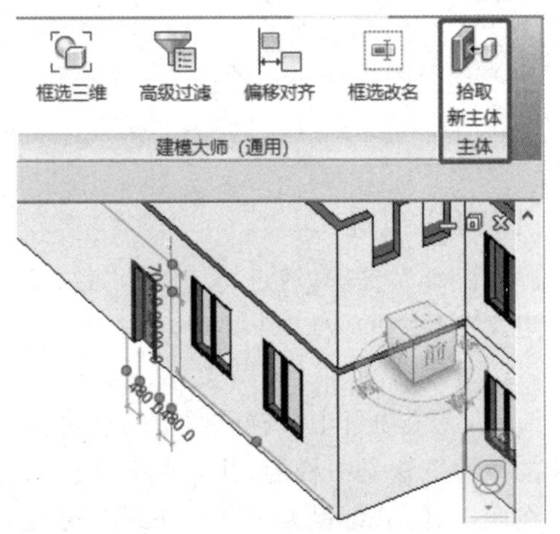

图 4－41　门窗位置的调整

操作视频

门窗的布置

4.3.3　门窗标记

门窗标记是一种注释族，通过显示门窗的类型标记可以直观确定绘制的门窗类型。门窗标记有两种方法，一种是在放置门窗时自动标记，另一种是在布置完门窗后再手动进行标记。下面以门的标记为例进行介绍。

1.自动标记

启动门布置命令，在“修改|放置 门”上下文选项卡的“标记”面板中点击“在放置时进行标记”，如图 4－42 所示，软件会自动在布置门时进行标记。在选项栏中，标记的方向可以选择“水平”和“垂直”两种，如图 4－43 所示，还可以选择有引线和无引线，有引线又可以分为附着端点和自由端点两种方式，图 4－44 给出了不同标记的示意效果。

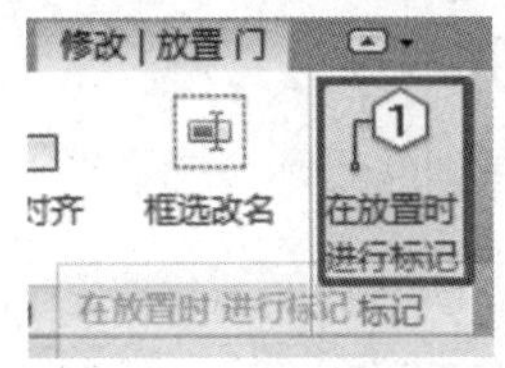

图 4－42　门窗标记

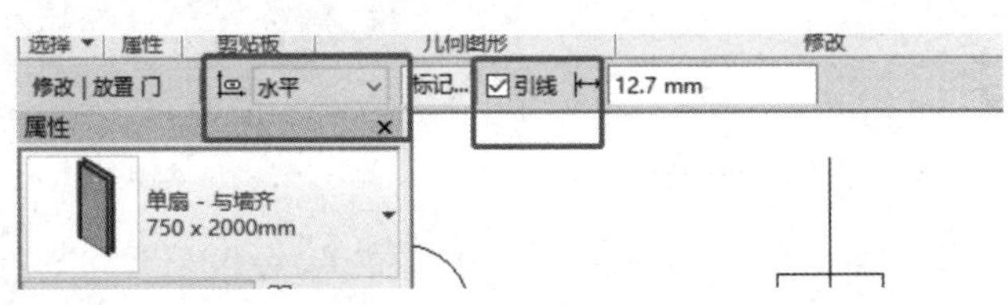

图 4－43　门窗标记的显示选项

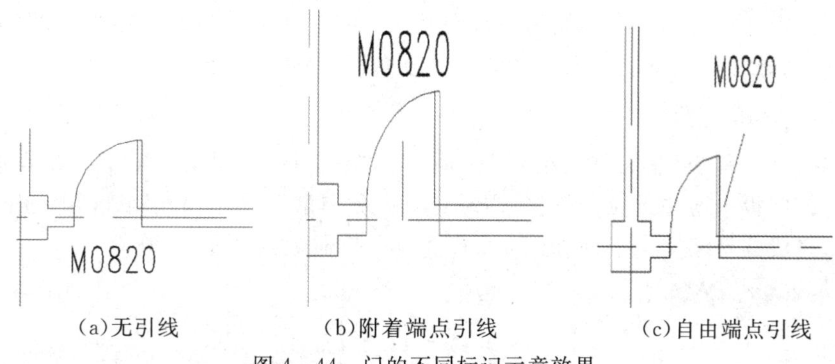

(a)无引线　(b)附着端点引线　(c)自由端点引线

图 4-44　门的不同标记示意效果

2.手动标记

在布置门窗时，如果没有提前选择"在放置时进行标记"，也可以在完成门窗的布置后，通过单击"注释"选项卡，选择"按类别标记"或"全部标记"命令，进行各类实例的标记，见图 4-45。点击"按类别标记"后，将光标移到需要标记的门窗上，亮显后单击鼠标即可完成标记。点击"全部标记"后，在弹出的对话框中选择所需标记的类别，单击"确定"即可。

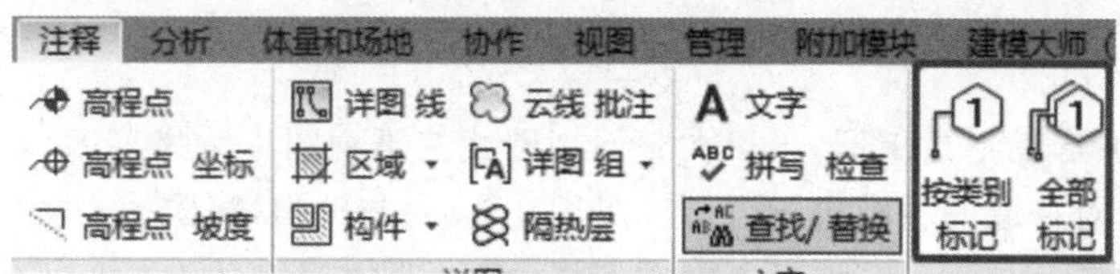

图 4-45　门窗手动标记

4.4　幕墙

4.4.1　幕墙概述

幕墙是建筑物中的一种特殊的墙，附着在建筑结构上，但不承受楼板、屋顶或梁等其他构件的荷载，属于建筑墙。幕墙由网格线、嵌板和竖梃组成，如图 4-46 所示。网格线将整面幕墙划分成若干个单元，并用来定义竖梃的位置。竖梃是幕墙中相邻嵌板间的结构构件。嵌板是幕墙上每个单元的面，在实际工程中玻璃嵌板比较常用。

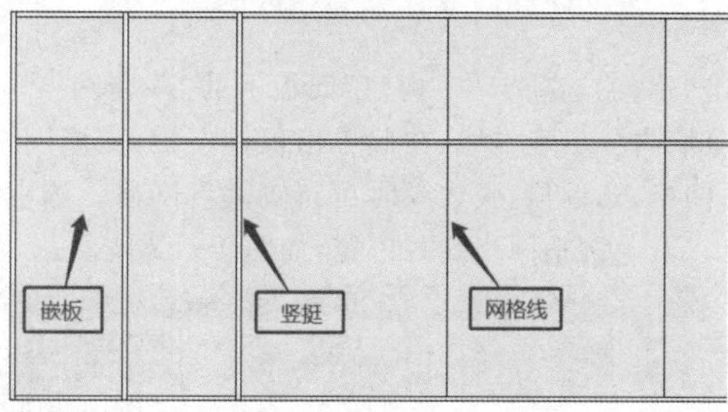

图 4-46　幕墙的组成

在 Revit 中幕墙可作为墙体单独进行绘制，也可以在其他实体墙体上进行绘制，此时需将幕墙"类型属性"中"自动嵌入"选项进行勾选。Revit 提供了三种幕墙类型，分别为幕墙、外部玻璃和店面，其中外部玻璃和店面均为在幕墙基础上修改而成的类型。幕墙一般按照“绘制幕墙轮廓创建→划分网格线创建→添加竖梃→修改嵌板”的步骤进行绘制。

4.4.2 绘制幕墙轮廓

在平面视图中，单击“建筑”中“构建”面板下的“墙”，选择“墙：建筑”，启动建筑墙布置命令，在“属性”选项板中通过下拉选择器选择墙类型为“幕墙”，采用与绘制建筑墙相同的方法创建幕墙模型，完成的幕墙实例平面如图 4-47 所示，三维效果见图 4-48。

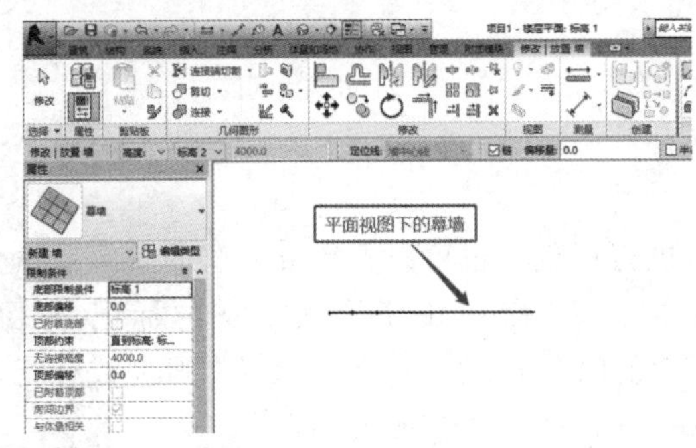

图 4-47 幕墙的平面视图

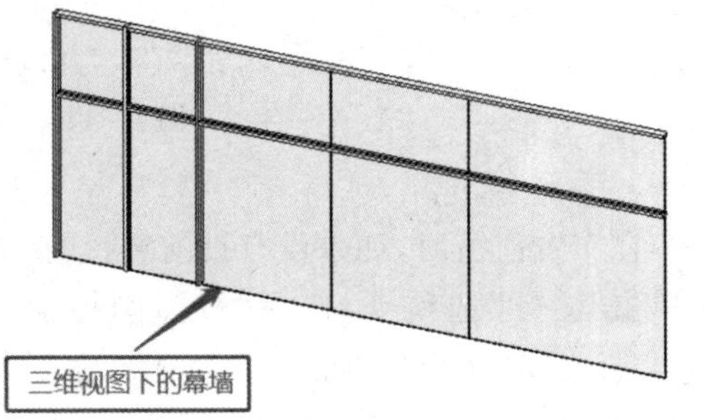

三维视图下的幕墙

图 4-48 幕墙的三维视图

如果幕墙立面形状不是矩形，可以在立面视图或三维视图里选择幕墙，点击上下文选项卡中的“编辑轮廓”，对幕墙的轮廓进行调整。见图 4-49，与编辑墙体轮廓的方法相同。编辑轮廓后的幕墙，如图 4-50 所示。如果要撤销编辑，可以选中幕墙并点击上下文选项卡中的“重设轮廓”即可。

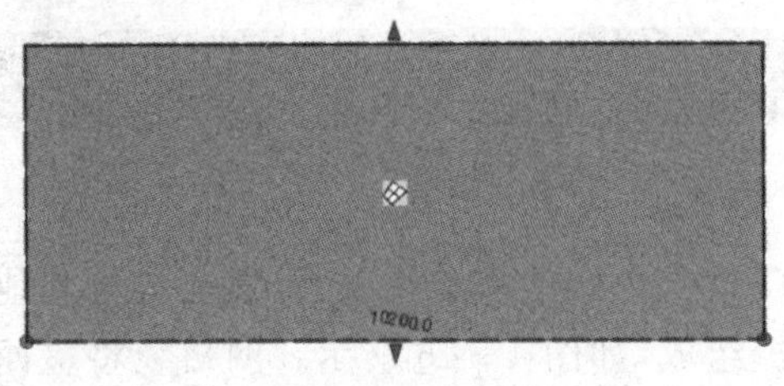

图 4-49 幕墙轮廓编辑

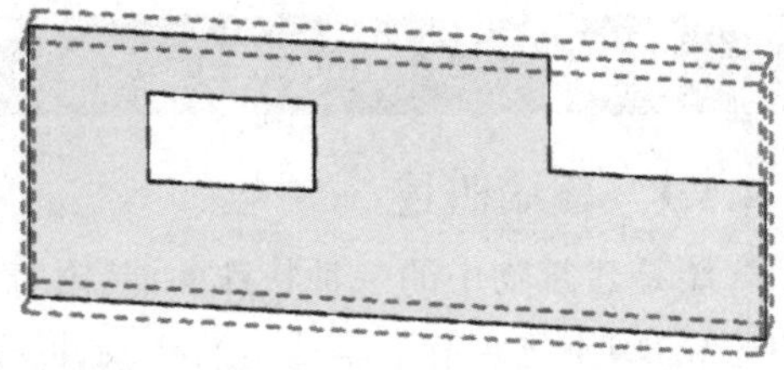

图 4-50 幕墙轮廓编辑完成

4.4.3 划分幕墙网格

在三维视图下，点击“建筑”选项卡中“构建”面板下的“幕墙网格”，见图 4-51，然后将光标移动至幕墙边缘，在幕墙内会出现虚线，在此单击鼠标左键，完成网格布置。鼠标靠近幕墙两侧边缘时可布置水平网格，靠近顶、底边缘时可布置垂直网格。选中幕墙网格线，修改网格线与幕墙边缘的距离可以准确调整网格线的位置，如图 4-52 所示。

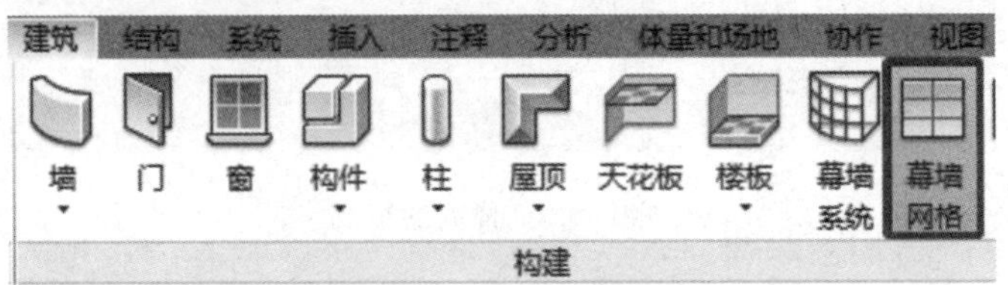

图 4-51 幕墙网格命令

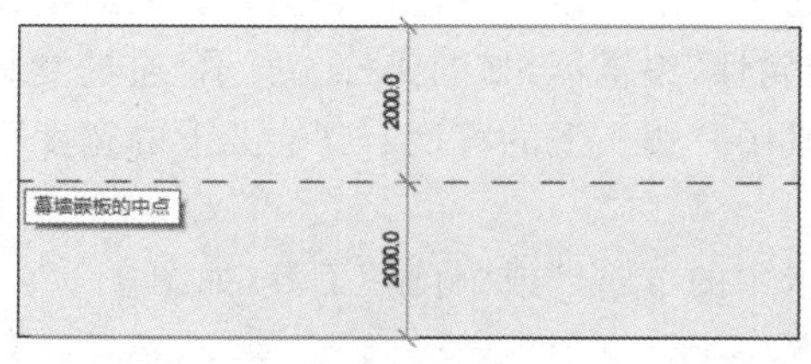

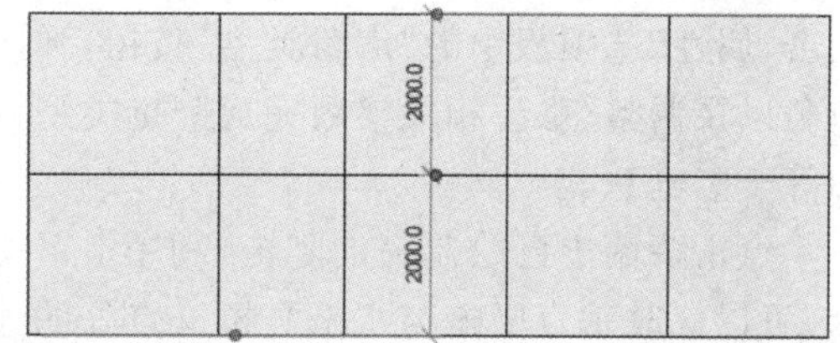

图 4-52　幕墙网格的创建与修改

采用上述方法布置的网格线均贯通幕墙立面，如需布置非贯通型的网格线，可以先布置网格线，然后再选中该网格线，点击“修改|幕墙网格”上下文选项卡中的“添加/删除线段”，见图 4-53，再点击需要删除的网格线上的指定段，即可删除指定段，如图 4-54 所示。

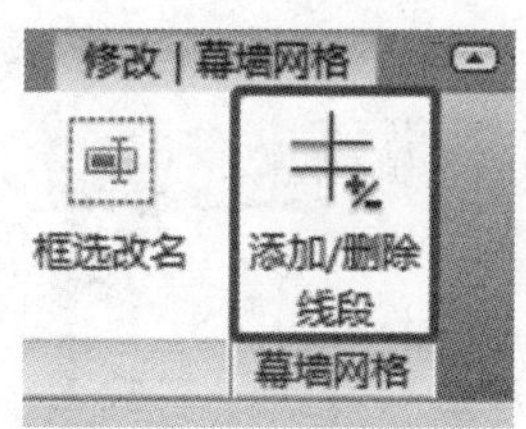

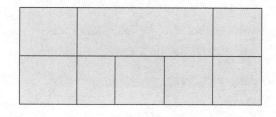

图 4-53　“添加/删除线段”选项

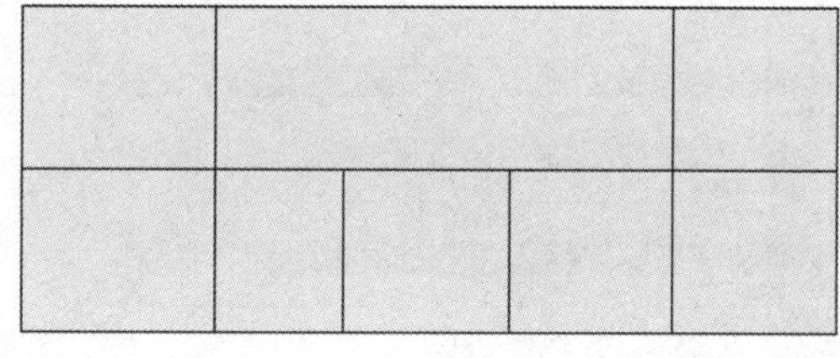

图 4-54　网格线删除后效果

4.4.4　添加竖梃

布置完幕墙的网格线后，便可以在网格线和幕墙边界上添加竖梃。竖梃分为垂直竖梃和水平竖梃。在三维视图中，点击“建筑”选项卡下“构建”面板中的“竖梃”，见图 4-55。在“属性”选项板的下拉选择器内列出了载入项目中的竖梃类型，见图 4-56，选择相应类型后即可进行竖梃布置。在“修改|放置 竖梃”上下文选项卡中，根据幕墙中网格线及幕墙边框的竖梃是否为同一类型，可选择“网格线”“单段网格线”“全部网格线”等不同的方式进行竖梃布置，如图 4-57 所示。

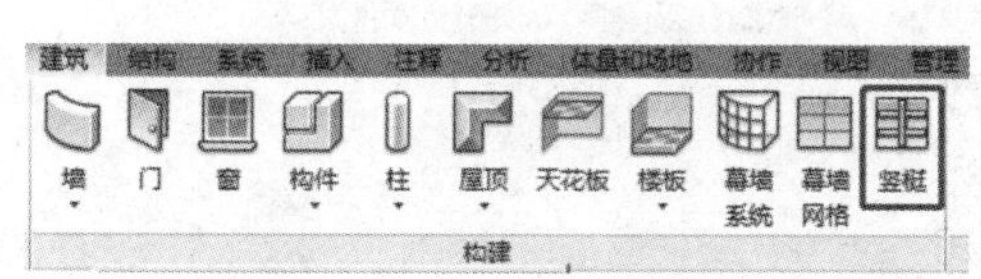

图 4-55　“竖梃”命令

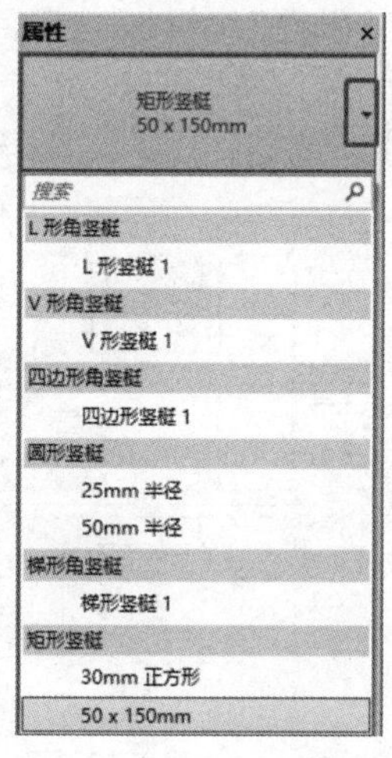

图 4-56　竖梃类型

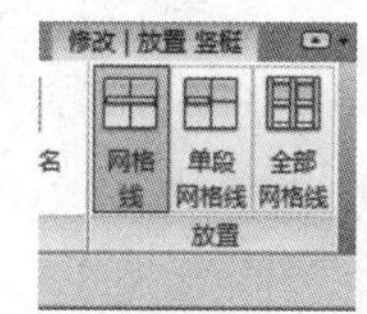

图 4-57　竖梃的放置方式

如果已有的竖梃类型不能满足建模需要，也可通过修改类型属性进行竖梃新类型的定义。点击“属性”选项板中的“编辑类型”按钮，弹出“类型属性”编辑器，如图 4 - 58 所示，通过复制、命名以及调整、修改相关参数完成竖梃类型创建。其中，“边 1 上的宽度”与“边 2 上的宽度”之和等于竖梃总宽度。

点击幕墙上已绘制完的竖梃，利用上下文选项卡中的“结合”或“打断”工具，如图 4 - 59 所示，可以修改垂直竖梃与水平竖梃交点处的连接情况。

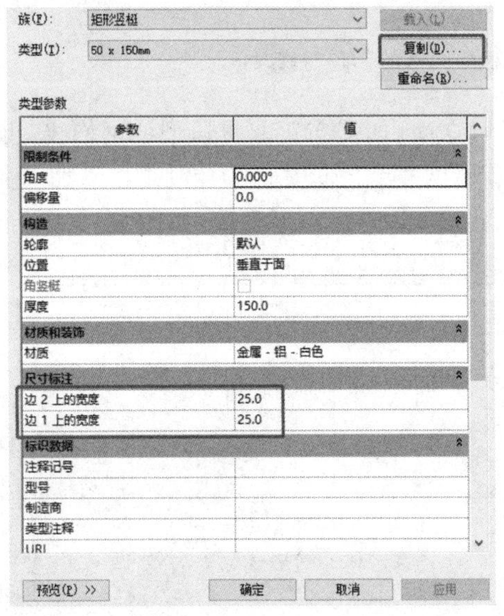

图 4 - 58　创建竖梃类型

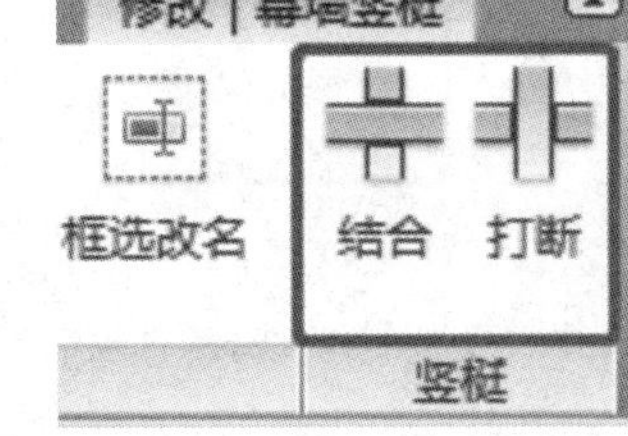

图 4 - 59　修改竖梃的连接

4.4.5　修改幕墙门窗嵌板

若幕墙中某些位置需要开设门窗，可将鼠标移至需布置门窗的幕墙嵌板边缘处，此处有竖梃、网格线、幕墙及竖梃等多个图元，通常默认会选中竖梃，通过反复按键盘中的空格键，将在上述多个对象之间依次选择，当轮换到需要更换的嵌板时，点击鼠标确认选中，通过“属性”面板的下拉选择器更换门窗嵌板。如果选择器列表中没有对应嵌板，点击“属性”面板的“编辑类型”按钮，弹出嵌板的“类型属性”编辑框，如图 4 - 60 所示，在此载入需要的嵌板族，点击“确定”后，再进行嵌板更换，如图 4 - 61 所示。

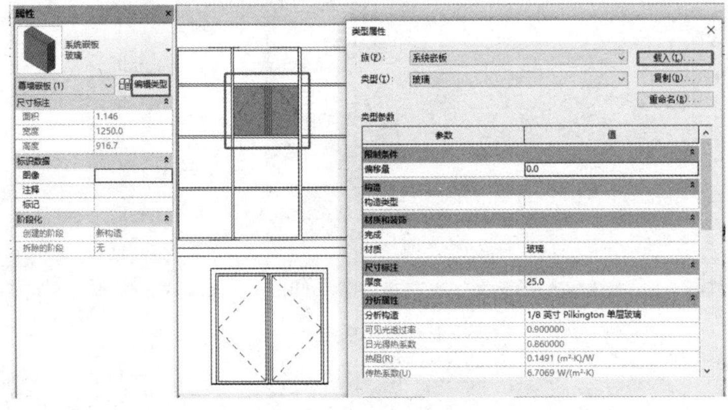

图 4 - 60　嵌板属性编辑

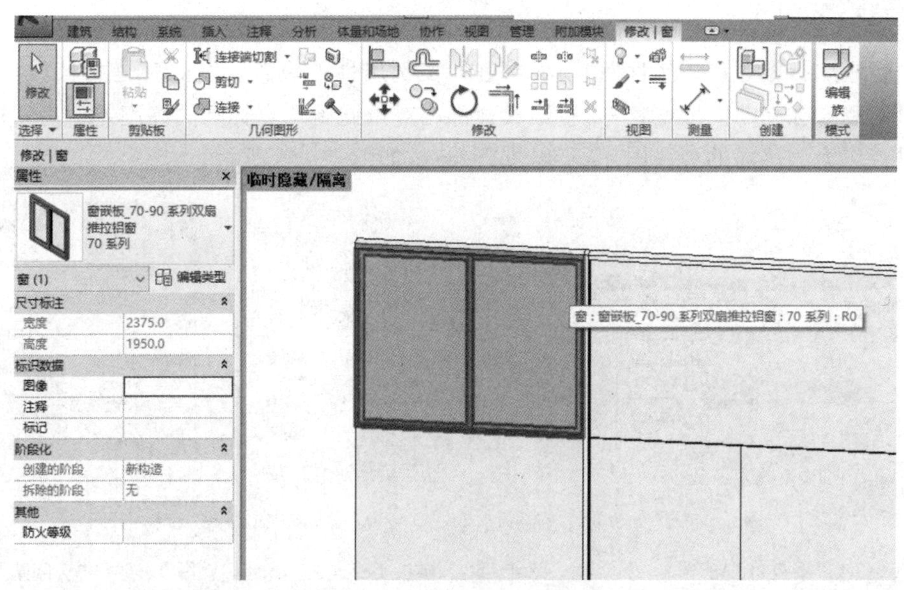

图 4-61　幕墙嵌板更换

除按照以上方式创建幕墙外，第 2.6.4 节介绍的基于体量面的幕墙系统创建方式也较为常用。

操作视频
幕墙的绘制

4.5　楼板

4.5.1　建筑楼板的构造

楼板是建筑中的重要构件，与墙体类似，属于系统族。Revit 提供了四种与楼板相关的建模工具，即筑楼板、结构楼板、面楼板和楼板边。其中，建筑楼板可用于创建楼板中的建筑构造层，结构楼板用于创建楼板中的结构板，面楼板用于创建体量内的楼板，楼板边主要用于创建室外散水、台阶、腰线、檐口等。

4.5.2　楼板的创建

在创建建筑楼板之前，需要对楼板进行类型属性设置。

1.定义楼板类型

在“建筑”选项卡下的“构建”面板里选择“楼板”，在下拉菜单中单击“楼板:建筑”，启动建筑楼板布置命令，如图 4-62 所示。点击“属性”选项板中“编辑类型”按钮，弹出“类型属性”编辑器，见图 4-63。与墙体的类型设置方法相同，通过复制、命名和对参数的修改，创建出新的楼板类型。

2.实例参数设置

对创建好的板类型，在“属性”选项板中进行实例属性的设置。“标高”是指楼板将会在此标高上绘制；“自标高的高度偏移”是指楼板顶部相对于此处选定标高的高度差；“房间边界”是指楼板是否作为该房间的边界图元，可以进行勾选，如图 4－64 所示。

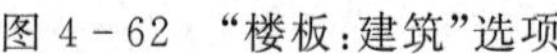

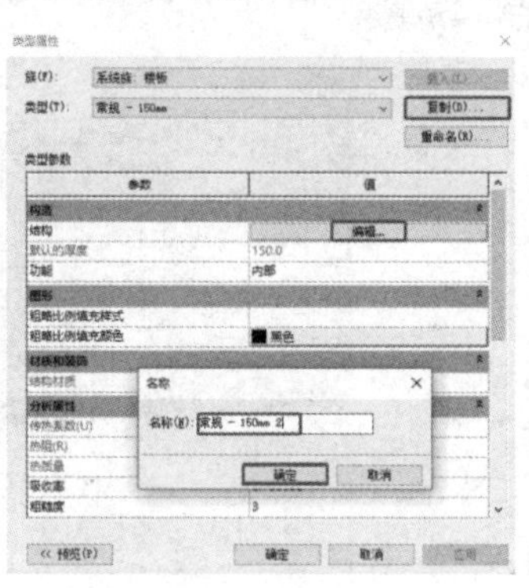

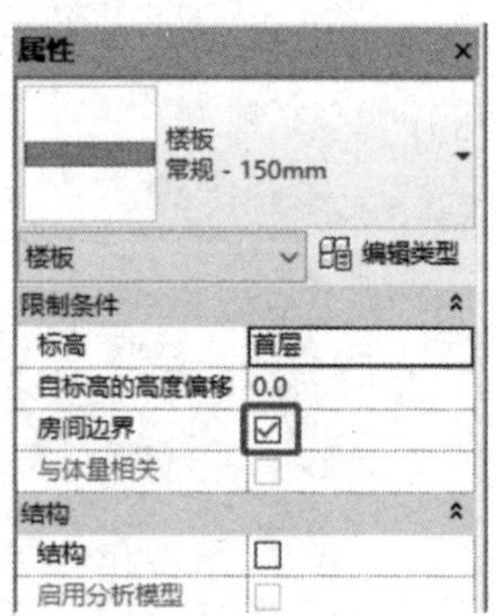

图 4－62 “楼板:建筑”选项　　图 4－63 楼板类型的定义　　图 4－64 “房间边界”选项

3.创建楼板

在绘图区域创建楼板时，通过绘制边界线来指定板的范围。边界线的绘制，可以根据板的实际形状，在“修改|创建楼层边界”上下文选项卡下的“绘制”面板中，选择直线、矩形、多边形、圆形及弧线等工具，此处重点介绍直线、矩形和拾取墙等方法。

第一种方法：直线绘制。如图 4－65 所示，使用“绘制”面板中的直线工具绘制板的边界线，点击上下文选项卡中的“✓”，此时弹出“是否希望将高达此楼层标高的墙附着到此楼层的底部?”的提示，如图 4－66 所示，根据板下构件的标高情况进行选择。

第二种方法：矩形绘制。如图 4－67 所示，选择“绘制”面板中的矩形工具绘制。矩形绘制边界线的方法适用于板的形状为矩形的情况。

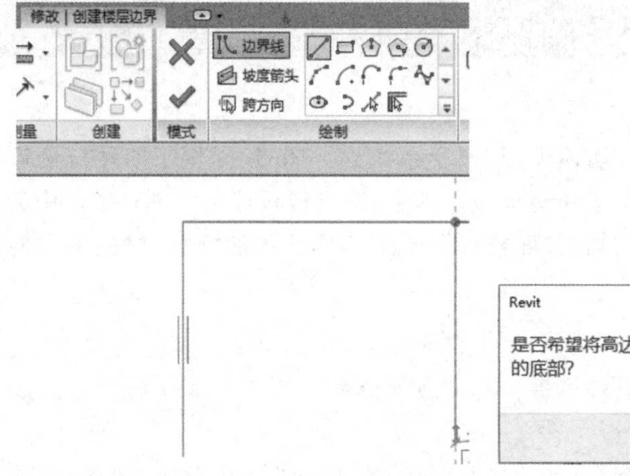

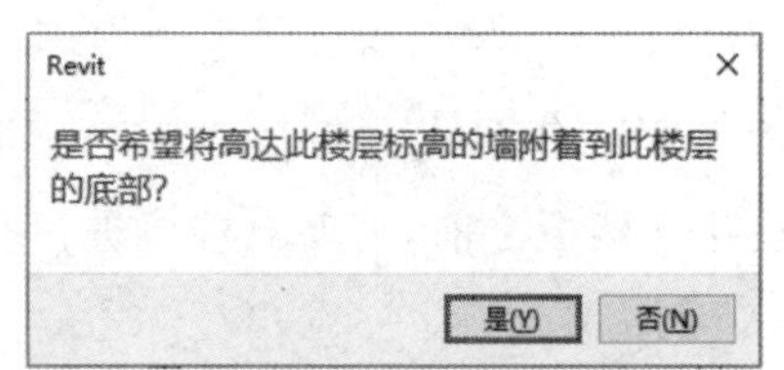

图 4－65 用直线工具绘制楼板边界　　图 4－66 墙附着楼板的提示

使用上述两种方法时，可以通过修改选项栏中的“偏移量”调整板的边界线，如图 4－68 所示。其中，“偏移量”指绘制的楼板边界与光标间的距离，偏移量为正值时，边界向外侧偏移，反之向内侧偏移。

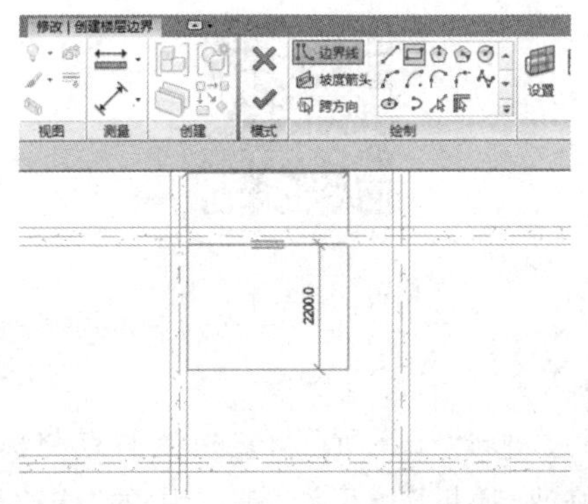

图 4 - 67　楼板的矩形绘制方法

图 4 - 68　楼板边界线的偏移

第三种方法:拾取墙。如图 4 - 69 所示,单击“绘制”面板中的拾取墙工具,在绘图区域依次点击已有的相关墙体作为楼板边界。也可以将光标移至某一面墙上,当墙体亮显时,按下空格键,此时连续的墙链将作为整体被选中。选择完相应墙体后,使用“修剪/延伸为角”“拆分图元”等修改工具,将楼板边界修改为封闭、不重叠且不相交的环线。

在拾取墙的过程中,可以通过修改选项栏中的“偏移”和“延伸到墙中(至核心层)”选项来调整板的边界线,如图 4 - 70 所示。“偏移”指楼板边界与所拾取墙定位线间的距离。“延伸至墙中(至核心层)”用于定义楼板边界与墙之间的关系,勾选此选项后,楼板边界线将会捕捉到墙核心层,否则将捕捉到墙的面层。

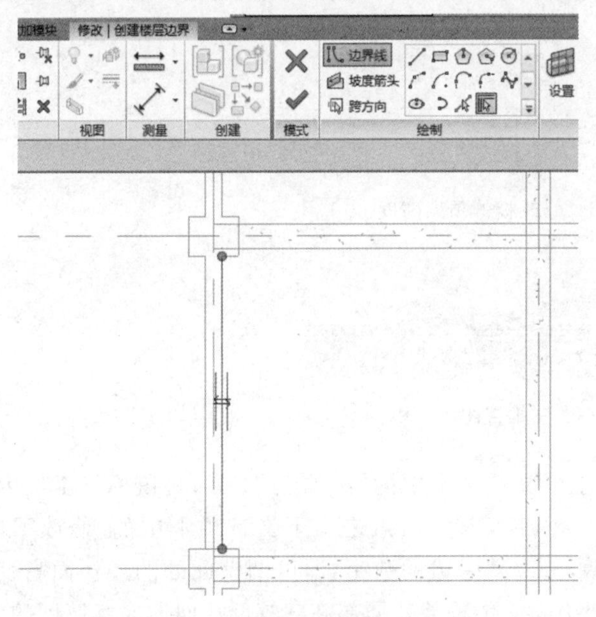

图 4 - 69　楼板拾取墙的绘制方法

图 4 - 70　楼板边的边界线偏移

通过以上三种方法绘制完板边界线,点击上下文选项卡中的“✓”图标,即完成楼板模型创建。

操作视频
楼板的创建和绘制

4.5.3 修改楼板子图元

对创建好的楼板，可以通过“修改子图元”调整板上的点与板原始顶面之间的垂直距离。选中需要编辑的楼板，点击“修改|楼板”上下文选项卡中的“修改子图元”，楼板平面的各顶点将改变颜色，点击板顶点处的绿色小方框，方框再次改变颜色并出现数字“0”，点击数字“0”并输入需要新的数值，如图 4－71 所示，这样即可调整此顶点相对于板原始顶面的高度。

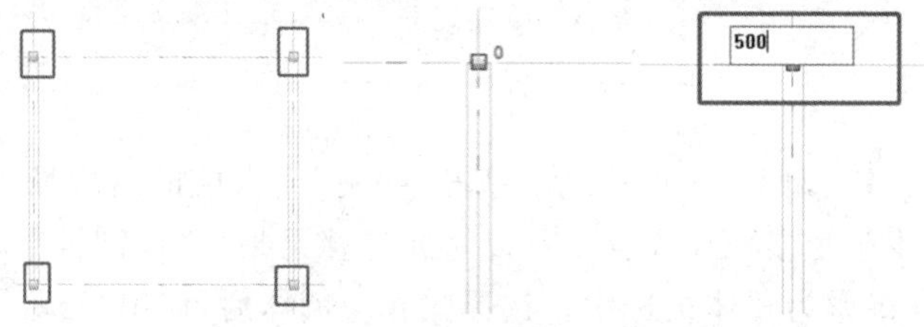

图 4－71 修改楼板子图元

例如将板左边两个顶点处子图元调整数值改为“500”，如图 4－72 所示，从三维视图中可以看到板的左侧被抬高成为斜板，三维视图效果如图 4－73 所示。

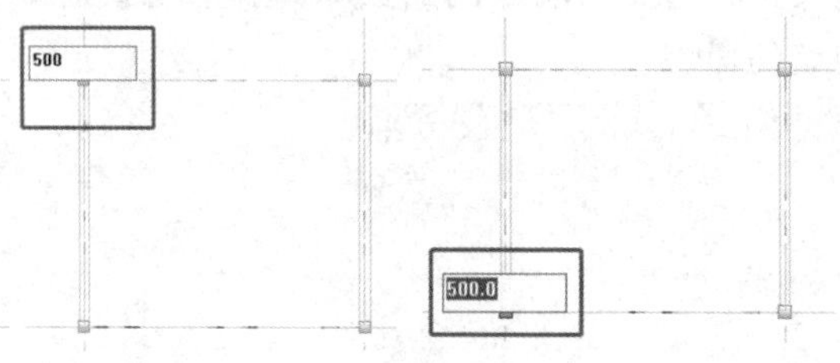

图 4－72 修改板的顶点高度

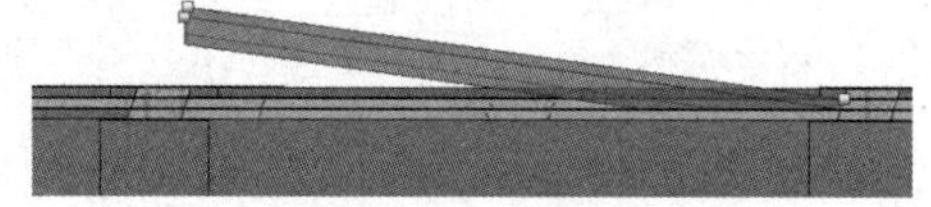

图 4－73 三维视图中的板

另外，选中楼板后，点击“修改|楼板”上下文选项卡中的“添加点”工具，将鼠标移至板内，即可手动添加造型操纵柄，按 Esc 键退出“添加点”命令，点击上下文选项卡中的“修改子图元”，再用鼠标选中之前添加的造型操纵柄，修改其旁边的数字，即可调整此处的楼板面高度，如图 4－74 所示。此方法可以用于创建卫生间等位置某处局部高度较低从而形成有坡度的地板，如图 4－75 所示。还可以在“形状编辑”面板选择“添加分割线”对板进行分区域独立操纵，其中“拾取支座”用于定义分割线。

根据此方法，完成如图 4－76 所示楼板模型的创建。

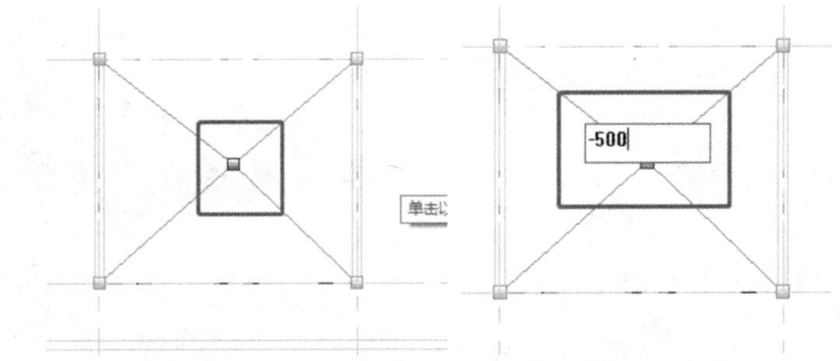

图 4-74 添加点和修改点的高度

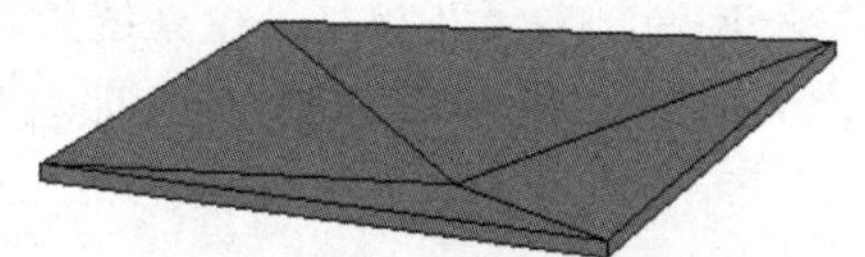

图 4-75 三维视图中的板

图 4-76 带板洞的和坡度的板

操作视频
楼板修改子图元

4.5.4 楼板边缘的设置

在“建筑”选项卡的“构建”面板中，单击楼板下拉列表里的“楼板：楼板边”命令，点击“属性”选项板的“编辑类型”按钮，弹出如图 4-77 所示的“类型属性”编辑框，对楼板边进行参数设置，选择轮廓类型，点击“确定”即完成。如果轮廓类型里没有符合要求的形状，可以载入系统自带的轮廓族，也可自行创建轮廓族并载入当前项目。

创建楼板边时，在平面视图或者三维视图中，将光标移动至楼板边缘，边缘将会亮显，点击空格键切换亮显的边缘，然后点击鼠标左键，楼板边即可自动生成如图 4-78 所示的效果。

选中创建好的楼板边，通过点击方向箭头，可以改变楼板边的方向，如图 4-79 所示。

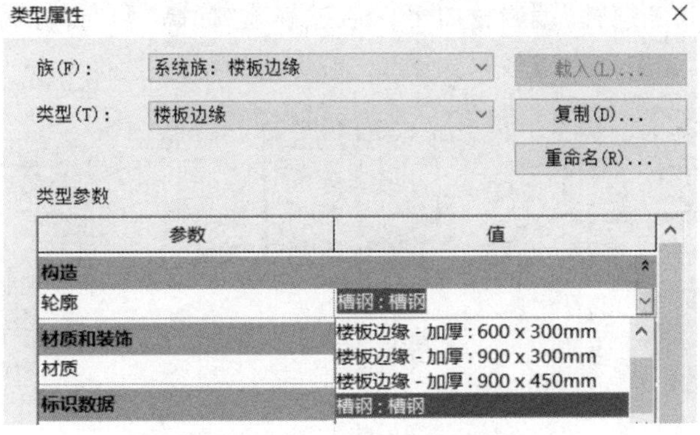

图 4-77 楼板边缘属性

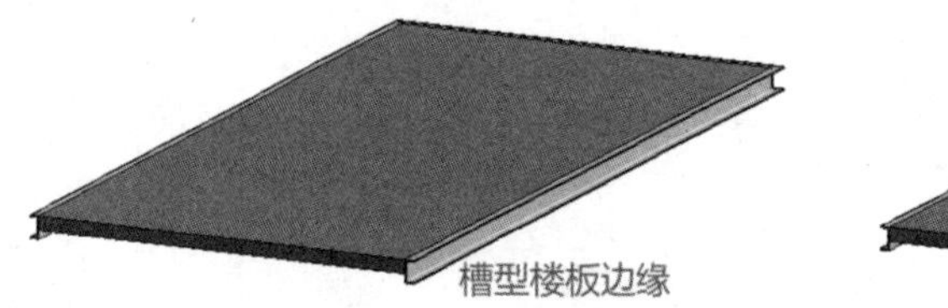

图 4-78　三维视图中的楼板边缘

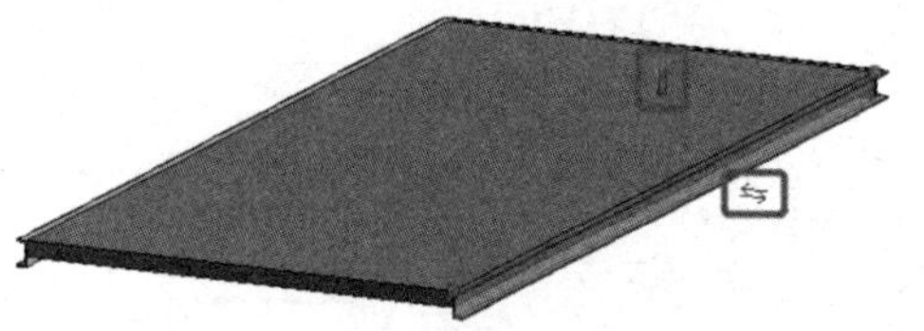

图 4-79　调整楼板边方向

4.6　天花板

天花板是建筑装饰中的重要组成部分。在 Revit 中，天花板是一个系统族，有基本天花板和复合天花板两种类型，如图 4-80 所示。天花板的创建有两种方法，即自动创建和手动绘制。

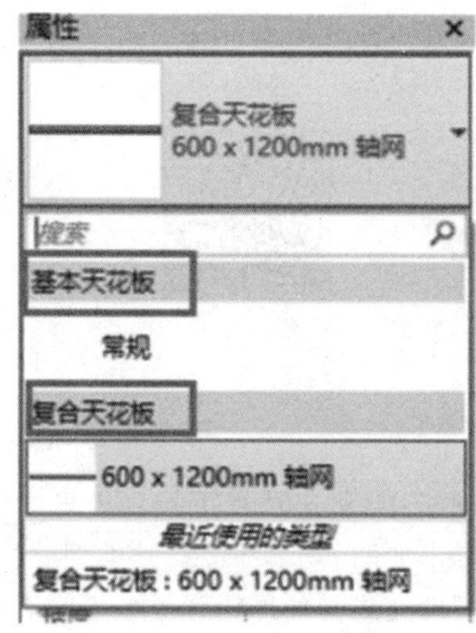

图 4-80　天花板的类型

第一种方法：自动创建。打开天花板视图"标高 1"，单击"建筑"选项下的"天花板"，点击"自动创建天花板"命令，如图 4-81 所示，然后在以墙为界限的区域内单击即可创建天花板。选中创建好的天花板，在"属性"编辑框内可以通过修改"标高"和"自标高的高度偏移"调整天花板的高度位置，具体设置及完成效果如图 4-82 所示。

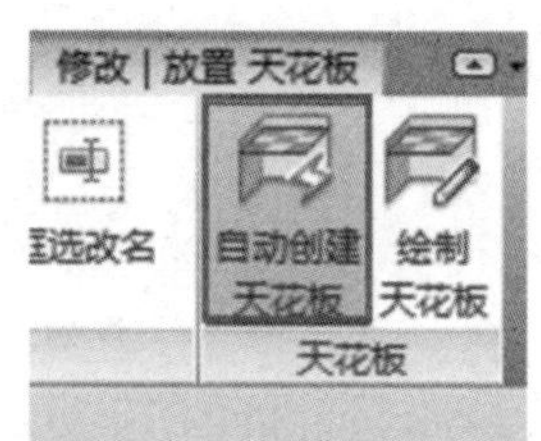

图 4-81　启动自动创建天花板命令

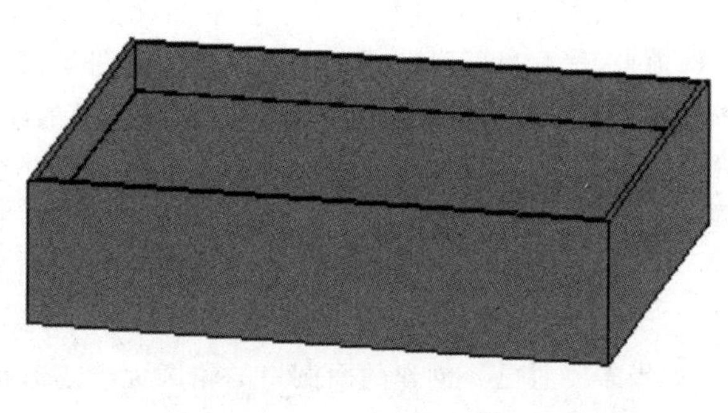

图 4－82　自动创建天花板的参数设置及完成效果

第二种方法：手动绘制。在“建筑”选项卡下点击“天花板”，点击“绘制天花板”(见图4－83)，即可进入天花板边界线编辑模式，与板的创建一样，可以选用不同的绘制方法绘制天花板的边界线，边界线必须是闭合的状态，最后点击“✓”图标即可完成天花板创建。

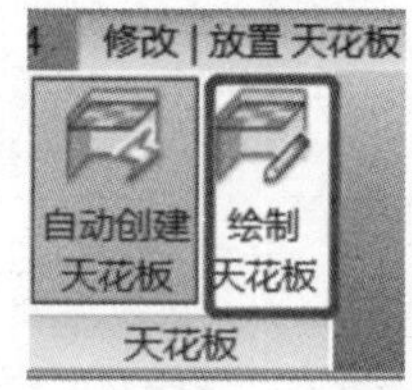

图 4－83　“绘制天花板”选项

4.7　洞口

4.7.1　洞口的类型

在 Revit 中可以创建墙洞、楼板洞、屋顶洞、电梯井和管道井等各类洞口。洞口在构件中的位置、洞口的方向、大小及形状等都不尽相同，在 Revit 中提供了面洞口、墙洞口、竖井洞口、垂直洞口和老虎窗洞口等五种洞口的创建工具。其中，面洞口可以创建垂直于屋顶、楼板、天花板、梁或柱等构件表面的洞口，例如在坡屋顶上创建屋顶洞口。面洞口对应的命令选项如图 4－84 所示。竖井洞口可以创建跨多个标高的竖直洞口，贯穿其间的楼板、天花板和屋顶均被剪切，主要用于创建电梯井和管道井等井道。墙洞口可以在直墙或者曲线墙中剪切一个矩形洞口。垂直洞口可以创建贯穿屋顶、楼板或天花板的竖直洞口，与面洞口不同之处在于其洞口垂直于水平面，见图 4－85。老虎窗洞口可以剪切坡屋顶，为布置老虎窗创建洞口，如图 4－86 所示。

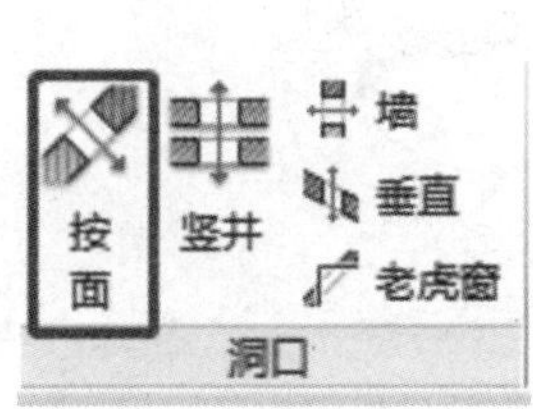

图 4－84　面洞口对应命令

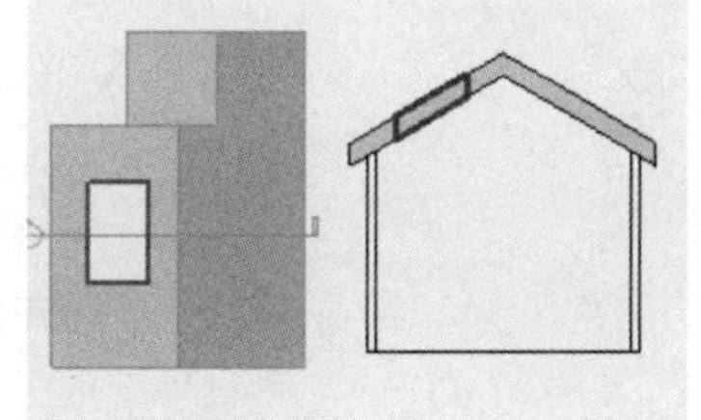

图 4－85　垂直洞口效果

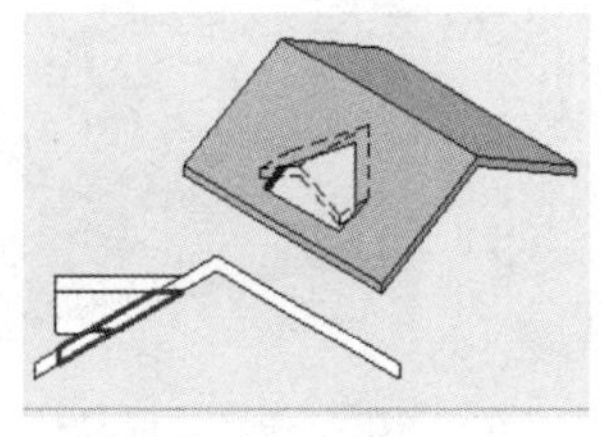

图 4－86　老虎窗洞口效果

4.7.2 面洞口和垂直洞口

洞口的创建在三维视图和平面视图中都可以进行，面洞口和垂直洞口的创建方法基本相同，此处以面洞口为例进行介绍。在平面视图中的楼板上创建面洞口，具体操作为：点击"建筑"选项卡下"洞口"面板中的"按面"命令，如图 4－87 所示，选择需要开洞的构件表面，根据洞口形状，在上下选项卡的"绘制"面板中选择合适的绘制工具。例如绘制矩形洞口则可选择矩形框，如图 4－88 所示，即可在开洞位置绘制洞口。在绘图区域中选择已经绘制好的矩形框，还可通过点击线两端的圆点进行拖动，见图 4－89。也可删除矩形框后重新用其他方法绘制，如图 4－90 所示。绘制完洞口轮廓后，点击"模式"面板下的"✓"图标，完成面洞口创建，可以通过三维视图查看，如图 4－91 所示。

如果需要对已经创建的面洞口的轮廓大小或形状进行修改，可以在绘图区域选择该洞口，点击"模式"面板中的"编辑边界"，此时洞口轮廓会呈现淡紫色，轮廓修改完成，再次点击"✓"图标即实现对洞口的修改。完成效果如图 4－92 所示。

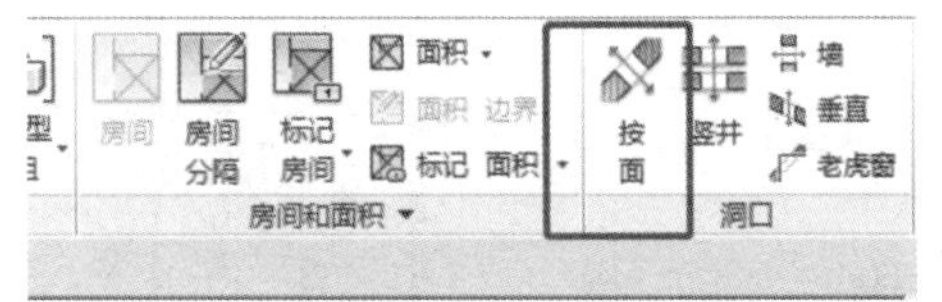

图 4－87 "按面"创建洞口

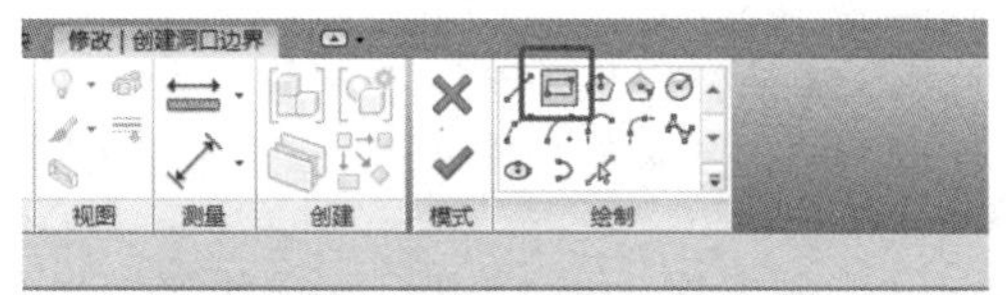

图 4－88 选择矩形框绘制矩形洞口

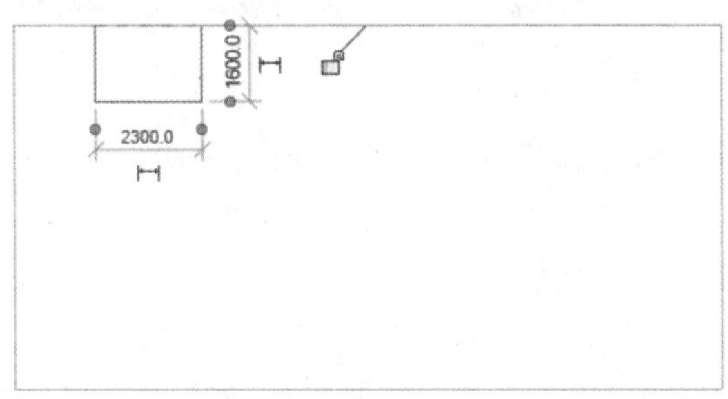

图 4－89 矩形洞口轮廓的绘制

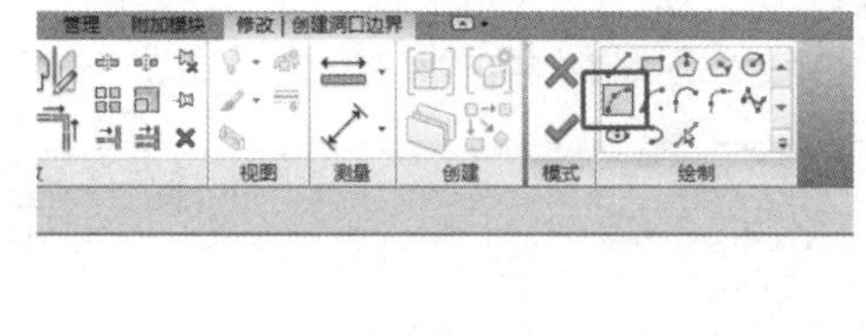

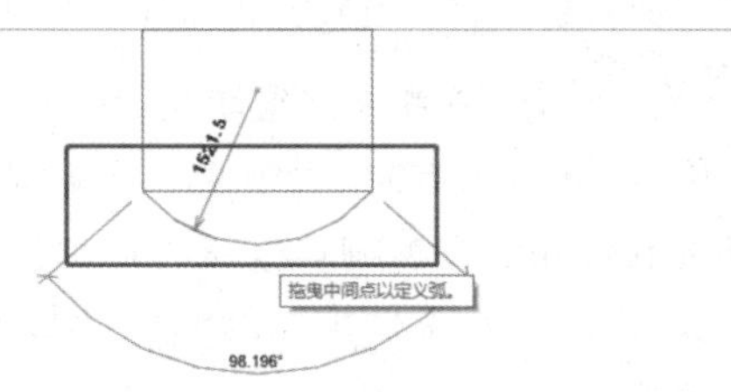

图 4－90 修改洞口的轮廓

图 4－91 绘制后洞口的三维效果

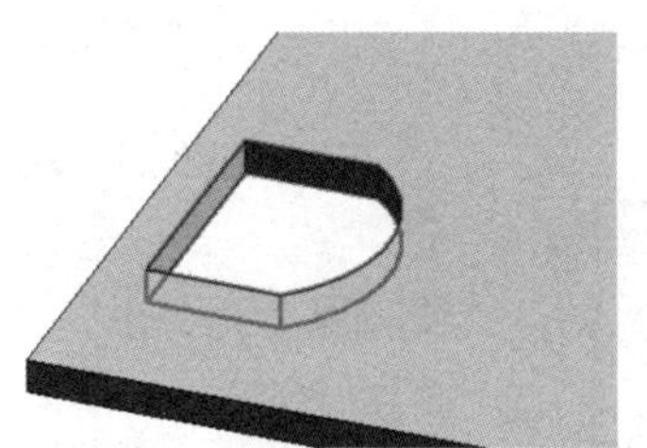

图 4－92 修改完成后的洞口效果

4.7.3 竖井洞口

如需创建竖井洞口，则应在平面视图中点击“建筑”选项卡下“洞口”面板中的“竖井”命令（见图 4-93），即可绘制洞口轮廓（见图 4-94）。在“属性”选项板中，设定底部限制条件、底部偏移、顶部约束、无连接高度或顶部偏移等实例参数，再单击上下文选项卡中的“✓”图标，即可完成竖井创建，其三维效果见图 4-95。若需改变竖向开洞的范围，可以在三维视图中选中该竖井，通过拉动竖井顶或底部的三角形造型操纵柄，调整竖井高度（见图 4-96）。

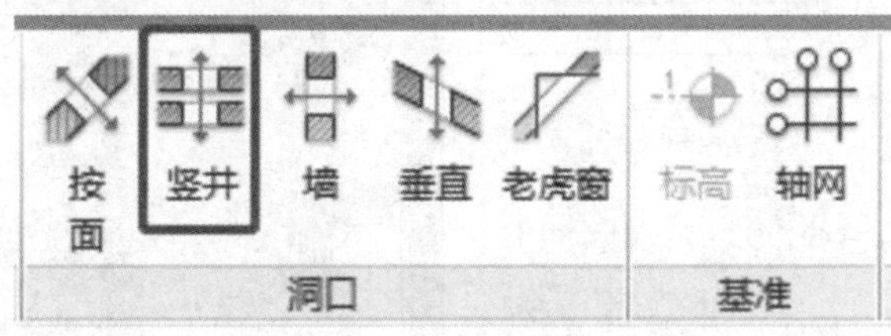

图 4-93 “竖井”命令

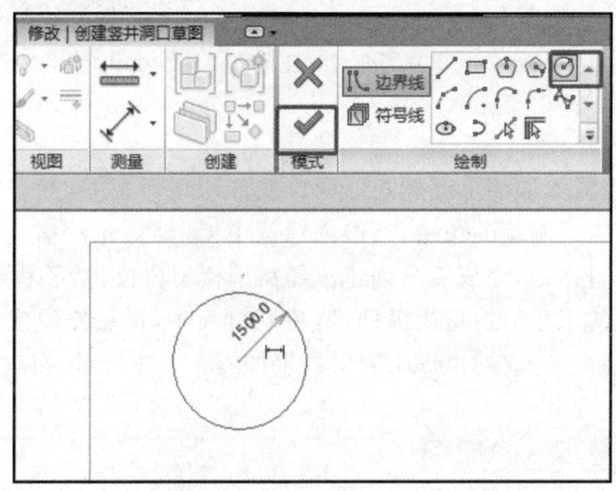

图 4-94 绘制竖井洞口轮廓

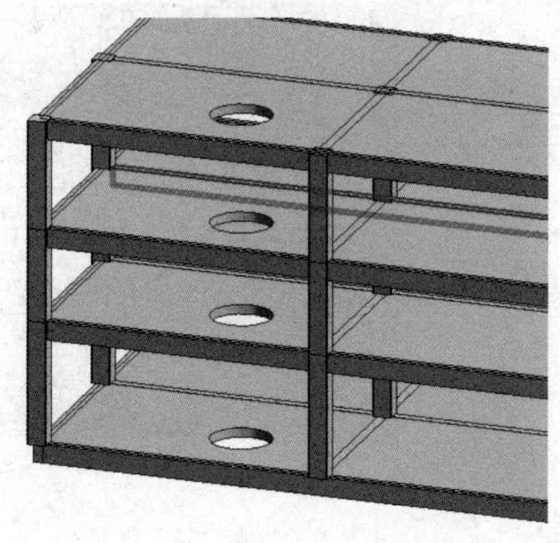

图 4-95 三维视图中的竖井洞口

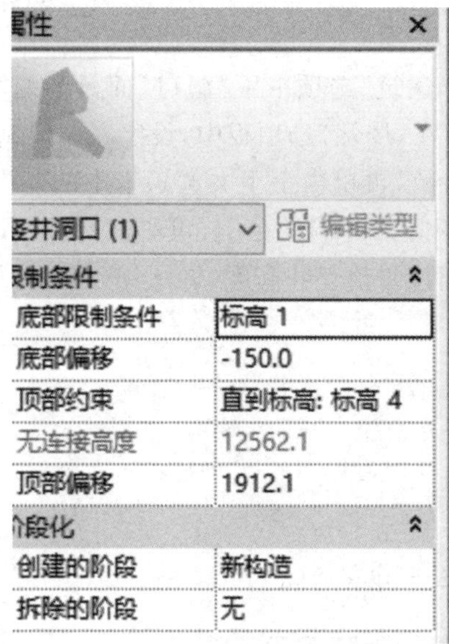

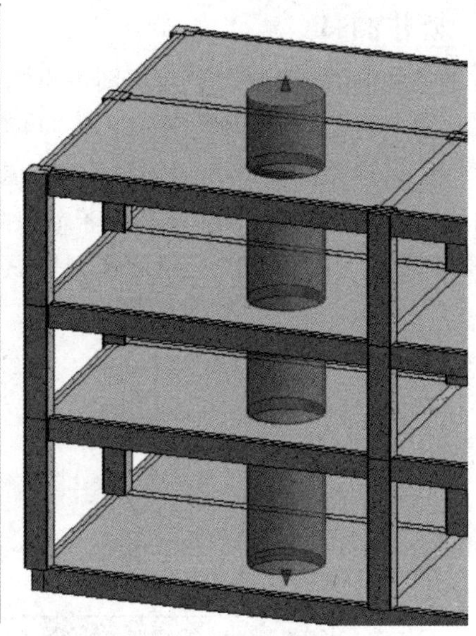

图 4-96　设置竖井参数并调整竖井的开洞范围

4.7.4　墙洞口

墙洞口用于在直墙或弧形墙上创建矩形洞口。打开立面视图，点击“洞口”面板中的“墙”命令，然后将光标移至需开洞墙的边缘，点击鼠标选中墙，再将光标移至矩形洞口的起点绘制矩形，按 Esc 键退出洞口命令，完成墙洞创建。如需调整洞口位置、形状或大小，可选中矩形洞口，通过拖动洞口旁边的三角形造型操纵柄，调整洞口大小，也可修改实例属性中的限制条件来实现，如图 4-97 所示。完成的矩形墙洞口效果如图 4-98 所示，在三维视图中也可对洞口进行修改。

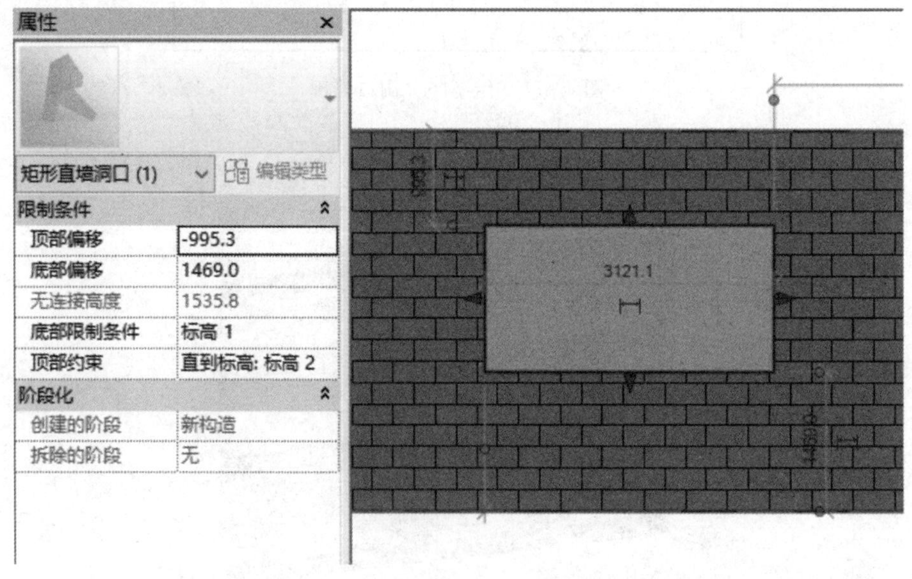

图 4-97　修改墙洞口高度参数

图 4-98 三维视图中的矩形墙洞口

如果洞口形状不是矩形，可采用“编辑轮廓”的方法实现洞口创建。在立面视图中，选中要创建洞口的墙体，见图 4-99，点击“模式”面板中的“编辑轮廓”，然后在墙体上绘制洞口轮廓（见图 4-100），同时要保证轮廓线是封闭曲线，且不能与墙体边缘相交，点击“✓”图标完成洞口布置，其三维视图效果见图 4-101。用这种方法可以剪切出各种形状大小的墙体洞口，但是这样形成的洞口不属于独立图元，所以无法被选中进行编辑修改，只能在墙轮廓编辑命令中进行修改，如果需要删除该洞口，可以选择墙体，点击“重设轮廓”即可。

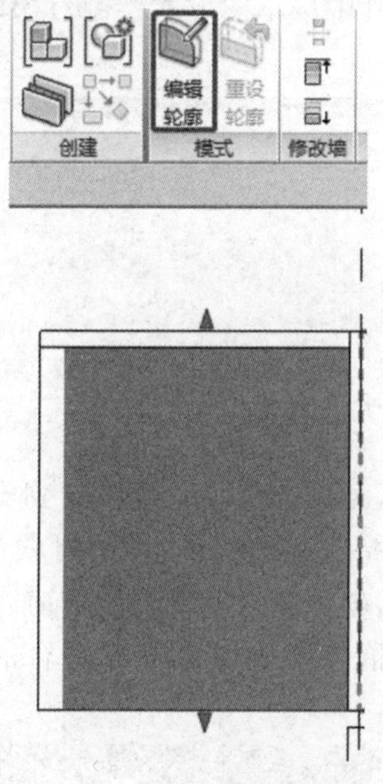

图 4-99 墙体轮廓的编辑

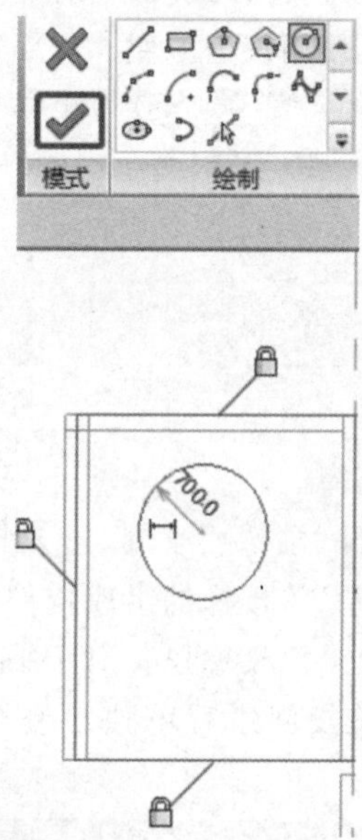

图 4-100 绘制洞口轮廓

图 4-101 三维视图中的圆形墙洞口

4.8 楼梯与坡道

4.8.1 楼梯的种类

楼梯作为建筑物垂直交通中的主要实现方式之一，主要由梯段、踏面、踢面、梯边梁、平台(休息平台和楼层平台)、扶手与栏杆(或栏板)等部分组成。楼梯按梯段不同可分为单跑楼梯、双跑楼梯和多跑楼梯，楼梯的平面形状有直线的、折线的和曲线的。楼梯的种类和样式多种多样，从结构形式上来看，楼梯可分为板式楼梯和梁式楼梯。板式楼梯把楼梯看作一整块斜放的板，分别与两端的平台现浇在一起。梁式楼梯在楼梯段两侧或中间设有斜梁，斜梁搭在平台梁上。二者的外观构造、适用范围及荷载传递方式均不同。

4.8.2 按构件创建楼梯

在“建筑”选项卡下的“楼梯和坡道”面板上有楼梯绘制命令，Revit 中提供有按构件和按草图两种楼梯绘制方式，见图 4-102。按构件的方式是以楼梯的各组成构件(梯段、平台等)为单元创建，按草图的方式是以楼梯各组成构件的线条为单元创建，二者在本质是一样的。对于常规形式的楼梯，两种方式效果相同，可任意选择。其中按草图方式绘制对梯段、踏步、平台异形不规则的情况使用较为方便。

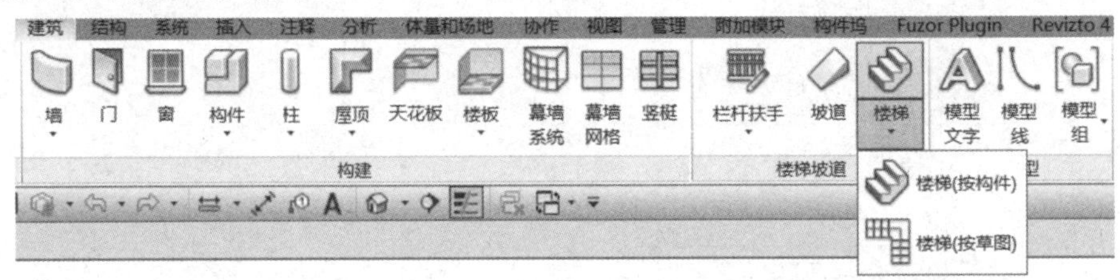

图 4-102 楼梯绘制方式选择

选择“按构件(楼梯)”绘制，进入楼梯创建界面，见图 4-103，可以看到有“梯段”“平台”“支座”“栏杆扶手”等楼梯的组成构件。软件默认的是首先绘制梯段，同时软件也提供了多种形式的梯段以及自定义梯段。对于平台和栏杆扶手，软件默认随着梯段自动创建，若不满足项目需求也可在梯段创建后单独绘制。支座是通过拾取梯段或者通过平台的路径创建梯段斜梁。

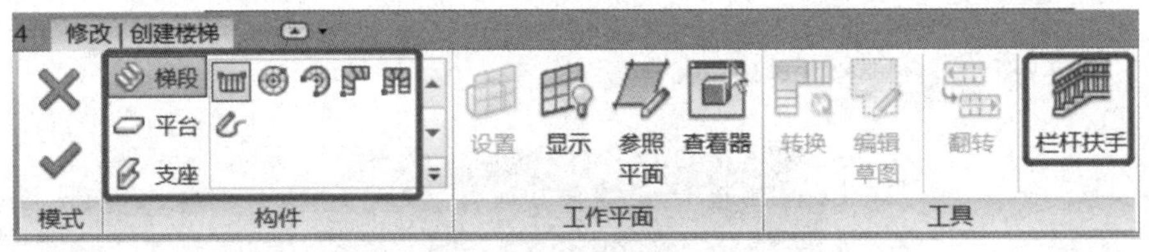

图 4-103 按构件绘制楼梯界面

按构件绘制楼梯的具体流程如下：

1.新建楼梯类型

新建项目主要从以下三方面进行楼梯类型选择和参数设置。

(1)楼梯类型选择。如图 4-104 所示，在“属性”栏下拉菜单中根据实际情况选择楼梯类型。

(2)类型参数设置。如图 4－105 所示,进入楼梯类型参数修改界面,首先复制新的楼体类型,设置新类型楼梯的参数,检查计算规则中的限值是否满足需要绘制模型的参数要求,若不满足可重新输入,点击“确定”即完成修改。设置“构造”模块中的梯段和平台相关参数,可修改梯段、平台的类型、厚度和材质等参数。“支撑”中的选项主要设置的是梯段板及休息平台下是否有梁,比如板式楼梯就选择左右两侧支撑均为“无”,梁式楼梯则两侧就有支撑,同时也可修改支撑类型、位置、尺寸及材质等参数,设置完成点击“确定”即可。

(3)实例参数设置。如图 4－106 所示,在“属性”栏修改新建楼梯的实例参数,具体包括:放置楼梯的“底部标高”“顶部标高”“实际踏板深度”,这三个参数需要手动输入;“所需梯面数”和“实际梯面高度”,这两个参数软件根据已输入参属性栏数和默认的计算规则自动算出。此处注意,选项栏中的“实际梯面高度”“实际踏板深度”和“梯段宽度”三个参数需要满足“类型属性”栏计算规则中的规定,否则系统会报错。

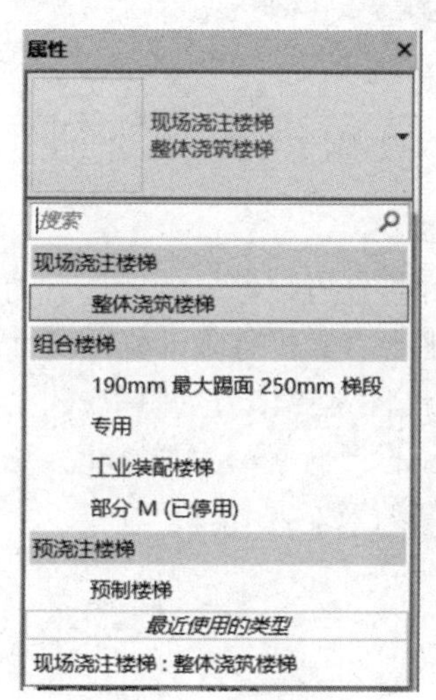

图 4－104　楼梯类型选择

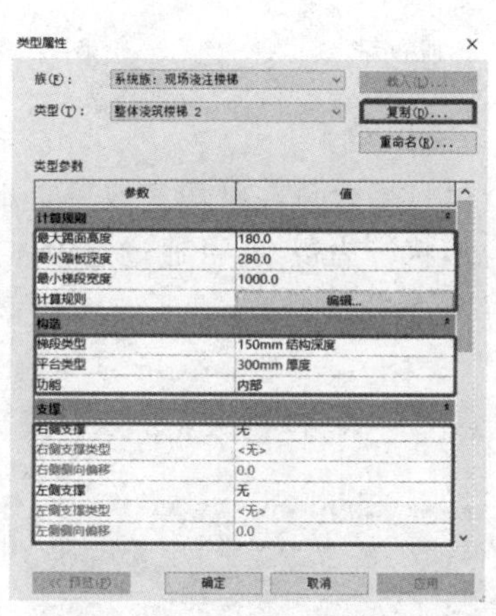

图 4－105　新建楼梯类型参数设置

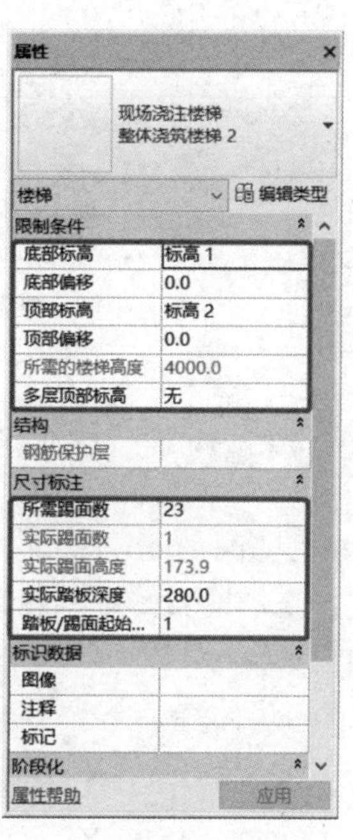

图 4－106　新建楼梯实例参数设置

2.楼梯定位

楼梯自身的类型和参数设置完成后,需要将楼梯准确地放置到项目所需要的位置。首先需要对梯段创建界面选项栏中的参数作相关设置(见图 4－107)。“定位线”指的是绘制梯段的参照线。“偏移量”指的是梯段实际位置与定位线之间是否有偏移,根据实际情况输入。“实际梯段宽度”根据项目要求输入。“自动平台”是否勾选根据个人绘图习惯均可,但需注意自动生成的平台默认为规则矩形,按构件模式下可修改其尺寸大小但不能改变平台的形状,对于异形平台若需修改形状则需点击“翻转”,切换到草图模式下进行修改。

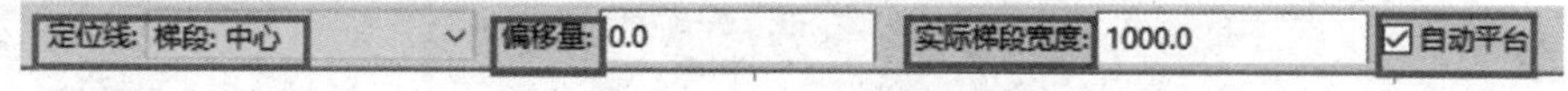

图 4－107　梯段选项栏参数设置

需要注意的是,无论是创建嵌入实际项目中的楼梯还是单独的楼梯,梯段和踏步的起始位置以及梯井位置需要提前确定好，可通过参照线或参照相邻构件以保证楼梯插入的准确位置。

3.楼梯创建

在设置好的相应平面视图，点击楼梯的起始位置沿梯段方向拖动鼠标，系统将会提示已创建好的踢面数和剩余的踢面数(见图 4－108)，完成第一个梯段的绘制后，单击梯段末端位置，将鼠标移动到下一个梯段的起始位置，按照系统提示绘制剩余踢面数完成第二个梯段，同步休息平台自动生成，最后点击“√”完成楼梯创建(见图 4－109)。在三维视图中会发现栏杆扶手同步也被创建(见图 4－109)。上述以直梯为例，弧形、L 形等异形梯段创建流程与直梯类似。

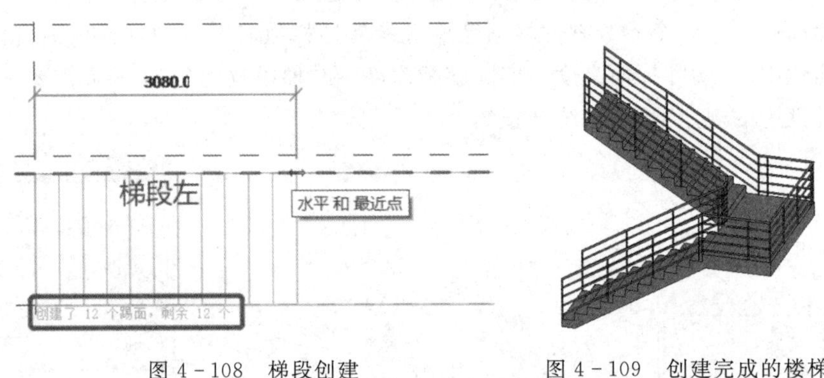

图 4－108　梯段创建　　　　图 4－109　创建完成的楼梯

4.休息平台修改

对于按构件方式创建的楼梯，休息平台可在梯段完成后重新绘制，也可根据软件默认自动带休息平台，默认创建的休息平台形状较为规则，可通过选中休息平台对其进行拖动修改尺寸大小(见图 4－110)，但对于休息平台形状的修改，需要选中休息平台将其转化为草图模式(见图 4－111)，再次选择“编辑草图”(见图 4－112)，就可对休息平台的形状进行任意修改(见图 4－113)，最后点击“√”完成休息平台编辑，再次点击“√”完成楼梯修改(见图 4－114)。

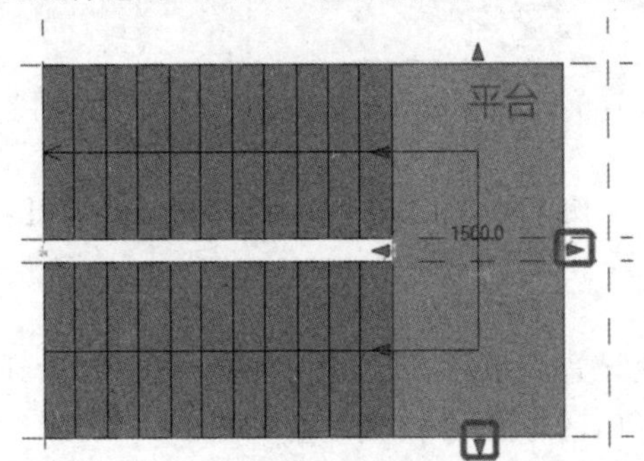

图 4－110　修改休息平台尺寸

图 4－111　休息平台轮廓转换

图 4-112　休息平台轮廓“编辑草图”选项

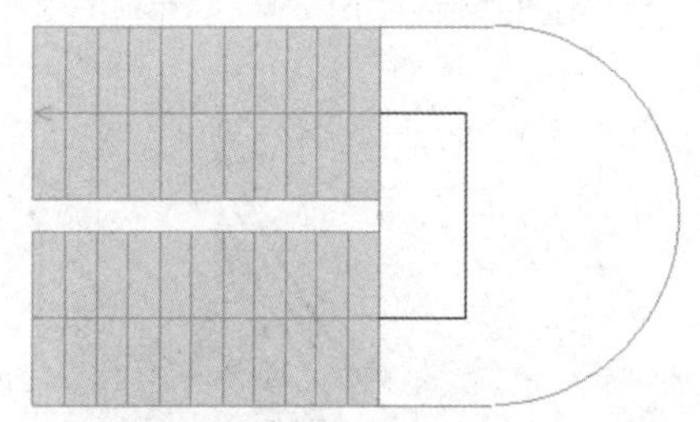

图 4-113　休息平台轮廓编辑

图 4-114　休息平台编辑后效果

操作视频
按构件创建楼梯

4.8.3　按草图创建楼梯

选择“按草图(楼梯)”命令绘制楼梯。进入楼梯创建界面后，可以看到与按构件绘制界面有所不同(见图 4-115)，主要体现在绘制单元不同，按草图绘制是以组成楼梯构件的每条轮廓线组成，这也方便创建梯段、踏步、平台形状变化的楼梯。“梯段”命令用于直接创建完整的一个或多个梯段，软件提供了直线和弧线两种形式。“边界”主要用于创建或修改梯段两侧的轮廓，默认为直线，可通过“边界”中的各种线型进行不规则形状梯段的创建。“踢面”用于创建或修改某一个或多个踏面形状(见图 4-116)。

图 4-115　按草图创建楼梯界面

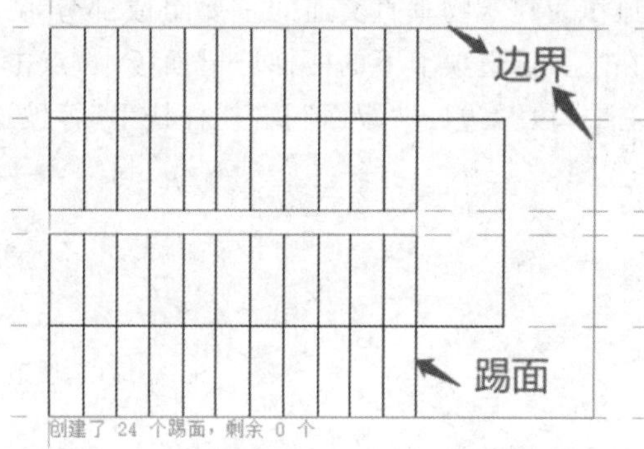

图 4-116　按草图创建楼梯边界与踢面

按草图模式创建楼梯的流程与按构件模式基本一致，主要区别就是按草图创建模式下对梯段、休息平台和踏面的修改更为灵活。以休息平台为例，按构件方式下软件默认创建的休息平台轮廓修改需要转换为草图模式，而按草图方式绘制楼梯则直接修改即可。因为按草图方式的绘制单元就是单根的轮廓线。通过按草图绘制界面上“边界”(见图 4-117)和“踢面”(见图 4-118)的各种轮廓线可实现多样式的梯段和踢面的创建，图 4-119 和图 4-120 是对某一直梯段的平面形状和局部踏面形状的修改过程及最终效果。

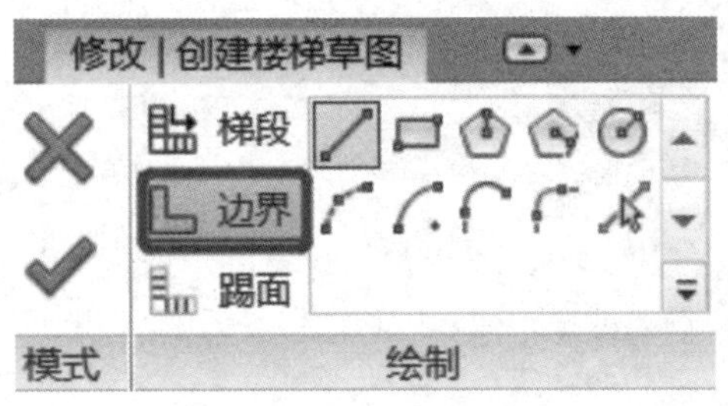

图 4-117　草图模式下的“边界”选择界面

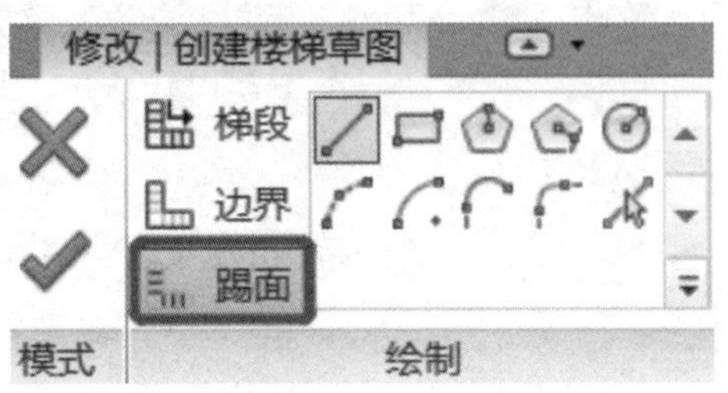

图 4-118　草图模式下的“踢面”选择界面

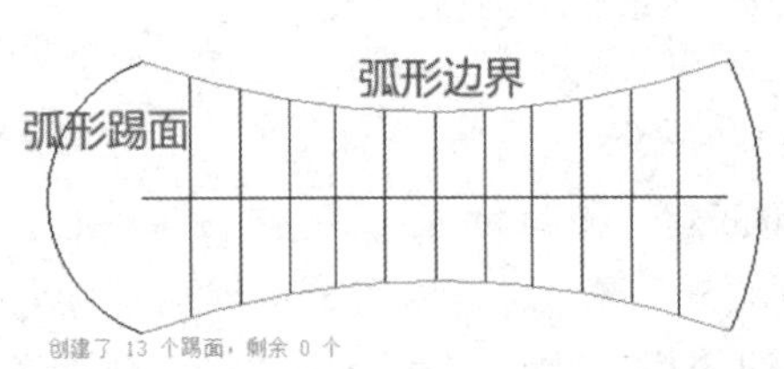

图 4-119　踢面及边界编辑

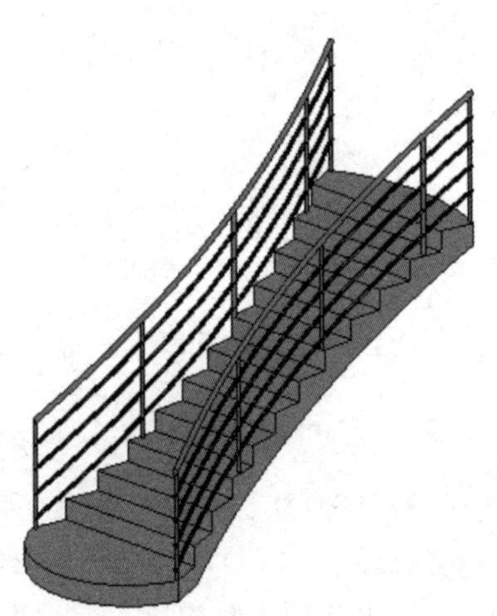

图 4-120　完成后的异形梯段效果

4.8.4　坡道

坡道作为建筑物垂直交通的重要组成部分，在 Revit 中创建方法类似于按草图方式绘制楼梯。在“建筑”选项卡下的楼梯坡道面板中，点击“坡道”进入坡道创建界面，在图 4-121 中可看到有“梯段”“边界”“踢面”及“栏杆扶手”等坡道组成构件。

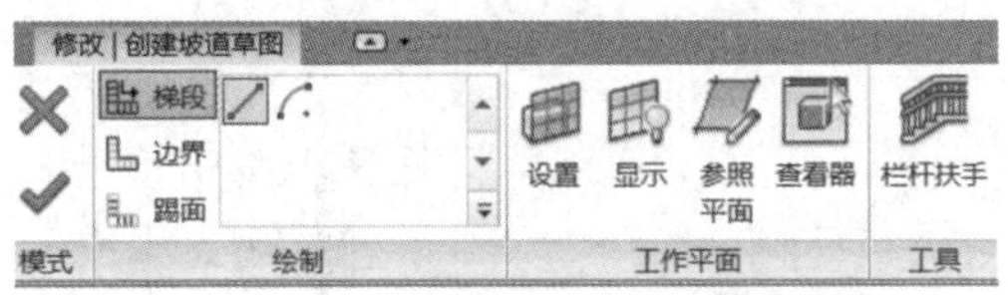

图 4-121　坡道创建界面

坡道具体创建流程如下：

1.新建坡道类型

打开坡道的“类型属性”面板(见图 4-122)，复制一个新的坡道类型，修改新建坡道的类型参数，如坡道造型可根据实际情况选择“实体”或“结构板”。需要注意的是关于“最大斜坡长度”和“坡道最大坡度(1/X)”这两个参数需要根据项目实际进行修改。这两个参数与坡道的起点和终点高差有关，一般情况下是根据设计图纸坡道的高差和坡道长度是确定的，所以最大坡度就需要根据实际情况调整，否则坡道无法创建。修改完坡道的类型参数后返回“属性”选项板，需要进一步修改坡道的实例参数，对坡道的起点和终点标高、坡道的宽度等参数输入，栏杆扶手默认自动设置，若不需要也可关闭自动创建或创建完成后再删除。

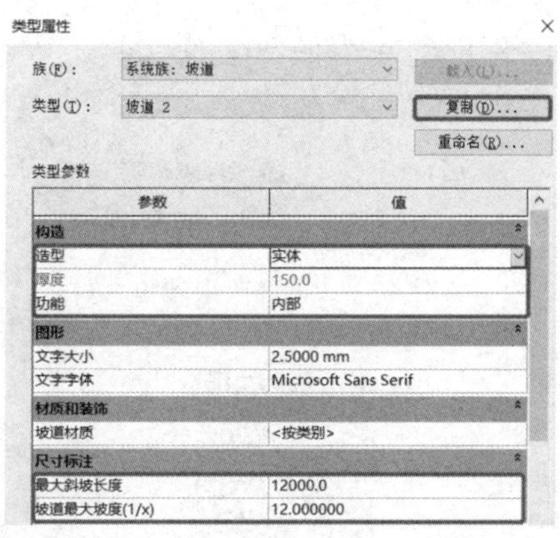

图 4－122　坡道类型参数

2.坡道定位及绘制

根据项目需要的位置通过参照平面或坡道相邻构件进行定位并绘制坡道。与楼梯绘制类似，可根据项目对坡道的边界及踢面进行编辑修改，如果坡道较长，由若干段坡道组成，可在连接处添加相应踢面。绘制完成的直线坡道、弧线坡道如图 4－123、图 4－124 所示。

图 4－123　直线坡道

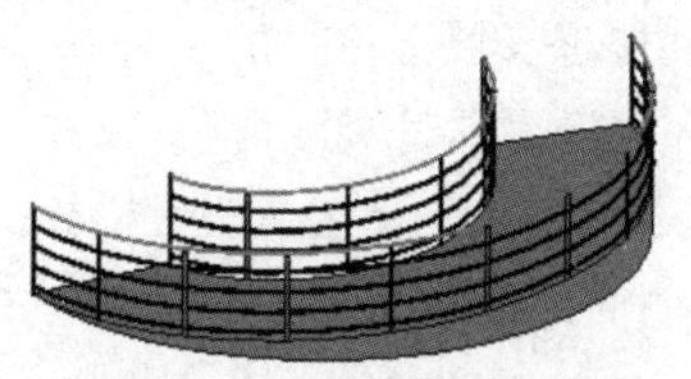

图 4－124　弧线坡道

3.坡道编辑

对于已创建的坡道若需要修改，可选中坡道后双击或通过“编辑草图”命令进入坡道编辑状态，如图 4－125 所示的坡道样式，可在草图模式下将拐弯处边界修改为弧形(见图 4－126)，修改后即为图 4－127 所示的效果。

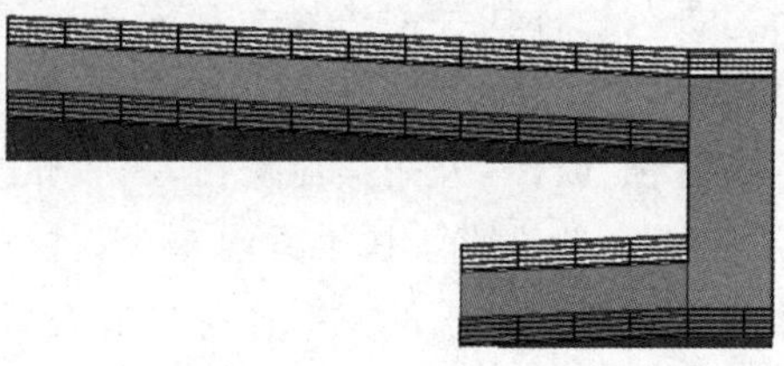

图 4－125　坡道修改前样式

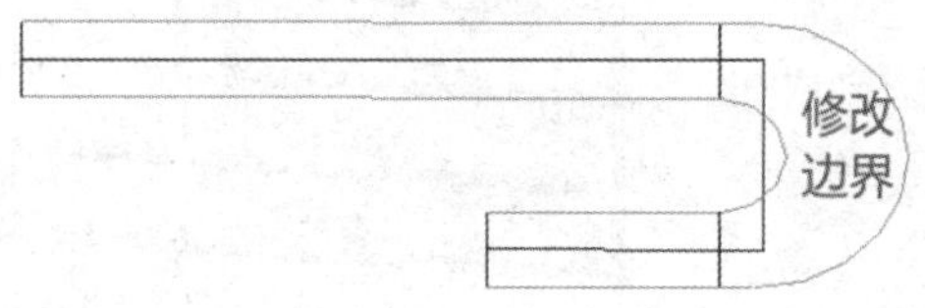

图 4－126　修改坡道边界

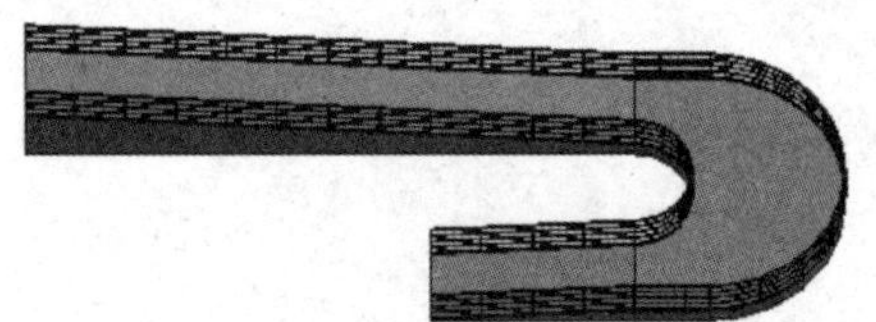

图 4－127　修改后坡道

操作视频
坡道的创建

4.9　栏杆扶手

栏杆扶手作为建筑物楼梯、坡道、阳台等部分的维护构件，它在建筑模型创建中必不可少。4.8 节中提到楼梯及坡道位置的栏杆扶手是由软件默认自动布置的，但所布置的栏杆扶手位置、样式不一定满足项目实际情况，往往后期还需要再次修改调整或手动布置。

栏杆扶手的创建主要包括新建栏杆扶手样式、布置栏杆扶手和修改栏杆扶手位置三个步骤，本节将详细介绍。

4.9.1　新建栏杆扶手样式

在“建筑”选项卡下“楼梯坡道”面板中，选择“栏杆扶手”，下拉列表中会出现“绘制路径”和“放置在主体上”两种绘制方法，如图 4－128 所示。“绘制路径”的方法通用性更强，根据栏杆扶手所在位置直接绘制其布置路径，后期修改不多。“放置在主体上”指的是对现有的楼梯或坡道会默认拾取其边界布置栏杆扶手，但所选择的主体上会连续布置栏杆扶手，完成后需要根据实际布置情况再次修改。所以，以上两种方法可根据项目实际情况综合使用。

无论上述哪一种放置方法，进入栏杆扶手创建界面都需要新建或选择已有的栏杆扶手样式。栏杆扶手主要由顶部扶栏、普通扶栏和栏杆三部分组成(见图 4－129)。顶部扶栏即位于最上部的扶手；普通扶栏指的是除顶部扶栏外的其他扶栏，一般样式中可设多道普通扶栏或不设；扶手是沿路径方向布置，而栏杆一般垂直于扶手方向布置。栏杆扶手的样式可在软件提供的样式基础之上复制修改，主要是对栏杆扶手的三部分各自的类型参数和实例参数进行修改。

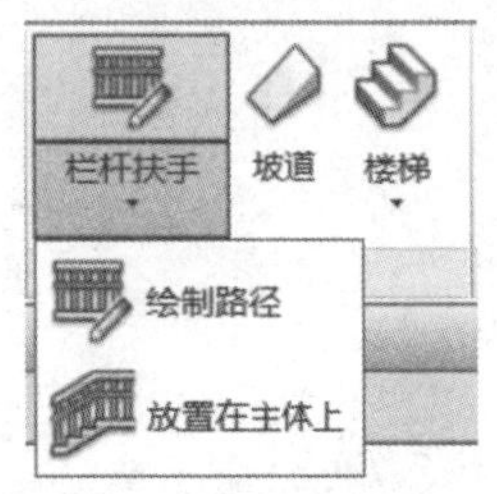

图 4－128　栏杆扶手绘制方法

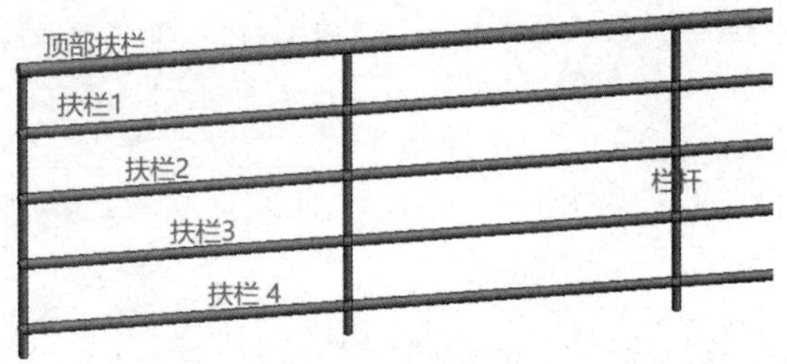

图 4－129　栏杆扶手的组成

在“栏杆扶手”下拉菜单选择较为接近的一种样式，进入类型参数修改界面（见图 4－130），复制新的样式并对其命名，对新建的栏杆类型相应类型参数进行修改，包括顶部扶栏高度和类型、扶栏结构（非连续）、栏杆位置等。

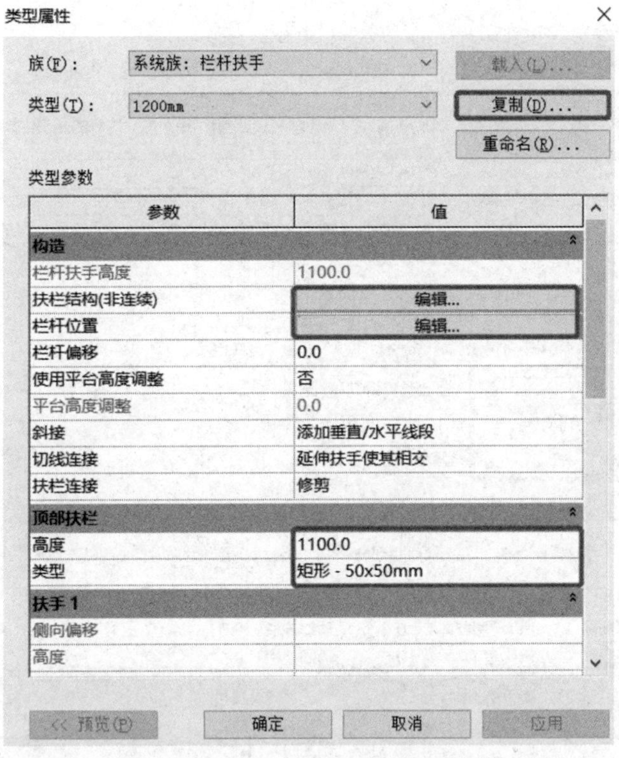

图 4－130　栏杆扶手类型参数设置

在“类型属性”界面，点击扶栏结构的“编辑”按钮，可通过“插入”和“删除”对扶栏的数量进行修改，通过每道扶栏高度的输入可实现对扶栏立面高度的修改。注意，此处“高度”指的是扶栏顶部距离最底部之间的距离，通过“轮廓”的载入或选择实现对不同位置扶栏横截面的修改（见图 4－131），通过材质选项可赋予每根扶栏不同的材质，通过“向上”和“向下”选项可调整扶栏的上下位置。

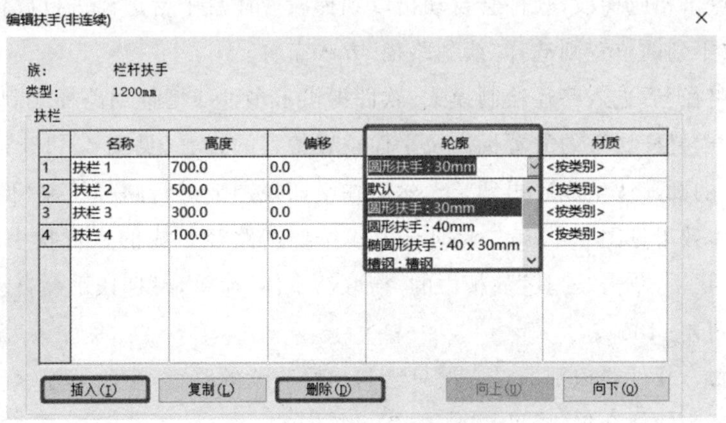

图 4－131　扶栏轮廓的编辑

在“类型属性”界面中，点击栏杆结构后面的“编辑”按钮，可对栏杆轮廓、位置及布置方式等进行编辑修改，见图 4-132。

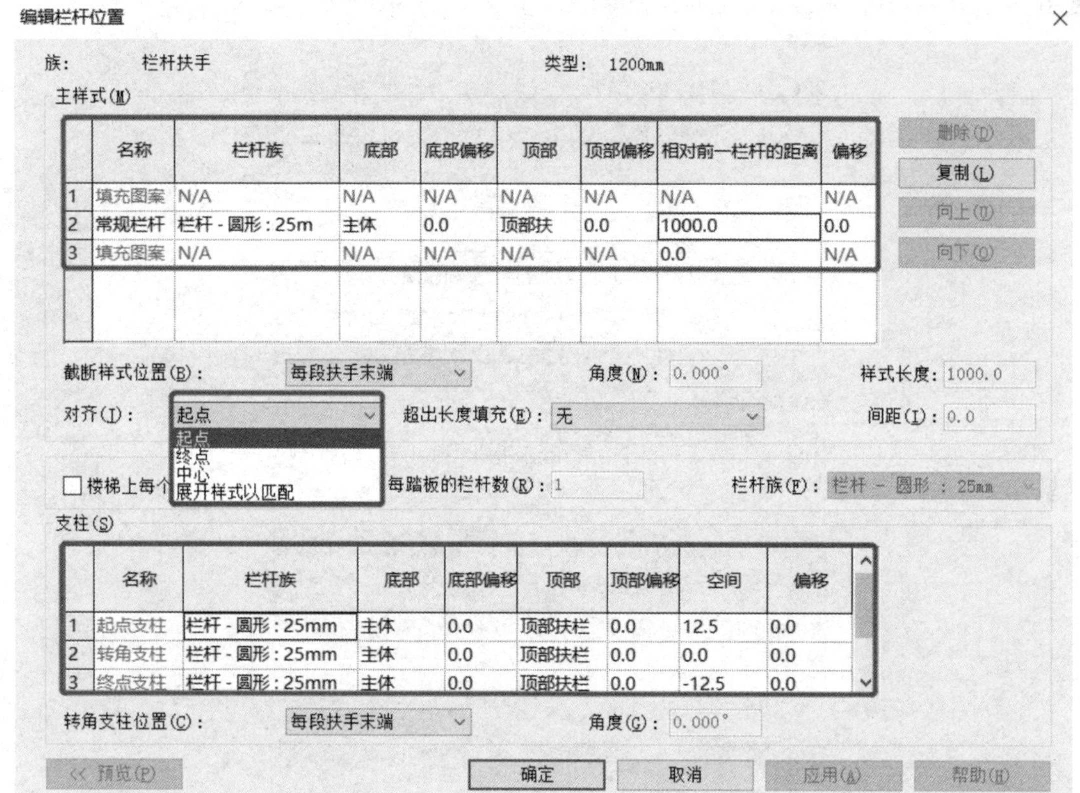

图 4-132　栏杆结构的编辑

4.9.2　布置栏杆扶手及修改栏杆扶手位置

栏杆扶手的布置可通过“绘制路径”和“放置在主体上”两种方法完成。对于栏杆扶手在梯段或者休息平台连续布置的，选择“放置在主体上”直接布置较为方便。“放置在主体上”方法操作简单，直接点击相应梯段，软件会自动拾取到梯段或休息平台边界进行放置。对于不连续的或者软件拾取不到的位置则选择“绘制路径”方式布置。

选择“绘制路径”后进入路径绘制模式，软件提供了多种线型辅助路径绘制。在绘制之前，先检查“属性”栏中栏杆扶手的放置标高及平面位置偏移的设置(见图 4-133)，对于栏杆扶手路径标高有变化的则默认生成后再调整。然后在平面视图上进行路径绘制(见图 4-134)，点击“√”完成，具体效果见图 4-135。此时会发现按照新路径生成的栏杆扶手标高有问题，选择新绘制的栏杆扶手，单击“工具”面板中的“拾取新主体”命令，栏杆扶手会自动拾取到梯段边界进行放置(见图 4-136)。

需要注意的是，软件能识别的是一次只绘制一段连续的路径，多段不连续的路径只能多次绘制多次生成，否则软件会报错(见图 4-137)。

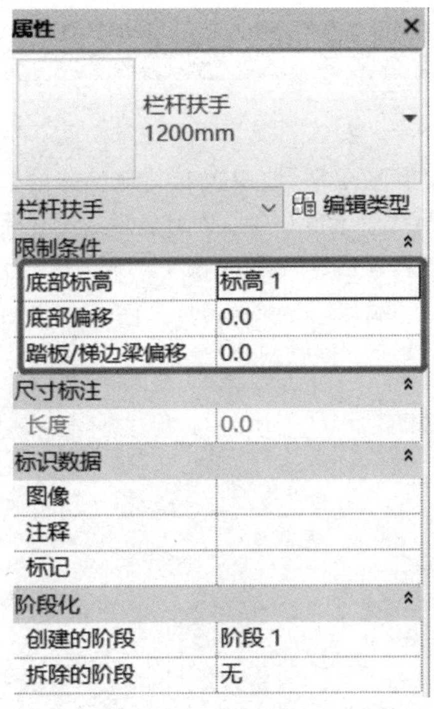

图 4－133　栏杆扶手标高及平面位置设置

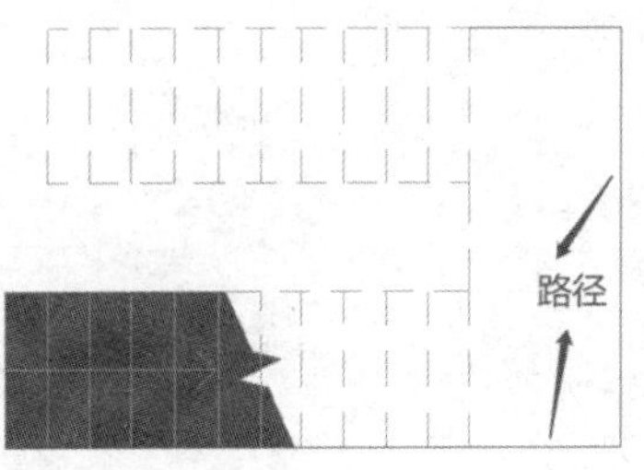

图 4－134　栏杆扶手路径绘制

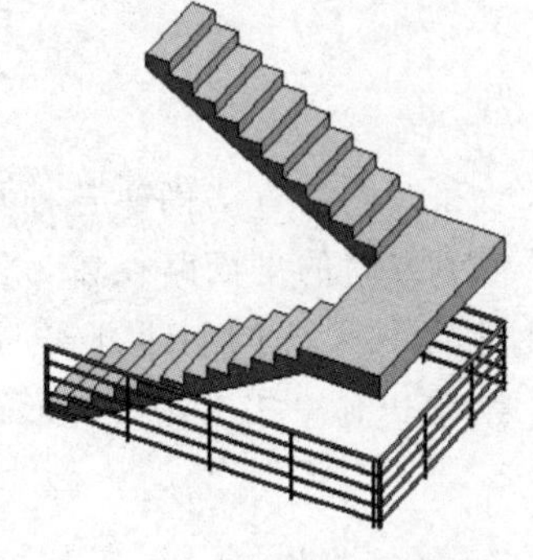

图 4－135　“路径绘制”创建的栏杆扶手

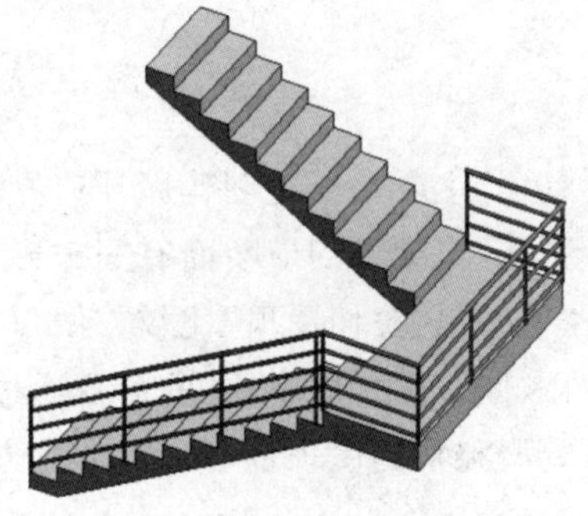

图 4－136　拾取梯段边界

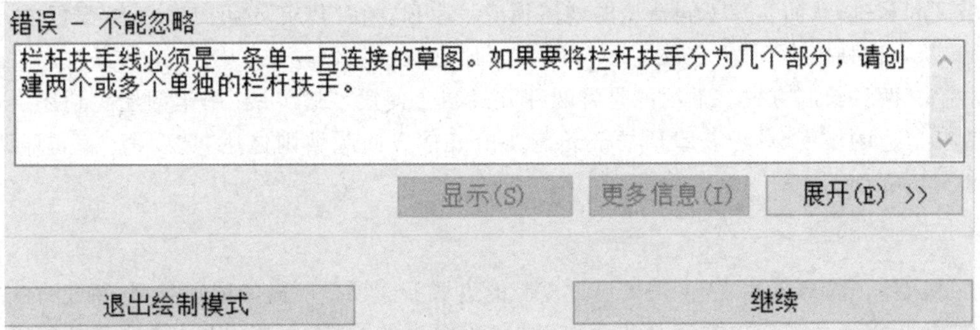

图 4－137　路径绘制报错

4.10 屋顶

4.10.1 屋顶的类型和创建方法

屋顶是建筑物的重要组成部分,屋顶的造型有平屋顶、坡屋顶和其他特殊的造型。在Revit中,屋顶的创建方法有"迹线屋顶""拉伸屋顶""面屋顶"三种,同时软件还提供了"屋檐:底板""屋顶:封檐板""屋顶:檐槽"三种屋顶的补充构件创建工具(见图4-138)。

图4-138 屋顶的创建界面

"迹线屋顶"主要是通过创建屋顶边界线,定义边线属性和坡度的方法创建各种常见的坡屋顶和平屋顶。当屋顶的横断面有固定形状时,或者屋顶一个方向的剖面路径较为复杂而另一方向路径单一用"拉伸屋顶"比较方便。"面屋顶"是一种基于体量面的创建方式,需先创建异形屋顶的形体,再用"面屋顶"的命令通过拾取面进行创建,这一命令主要用于异形较复杂的屋顶创建,造型独特的屋顶也可用族创建方式实现。

4.10.2 迹线屋顶

"迹线屋顶"方法是指创建屋顶时使用建筑迹线定义屋顶的边界,并可为每条迹线定义不同的坡度和悬挑,从而实现不同造型的坡屋顶或平屋顶。在"建筑"选项卡"构建"面板中,选择"屋顶",从下拉列表中选择"迹线屋顶",进入屋顶迹线的绘制模式。软件提供了"边界线"和"坡度箭头"两种绘制方式。常用的是将两种方式结合使用,"边界线"用于创建屋顶闭合轮廓并设置相应边的坡度,对于坡屋顶局部还需要沿其他方向起坡则选用"坡度箭头"局部调整。具体创建流程如下:

1.新建屋顶类型

在进入屋顶轮廓创建之前,需要通过复制的方式新建项目所需的屋顶类型,新建方法类似于墙体、楼板等。新建屋顶类型完成后,应对新建屋顶的构造、材质、厚度等类型参数进行设置,同时输入屋顶所处的标高等实例参数。如图4-139所示,"截断标高"是指所绘制的屋顶到达此标高时,会被该截面剪切成洞口;"截断偏移"是指截断面距离本层标高的偏移量。

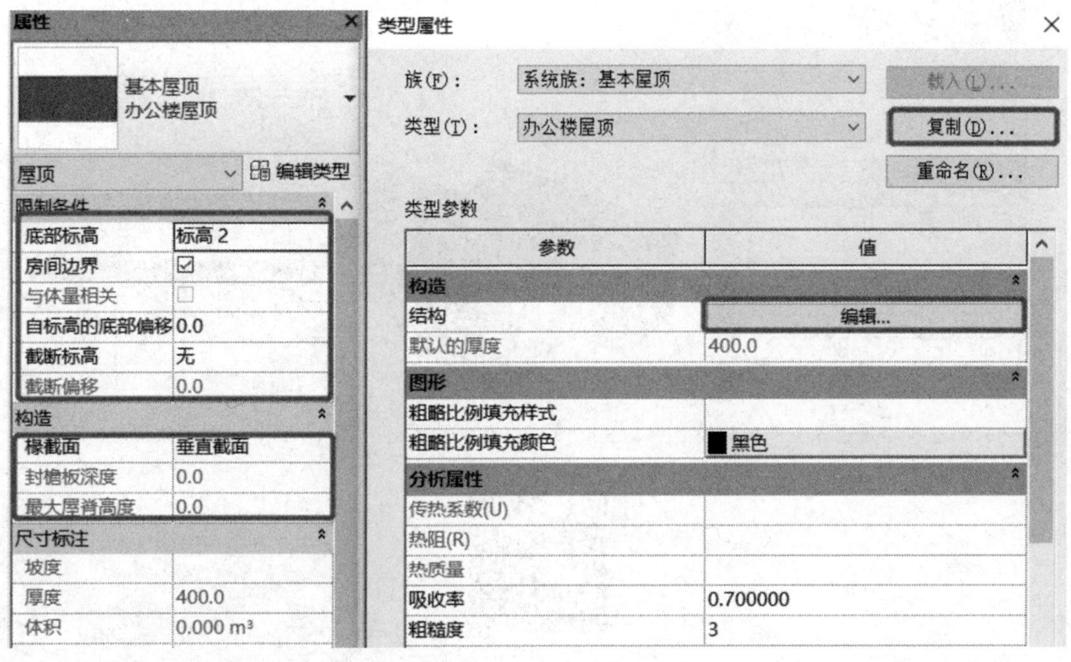

图 4-139　新建屋顶类型

2.绘制屋顶

进入迹线屋顶创建界面，软件默认为“边界线”方式绘制边界，可通过直接绘制或拾取线或拾取墙的方式创建屋顶边界，同时还需要在如图 4-140 所示的下方选项栏对屋顶的坡度、悬挑等参数进行设置。平屋顶的情况下可以不勾选“定义坡度”选项。

如图 4-141 所示，完成屋顶边界的绘制后，每条屋顶边界上会出现◺图形，这代表该条边有坡度，坡度的大小可单击该边界直接修改或在属性栏进行修改。对于部分边界没有坡度的情况，选择该边界在属性栏或选项栏取消“定义坡度”选项即可。在“属性”面板还可对某条边界平面的悬挑和立面的偏移进行单独定义（见图 4-142）。完成屋顶边界线绘制和边界参数设置后，点击“√”完成屋顶绘制，迹线屋顶完成效果见图 4-143。对于部分未附着到屋顶的墙体，根据实际情况可在“修改墙”面板上点击“附着顶部/底部”选项（见图 4-144），再选择需要附着的屋顶或其他构件即可完成墙体附着。

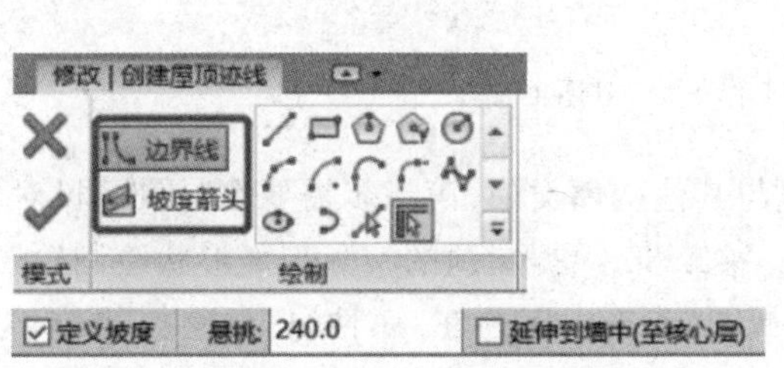

图 4-140　边界线选项及选项栏

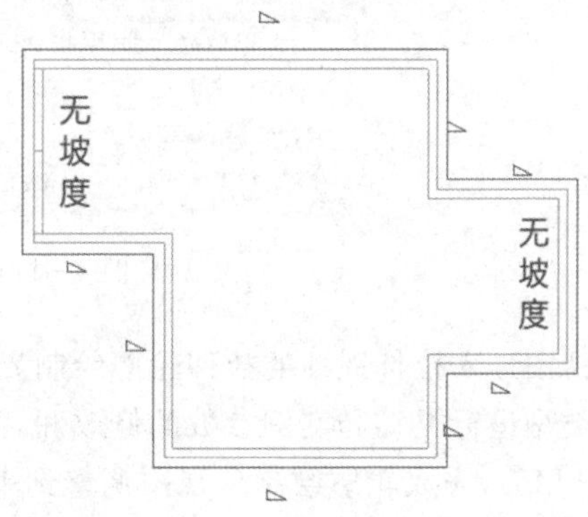

图 4-141　迹线屋顶边界坡度定义

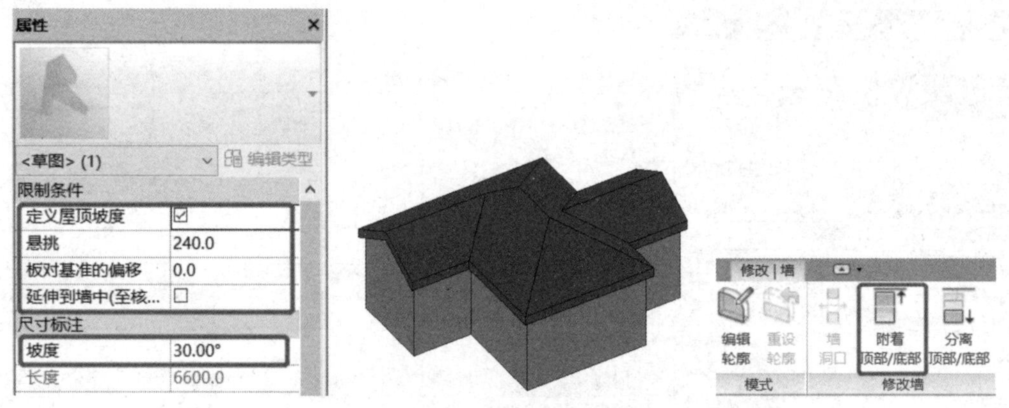

图 4－142　迹线屋顶边界实例参数设置　　图 4－143　迹线屋顶　　图 4－144　“附着顶部/底部”选项

操作视频
迹线屋顶的创建

4.10.3　拉伸屋顶

“拉伸屋顶”方法主要适合用于创建具有单一方向轮廓线的异形屋顶，属于草图绘制方法，需要在立面视图中绘制拉伸轮廓。点击屋顶下拉列表中的“拉伸屋顶”，会弹出“工作平面”对话框，点选“拾取一个平面”为拉伸屋顶的拉伸轮廓确定一个工作平面，如图 4－145 所示。

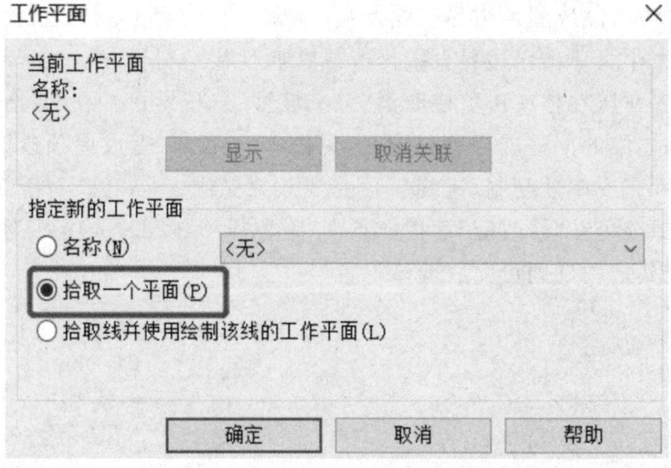

图 4－145　“工作平面”对话框

视图进入拉伸屋顶的拉伸轮廓绘制界面，与其他构件类似，第一步需要在“属性”栏对新建屋顶类型进行类型和实例参数的修改和调整。第二步，根据屋顶的实际剖面形状绘制轮廓（见图 4－146），完成轮廓绘制后视图调整到平面视图，或选中屋顶在“属性”栏调整拉伸的起点和终点，即可完成拉伸屋顶的创建（见图 4－147）。

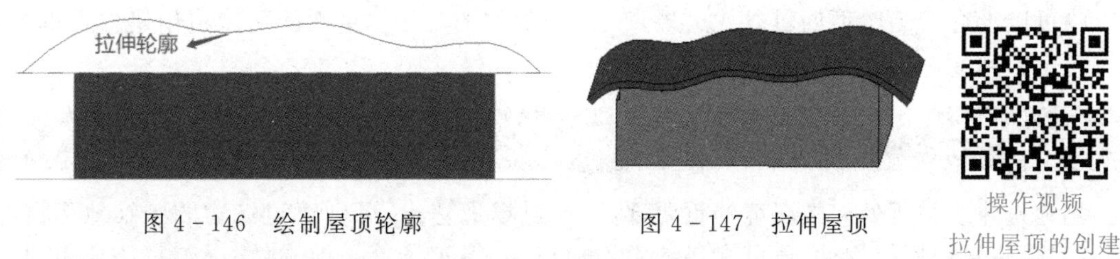

图 4－146　绘制屋顶轮廓　　　　图 4－147　拉伸屋顶

操作视频
拉伸屋顶的创建

4.10.4　屋檐底板

创建屋檐底板需要进入平面视图，选择屋顶下拉列表中的“屋檐：底板”进入绘制界面。首先在“属性”栏点击“编辑类型”，修改和调整新建项目需要的屋檐底板类型，主要包括构造、厚度、材质以及立面位置等参数，再通过拾取屋顶边、拾取墙或直接绘制轮廓等操作（见图 4－148），完成屋檐底板的创建。

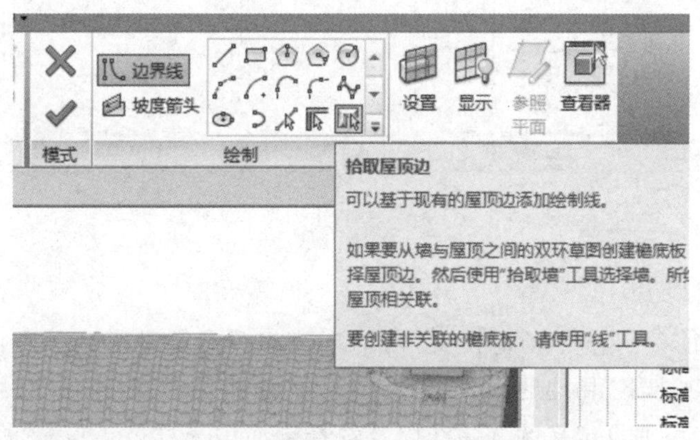

图 4－148　拾取屋顶边命令

4.10.5　屋顶封檐带

在平面视图或三维视图中，选择屋顶下拉列表中的“屋顶：封檐板”进入创建界面，首先在“属性”栏点击“编辑类型”，修改和调整新建项目需要的封檐板类型，主要包括轮廓材质以及平立面位置等参数（见图 4－149），然后单击屋顶边或檐底板边等，即可完成封檐带的创建。

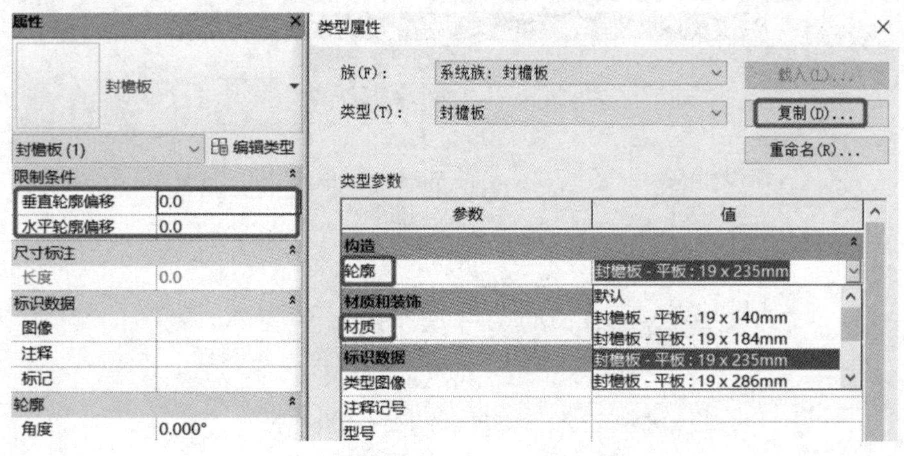

图 4－149　封檐带参数设置

除过以上介绍的屋顶创建方式之外，2.6.2 节提到的基于体量面的面屋顶创建方式也是实际工程中常用的方式。

4.11 场地

场地是建筑物所处外围环境的重要部分，通过场地建模，可创建建筑物的三维地形模型、场地红线、建筑地坪等构件，还可在场地中添加植物、停车场等场地构件，以丰富场地表现，最终达到通过场地模型表达出建筑物与实际地坪间的关系以及建筑的周边道路情况。

场地创建需要进入“场地”平面视图，通过“体量和场地”选项卡可进行场地创建、场地设置和场地修改等操作(见图 4－150)。所创建的场地构件如果不可见，需要检查视图范围或者可见性的设置。

图 4－150 “体量和场地”选项卡

4.11.1 场地设置

在场地创建之前，可通过“场地设置”对话框对相关参数进行调整和添加，见图 4－151。在“体量和场地”选项卡下“场地建模”面板的右下角 ↘ 路径中打开“场地设置”对话框，在此可以定义等高线间隔、添加自定义的等高线以及选择剖面填充样式。设置完成后可通过场地平面视图查看对等高线设置的修改结果，可通过剖面视图查看场地剖面剪切材质的修改结果。

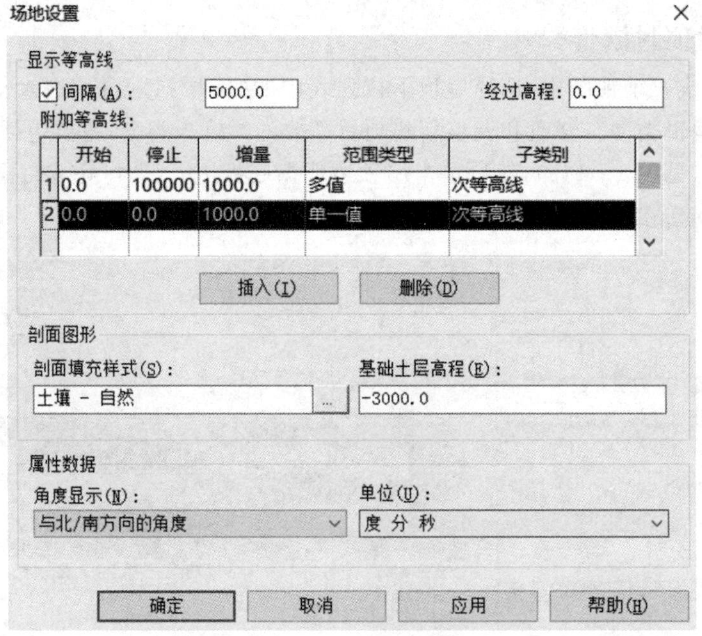

图 4－151 “场地设置”对话框

4.11.2 创建地形表面

地形表面是建筑物场地地形或地块地形的图形表示，它是场地设计的基础。通过选择“体量和场地”对话框中“场地建模”的“地形表面”选项进入创建界面，软件提供了通过手动放置点和通过导入外部文件创建两种方式(见图 4-152)。导入外部文件又可分为导入实例和导入指定文件两种方式。

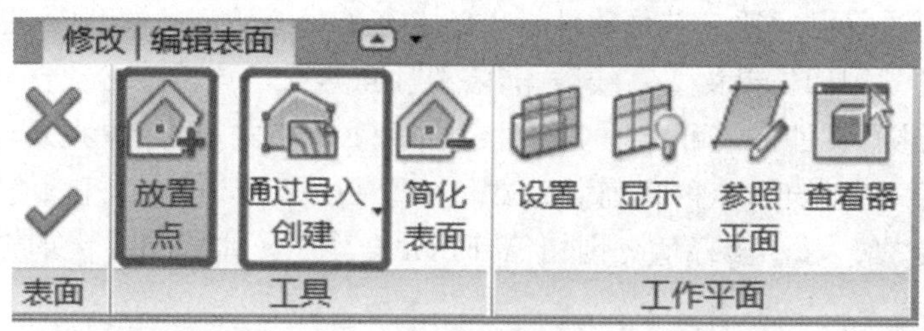

图 4-152 创建地形表面的两种方式

1.通过手动放置点创建地形表面

(1)进入三维视图或场地平面视图，点击创建地形表面的“放置点”命令。

(2)在选项栏中设置“高程”数值，并根据实际输入的高程值选择“绝对高程”和“相对于表面”(见图 4-153)。“绝对高程”是指点显示在指定的高程处(从项目基点)，通过该选项可以将点放置在活动绘图区域中的任何位置。使用“相对于表面”这一选项，可以将点放置在现有地形表面上的指定高程处，以便编辑现有的地形表面。要使“相对于表面”这一选项的使用效果更加明显，需要在着色的三维视图中操作。

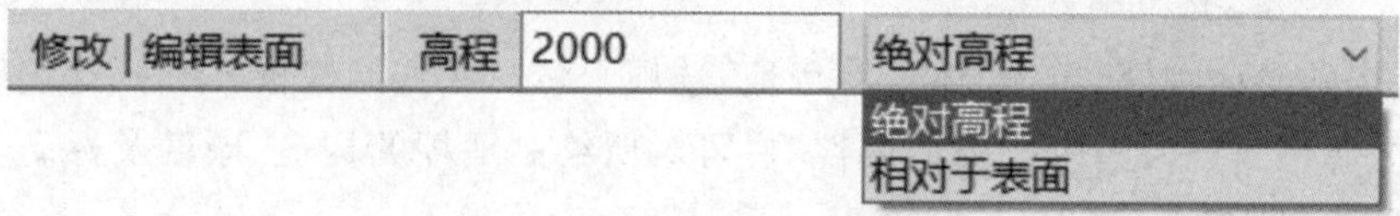

图 4-153 高程点参数设置

(3)设置完成后，在绘图区域中单击放置点；也可以先不设置点的高程，直接放置后再修改选项栏上已选择的点高程。

(4)单击“√”完成地形表面创建，同时通过“属性”栏可对其材质等参数进行修改。不同高程参数创建的地形表面见图 4-154。

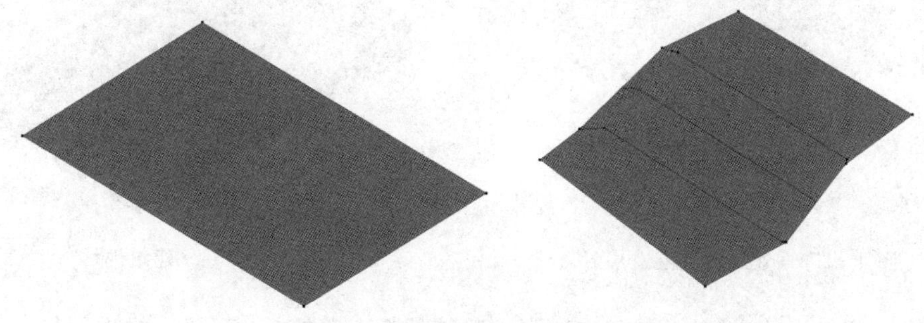

图 4-154 不同高程参数创建的地形表面

2.导入等高线数据创建地形表面

(1)进入三维视图或场地平面视图,点击“通过导入创建”下的“选择导入实例”。

(2)选择绘图区域中已导入的三维等高数据,此时出现“从所选图层添加点”对话框,选择要将高程点应用到的图层,并单击“确定”。

3.导入点文件创建地形表面

这种方法是通过将已经通过其他软件导出的点文件导入 Revit 模型中创建地形表面。点文件使用高程点的规则网格提供等高线数据,需要注意导入的点文件必须符合以下要求:点文件必须使用逗号分隔,文件格式可以是 CSV 格式或 TXT 格式;文件中必须包含 x、y 和 z 坐标值作为文件的第一个数值;点的任何其他数值信息必须显示在 x、y 和 z 坐标值之后;如果该文件中有两个点的 x 和 y 坐标值分别相等,Revit 会使用 z 坐标值最大的点;忽略该文件的其他信息(如点名称等)。

具体的操作步骤如下:

(1)进入三维视图或场地平面视图,点击“通过导入创建”,选择“指定点文件”;

(2)在“打开”对话框中,定位到点文件所在的位置,在“格式”对话框中,指定用于测量点文件中的点的单位(例如,十进制英尺或米),最后单击“确定”。

完成以上操作后,Revit 软件将根据文件中的坐标信息生成点和地形表面。

4.11.3 建筑地坪

通过点击“体量和场地”选项卡下的“建筑地坪”命令,在地形表面绘制闭合环实现建筑地坪的创建,还可通过在建筑地坪的周长之内绘制闭合环来定义地坪中的洞口。具体的创建步骤如下:

(1)进入场地平面视图,单击“体量和场地”选项卡,选择“场地建模”中的“建筑地坪”命令;

(2)通过“属性”栏和地坪的“类型属性”栏可对所绘制地坪的构造、厚度及标高等属性进行“编辑部件”设置(见图 4-155);

(3)使用绘制工具绘制闭合环,并根据项目实际情况在闭合环内再开洞,最后完成建筑地坪创建(见图 4-156)。

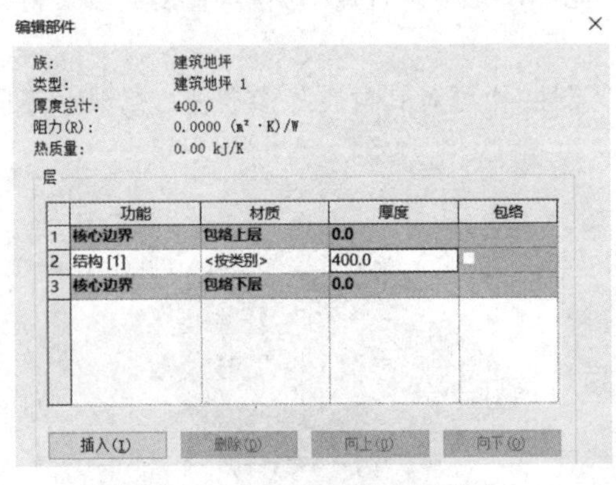

图 4-155　建筑地坪构造层设置

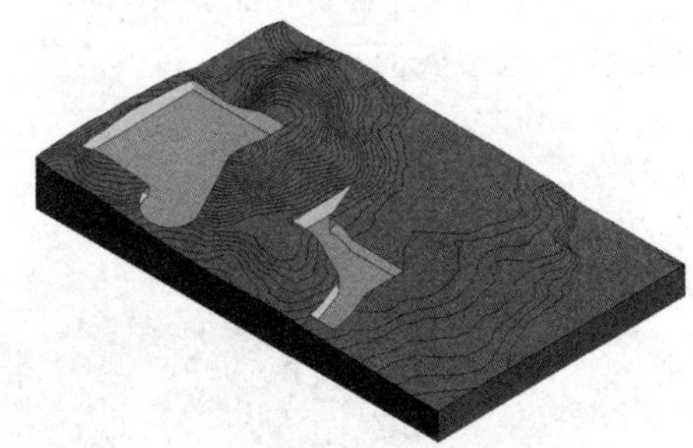

图 4-156　建筑地坪

若要修改已完成的建筑地坪,则应选中该建筑地坪,双击进入草图模式进行轮廓修改,如需编辑建筑地坪边界并为该建筑地坪定义坡度,可按照如下步骤进行:

(1)打开包含建筑地坪的场地平面,选择已创建的建筑地坪(类似于楼板的编辑)。

(2)单击“修改|建筑地坪”选项卡,在“模式”面板中点击图标开启编辑边界命令,或者单击“修改|建筑地坪”中的“编辑边界”选项卡,选择“绘制”面板中的“边界线”图标。

(3)建筑地坪的坡度可通过添加坡度箭头完成设置。

(4)单击“√”完成编辑模式。

4.11.3 场地构件

场地构件是指可在场地平面中放置的场地专用构件,如树、电线杆等。如果未在项目中载入场地构件,则需要根据提示载入相应的族。添加场地构件的具体步骤如下:

(1)打开要修改的地形表面所在视图;

(2)单击“体量和场地”选项卡中的“场地建模”,选择“场地构件”中的图标;

(3)从“类型选择器”中选择所需的构件类型;

(4)在绘图区域需要放置构件的位置上单击添加一个或多个构件,见图 4-157。

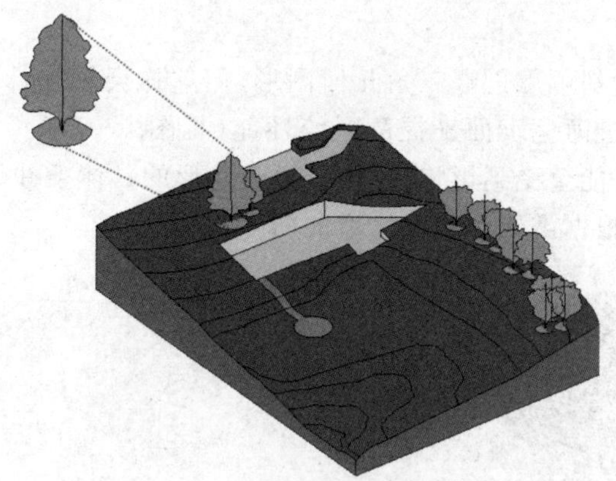

图 4-157 场地构件放置

4.11.4 停车场

在场地设计中,可将停车位添加到地形表面中,并将地形表面定义为停车场构件的主体,还可以使用子面域创建道路图元,详细请参考下一节创建地形子面域的操作。添加停车场按照如下步骤操作:

(1)打开要修改的地形表面对应的视图;

(2)单击“体量和场地”选项卡中的“模型场地”,选择停车场构件图标;

(3)将光标放置在地形表面上单击鼠标放置构件,可按实际需要创建停车场的构件阵列(见图 4-158)。

若要变更停车场构件主体,按照如下步骤进行操作:

(1)选择要变更的停车场构件;

(2)单击“修改|停车场”选项卡,在“主体”面板中选择拾取新主体图标;

(3)选择地形表面,对停车场构件进行修改。

使用“拾取主体”工具时,要谨慎设置地形表面顶部的停车场构件。如果绕着地形表面移动停车场构件,则该构件将仍然附着在地形表面上。

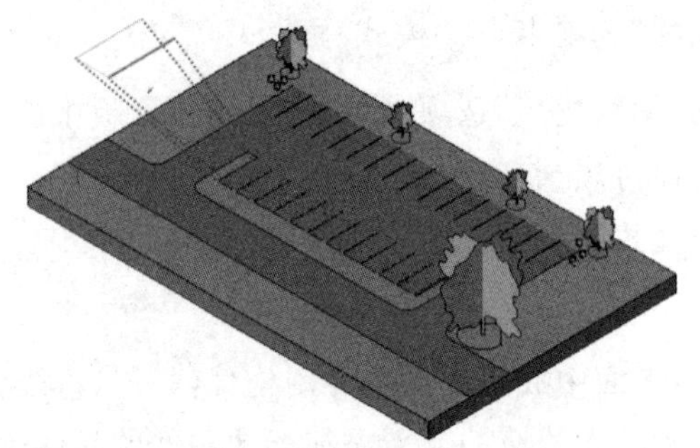

图 4-158 停车场构件放置

4.11.5 地形表面的修改

在场地建模中，可能需要根据项目实际对所建地形进行一系列修改，本节主要就简化地形表面、创建地形表面子面域、拆分和合并地形表面等内容进行介绍。

1.简化地形表面

地形表面上的每个点都可以创建三角几何图形，但这样会增加计算耗用。当使用大量的点创建地形表面时，可通过简化表面来提高系统性能(见图 4-159)。当地形表面简化后，等高线的精度和几何图形可能会受到影响，具体取决于地形的具体条件。在地形表面简化后，需验证等高线和几何图形，根据需要添加点以增加精度。

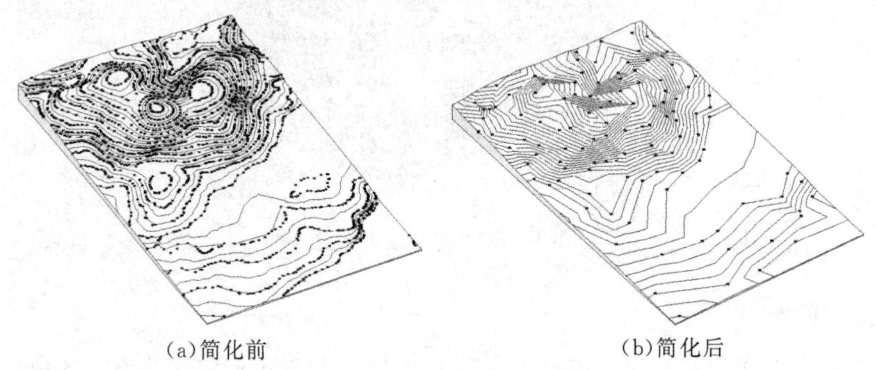

(a)简化前　　(b)简化后

图 4-159 简化地形表面

具体步骤如下：

(1)打开要修改的地形表面对应的视图；

(2)选择要修改的地形表面，点击“表面”选项卡中的“编辑表面”进入编辑状态，在“工具”面板中选择“简化表面”(见图 4-160)，在弹出的界面输入表面精度值，表面精度值越大代表简化程度越高，单击“确定”；

(3)单击“√”完成地形表面修改。

图 4-160 “简化表面”选项

2.创建地形表面子面域

地形表面子面域是在现有地形表面中绘制需要的区域，如添加道路图元、停车场、转向箭头、禁用标记等。具体操作步骤如下：

(1)进入相应视图，单击"体量与场地"选项卡中的"修改场地"，选择"子面域"，进入草图模式。

(2)使用绘制工具在地形表面上创建一个子面域，在创建子面域时，需保证创建的为单个闭合环子面域；如果创建了多个闭合环，则只有第一个环用于创建子面域，其余环将被忽略。

(3)单击"√"完成子面域创建。

若要修改子面域边界，应首先选择该子面域，在"修改|编辑表面"选项卡上，单击"模式"面板中的"编辑边界"，使用绘制工具修改地形表面上的子面域。

3.拆分地形表面

在创建场地模型时，可以将一个地形表面拆分为两个不同的表面，然后分别编辑这两个表面。要将一个地形表面拆分为两个以上的表面，则需多次使用"拆分表面"工具，根据需要进一步细分每个地形表面。在拆分表面后，可以为这些表面指定不同的材质来表示公路、湖泊、广场或丘陵，也可以删除地形表面的一部分图元。例如，如果导入文件在未测量区域填充了不需要的瑕疵图元，使用"拆分表面"工具删除由导入文件生成的多余的地形表面部分。拆分步骤如下：

(1)进入场地平面或三维视图；

(2)单击"体量和场地"选项卡，选择"修改场地"面板中的"拆分表面"；

(3)在绘图区域中，选择要拆分的地形表面，此时软件进入草图模式；

(4)单击"修改|拆分表面"，在"绘制"面板中选择相应的绘制工具拆分地形表面；

(5)单击"√"完成编辑模式，见图 4-161。

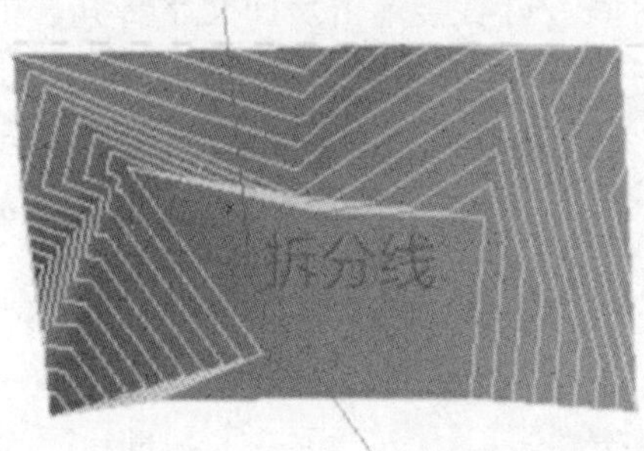

图 4-161　拆分地形表面

4.合并地形表面

在创建场地模型时，除了拆分地形表面，也可以将两个单独的地形表面或者已经拆分的表面合并为一个表面，这就需要用到"合并表面"工具，还需要注意要合并的表面必须重叠或共享公共边，否则无法合并。具体步骤如下：

(1)进入相应视图，单击"体量和场地"选项卡，选择"修改场地"面板中的"合并表面"；

(2)在选项栏上，勾选"删除公共边上的点"，删除表面被拆分后所被插入的多余点，注意该选项在默认情况下处于被选中状态；

(3)选择一个要合并的地形表面；

(4)选择另一个要合并的地形表面，将两个表面合并为一个地形表面。

4.12 房间

房间是基于图元(如墙、楼板、屋顶和天花板)对建筑模型中的空间进行的细分。这些图元定义为房间边界图元,Revit 在计算房间周长、面积和体积时会参考这些房间的边界图元。本节主要就房间的添加和修改、房间分割线的设置、房间标记的设置、面积的添加几个方面进行讲解。

4.12.1 布置房间

房间的划分是以组成房间的其他图元边界为基准的,也可根据需要启用或禁用很多图元的房间边界参数,当空间中不存在房间边界图元时,还可以使用房间分隔线进一步分割空间。当添加、移动或删除房间边界图元时,房间的尺寸会自动更新。布置房间的步骤如下:

(1)进入需要添加房间的平面视图;

(2)单击"建筑"选项卡中的"房间和面积"面板,选择其中的"房间"(见图 4-162);

(3)若需要随房间显示房间标记,选中"在放置时进行标记"(见图 4-163);

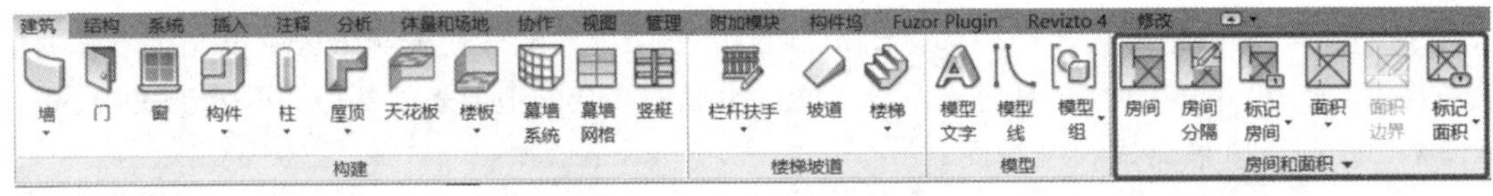

图 4-162 布置房间面板

(4)在绘图区域中单击要放置的房间,也可以直接选择"自动放置房间",这样所有房间边界范围内的房间将被一次性标注;

(5)随房间布置添加的标记默认名称均为"房间",可直接单击房间文字将其选中,然后用房间名称替换该文字(见图 4-164)。

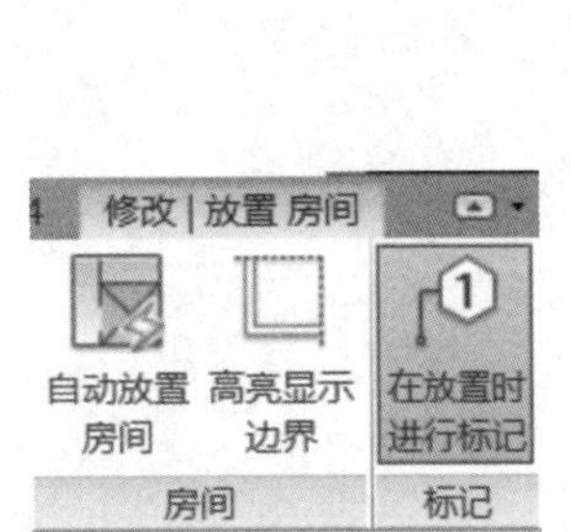

图 4-163 勾选房间标记

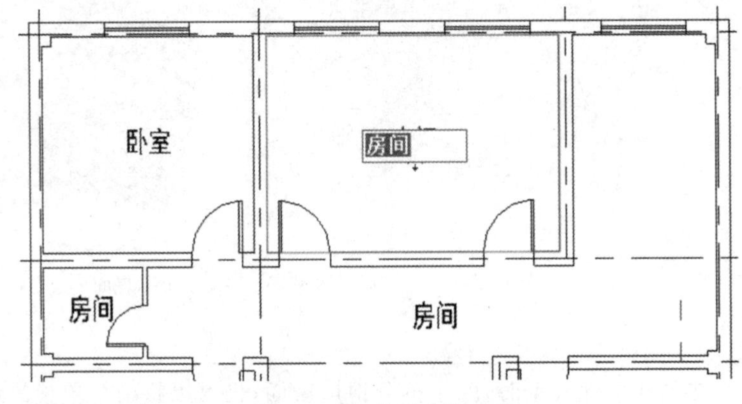

图 4-164 修改房间名称

需要注意,若软件默认的划分图元边界未达到房间布置的要求,可通过"房间分隔"命令,创建房间边界的分隔线,实现不同房间的布置和命名,如图 4-165 所示。楼梯间、过道和大厅三部分没有墙体等其他图元划分,软件将它们都默认为一个房间,可通过"房间分隔"添加房间分隔线,形成大厅、过道和楼梯间三个不同的房间。

图 4-165　房间分隔

4.12.2　房间标记及图例

房间标记是在平面视图和剖面视图中添加和显示的注释图元。房间标记可以显示相关参数的值，例如房间编号、房间名称、计算的面积和体积等参数。布置房间时未自动添加的标记，也可手动添加。使用“标记房间”工具可对其进行标记，还可使用“标记所有未标记的对象”工具，在一次操作中对多个未标记的房间进行标记。如果在包含先前已放置房间的边界图元或分隔线内放置的新房间，则软件会警告该新建房间是多余的，并建议移动或删除新建房间。需要注意的是通过在房间明细表中删除房间，相应的房间标记也将被删除。如果在平面视图中删除了房间标记，房间仍保留在项目及明细表中。

添加房间和标记后，可在视图中添加房间图例，采用颜色块等方式用于更清晰地表现房间的分布情况。具体操作步骤如下：

1.添加颜色填充图例

点击“注释”选项卡中的“颜色填充”面板，选择“颜色填充图例”，选择空间类型为“房间”(见图 4-166)，拖动鼠标将图例放置在视图合适的位置。

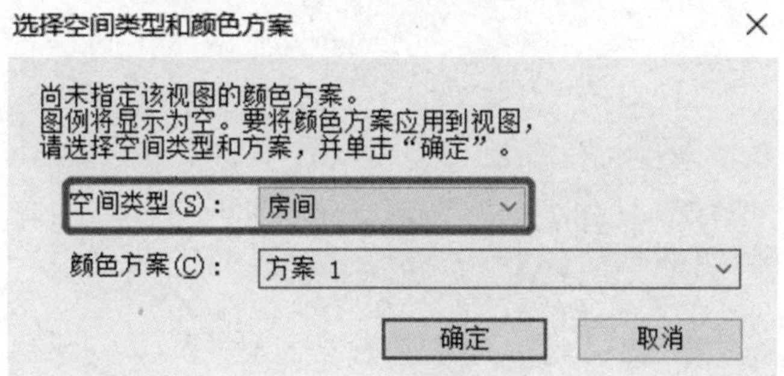

图 4-166　空间类型选择

2.修改颜色填充方案

点击视图中的颜色填充图例，在“修改|颜色填充图例”选项卡中的“方案”面板下选择“编辑方案”，打开编辑选项，即可设置图例的标题、可见性、颜色、填充样式。注意，颜色方案选择是按照房间“名称”设置的，见图 4-167。设置完毕后点击“确定”，各个房间就会按照房间名称体现为已设置的颜色图例表达，见图 4-168。

	值	可见	颜色	填充样式	预览	使用中
1	会客厅	☑	RGB 156-185-	实体填充		是
2	储藏间	☑	PANTONE 32	实体填充		是
3	卧室1	☑	PANTONE 62	实体填充		是
4	卧室2	☑	RGB 139-166-	实体填充		是
5	卧室3	☑	PANTONE 61	实体填充		是
6	大厅	☑	RGB 096-175-	实体填充		是
7	楼梯间	☑	RGB 209-203-	实体填充		是
8	过道	☑	RGB 173-118-	实体填充		是

图 4-167　图例方案定义

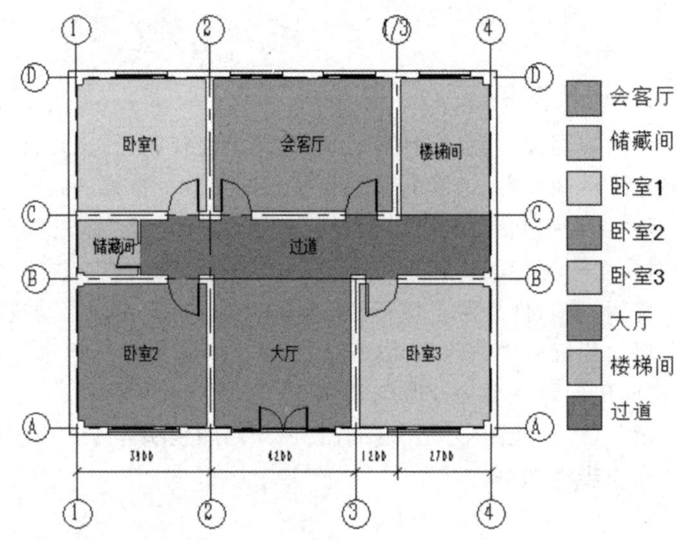

图 4-168　图例表达

模块三　模型应用

第 5 章　BIM 模型应用

本章学习内容

本章主要介绍 Revit 各专业 BIM 模型的基础应用及实施流程，包括视图的创建调整、出图、工程数据统计、建筑模型的表现、Revit 模型之间的协同等内容。

本章学习目标

了解基于 Revit 的 BIM 模型的基础应用，熟悉 BIM 模型应用的操作流程，能够基于 BIM 模型进行相关应用，输出模型应用成果，解决相关工程项目实际问题。

BIM 技术应用是以 BIM 信息模型为载体，通过 BIM 模型直观的可视化效果以及所承载的大量信息在工程建设各阶段交互传递，从而实现各专业协同、虚拟建造、精细化管理、高效决策，最终达到降本增效的目的。所以，BIM 模型在 BIM 应用过程中是基础，BIM 模型应用是关键。建模的目的是“用模”，通过模型应用实现工程建设各阶段的目标，体现 BIM 技术的价值。BIM 模型按照专业划分有建筑、结构、水、暖、电不同专业模型。根据项目要求和特点不同，还可将建筑专业模型进一步细分为装修模型、幕墙模型等，结构专业模型可进一步细分为混凝土结构模型、钢结构模型、钢筋模型等，水、暖、电专业模型可进一步细分为空调水模型、消防水管模型等。前面章节重点讲述了 BIM 模型中的建筑模型和结构模型，即土建模型创建原理及流程。对所创建的各专业模型应用是一个较宽泛且复杂的问题，它与工程建设的总目标、所处阶段及项目特点等有关，同时也需要多个软件及平台配合才能完成。因此，本章主要对土建模型基于 Revit 平台的实际应用进行介绍。

5.1　出图

Revit 在相应视图当中对项目的各部位进行了注释和标注。通过创建图纸，用户可以将一个或多个视图及明细表添加至图纸，从而形成施工图纸；通过将 Revit 当中的图纸输出为 DWG 格式的文件，用户在设计、施工阶段的工程项目施工中得到工作便利。根据需要，用户可对各专业模型任意方向的视图进行创建及图纸输出，同时对各视图的公共信息实现相互联动，一处修改处处修改。

5.1.1　创建图纸

在 Revit 中，可以根据项目需要为每张图纸创建一个图纸视图，也可以在每张图纸当中添加多个视图。用户可利用“视图”选项卡下的“图纸”功能创建图纸，最终可导出工程项目所需要的 CAD 图纸。具体操作步骤如下。

(1)如图 5－1 所示，点击“视图”选项卡下的“图纸”功能，弹出“新建图纸”对话框。如图 5－2所示，根据视图尺寸比例选择合适的图纸标题栏。如果存在特殊的图纸视图，可以单击“载入”按钮，在弹出的“载入族”对话框中选择所需的标题栏，点击并载入到项目当中。

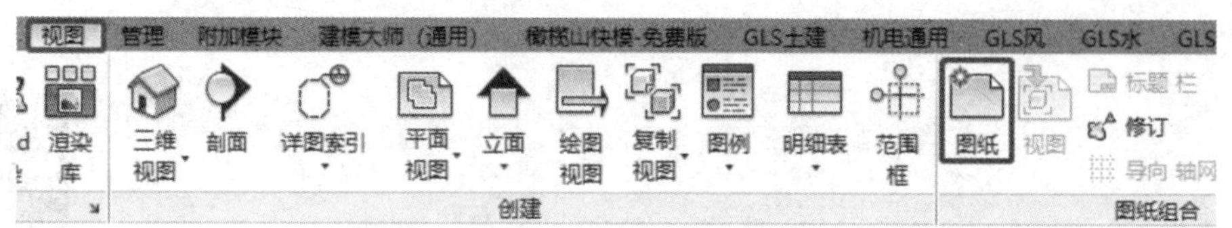

图 5-1　创建图纸

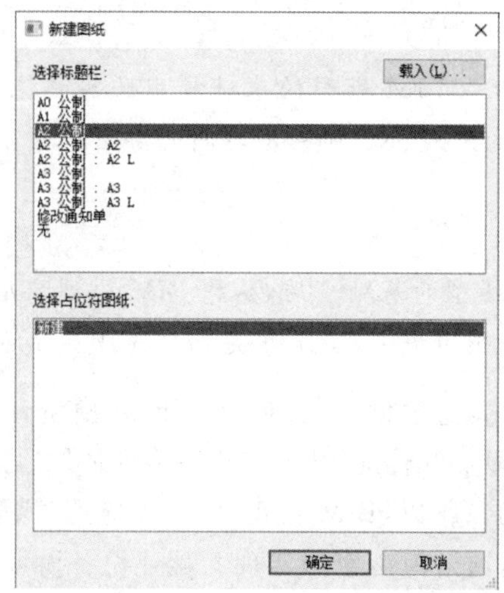

图 5-2　选择标题栏

(2)选择合适的标题栏或载入新建的标题栏族，进入图纸创建界面，根据本书第 3 章的案例项目情况选择“A2 公制”图纸标题栏，单击“确定”按钮，完成图纸的创建。如图 5-3 所示，在 Revit“项目浏览器”中的“图纸”列表当中已经添加了“J-01-未命名”图纸，从而可以在图纸当中添加各视图。

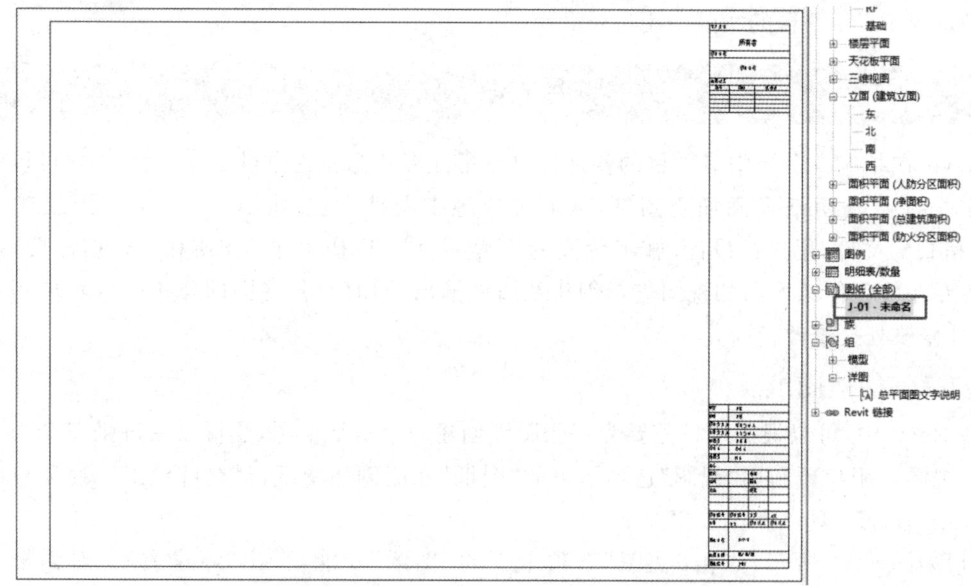

图 5-3　创建图纸

(3)在“项目浏览器”中选中添加完成的“J-01-未命名”图纸单击鼠标右键,在弹出的列表中选择“重命名”,在出现的对话框中输入图纸的“编号”和“名称”,如图5-4所示。

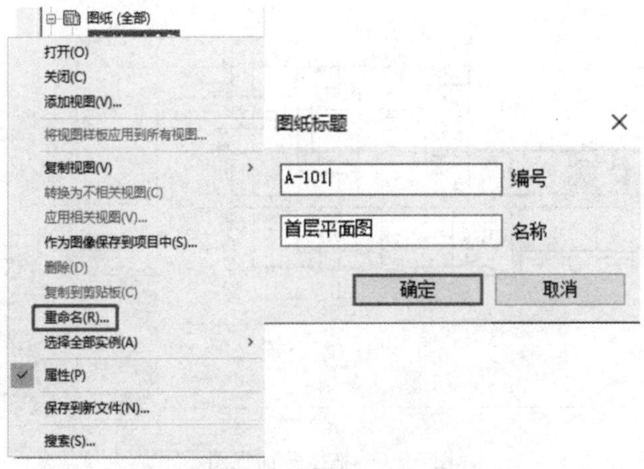

图5-4 图纸命名

5.1.2 放置视图

在Revit中,图纸的创建都是将图纸与相应的视图进行关联,如将模型对应的平面视图、立面视图、明细表等添加到图纸中,就完成了相应二维图纸的创建,如果把项目中的某个视图删除或修改,那么在Revit中的图纸信息同样会发生改变。在具体操作前首先在创建完成的图纸中添加一个或多个不同的视图,包括平面图、立面图、三维视图、剖面图等。

(1)在“项目浏览器”中单击“图纸”进行展开,在图纸“A-101-首层平面图”上单击鼠标右键,在弹出的对话列表中选择“添加视图”按钮,选择“楼屋平面:1F”,将平面视图放置于图纸标题栏中,如图5-5所示。

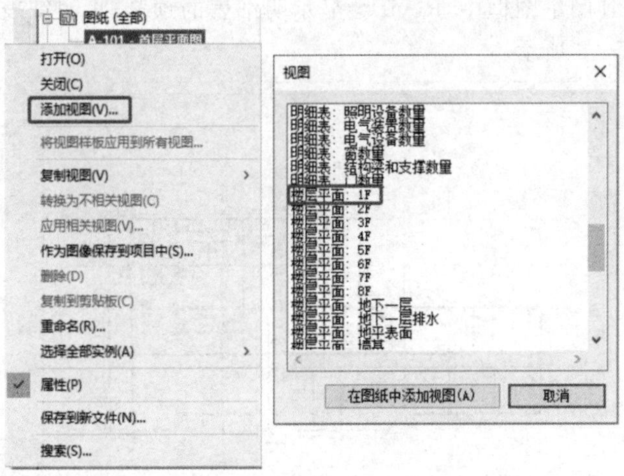

图5-5 添加视图

(2)如图5-6所示,在“项目浏览器”当中,通过展开楼层平面列表,找到“1F”,然后将其视图直接拖拽到图纸中,如果视图大于图框范围,则在添加的视图当中更改视图比例,以调整至合适的视觉效果。

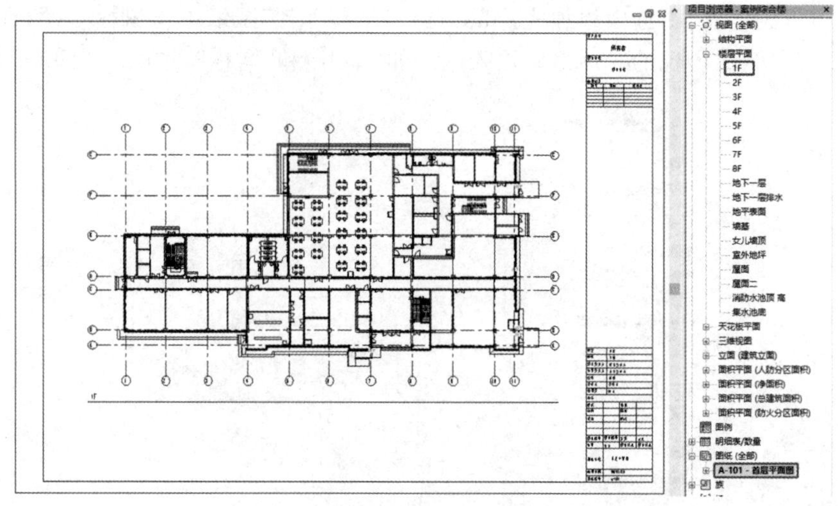

图 5－6　拖拽添加视图

如果在同一张图纸上放置了多个视图，则需要重复添加视图或拖拽视图，将所需要导出的平面、立面或剖面视图添加至当前图纸，同时调整各视图的位置及大小。选择图纸中的平面视图，在“属性”工具栏可以通过对“图纸上的标题”内容进行修改，重新命名图纸上对应视图，如图 5－7 所示。

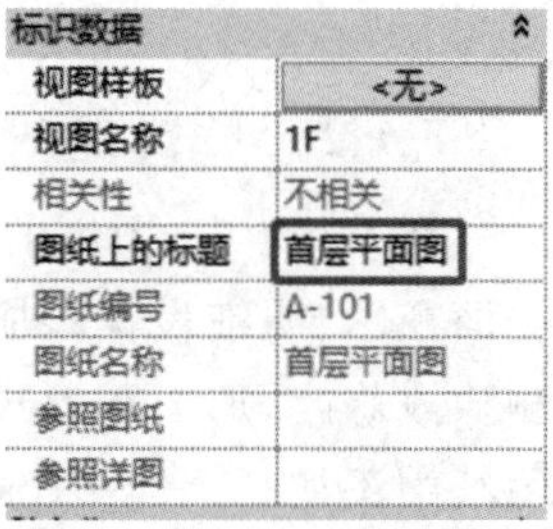

标识数据	
视图样板	<无>
视图名称	1F
相关性	不相关
图纸上的标题	首层平面图
图纸编号	A-101
图纸名称	首层平面图
参照图纸	
参照详图	

图 5－7　图纸标题命名

5.1.3　添加明细表

Revit 可以将明细表添加到图纸视图当中，Revit 建筑样板默认有多个明细表类型，可直接添加至图纸视图，同一明细表可以添加到多个图纸视图中。具体的操作步骤如下：在项目浏览器中“明细表/数量”下，选择“B_内墙明细表”，然后将其拖拽到图纸图框中，Revit 会显示明细表的预览；将明细表移动到所需的位置，点击鼠标确定，如图 5－8 所示。

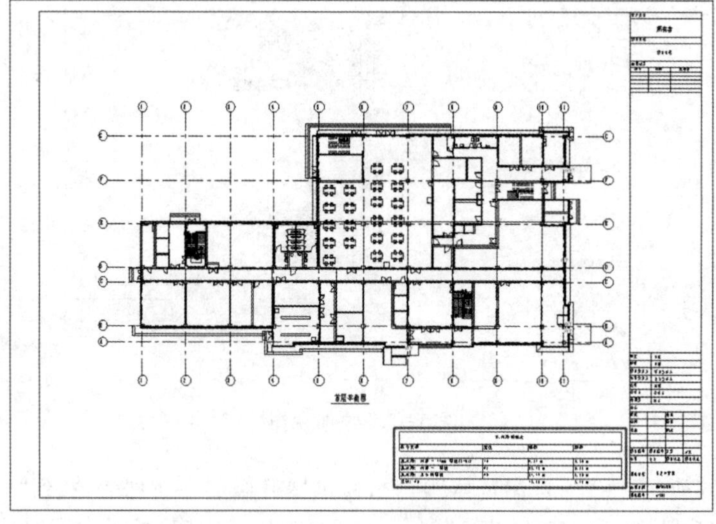

图 5－8　添加明细表

5.1.4 项目信息设置

在导出 CAD 图纸之前，需要对“管理”选项卡下的“项目信息”进行设置，通过统一信息的输入，导出的图纸中图框的项目信息内容会自动生成，无须再重复输入。

如图 5－9 所示，在“管理”选项卡下单击“项目信息”；在弹出“项目属性”对话框中，根据项目实际情况将项目状态、建设单位、项目地址、项目名称、项目编号等信息进行统一的输入，如图 5－10 所示。

图 5－9 “项目信息”选项

项目信息设置完成后，将创建完成的图纸进行其他信息的更改、添加，如进入图纸视图后在“项目属性”工具栏对审定、审核、专业负责、设计者、绘图员等信息进行修改，如图 5－11 所示。

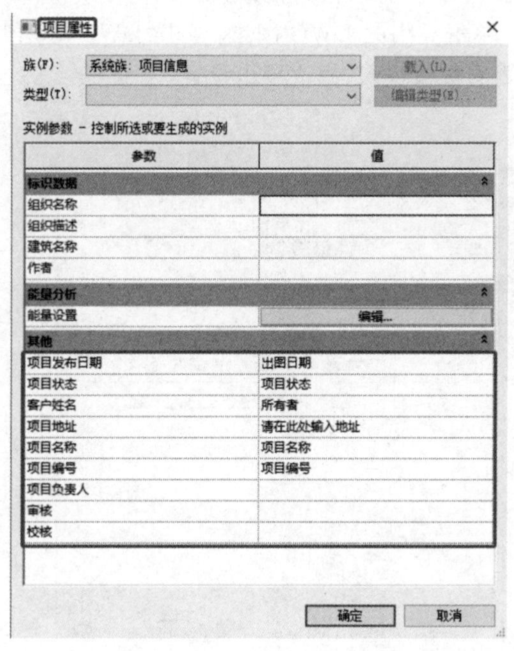

图 5－10 “项目属性”设置

标识数据	
图纸名称	首层平面图
图纸编号	A-101
日期/时间标记	08/01/20
图纸发布日期	08/01/20
绘图员	作者
审图员	审图员
设计者	设计者
审核者	审核者
图纸宽度	657.1
图纸高度	420.0
其他	
方案	方案
项目负责人	项目负责人
专业负责人	专业负责人
专业	专业
校核	校核
审定	审定
审核	审核

图 5－11 图框的属性参数

5.1.5 导出图纸

在 Revit 中，可以将创建完成的图纸导出为 DWG 格式的图形文件，同时也可作为项目参建方不同专业协同设计、指导现场施工的参考依据，具体操作如下。

1.导出命令

如图 5－12 所示，在 Revit 中完成图纸创建后，单击应用程序菜单，选择“导出”中的“CAD 格式”，在弹出的列表中选择“DWG”选项，即可导出 DWG 格式的图纸文件。

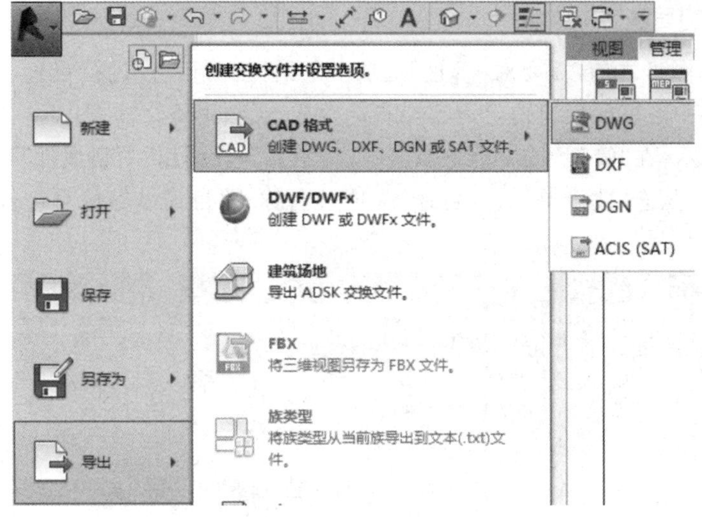

图 5－12　导出图纸命令

2.导出设置

在 Revit 中没有图层的概念，而 CAD 图纸中图元均有自己所属的图层，在导出 CAD 格式文件前可对 Revit 模型的图元图层进行设置。单击导出的 DWG 图纸，弹出“DWG 导出”对话框，如图 5－13 所示，点击“选择导出设置”右侧的按钮进入“修改导出设置”。

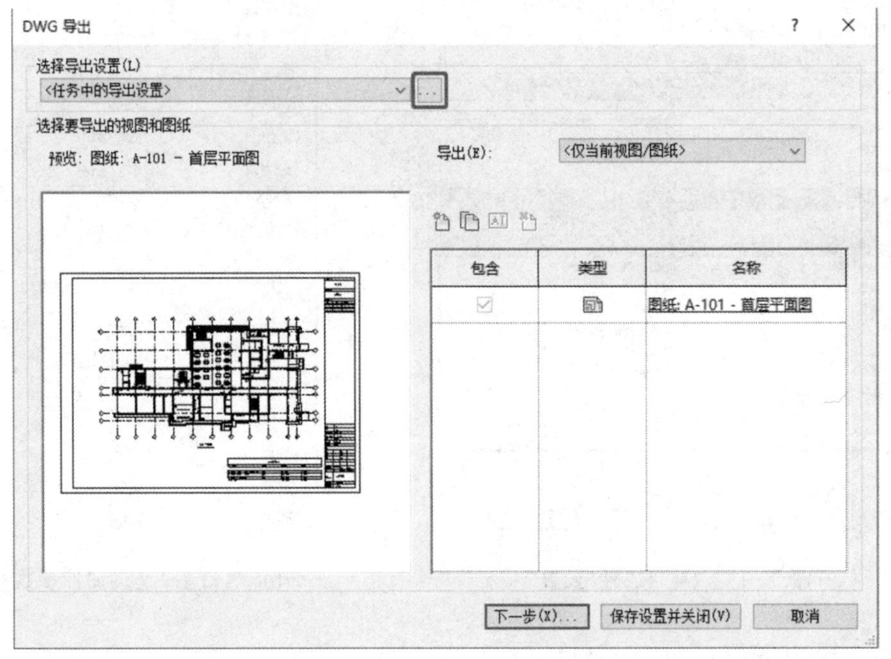

图 5－13　“DWG 导出”对话框

如图 5－14 所示，在“修改 DWG/DWF 导出设置”对话框中设置“新的导出设置”中的新建图层样式，单击“确定”完成新样式的创建，在右侧选项中依次对导出的层、线、填充图案、文字、字体、颜色、实体、单位和坐标进行设置，完成后单击“确定”按钮关闭此对话框，并在“DWG 导出”窗口中的“选择导出设置”下拉列表选择刚才新建的导出设置。

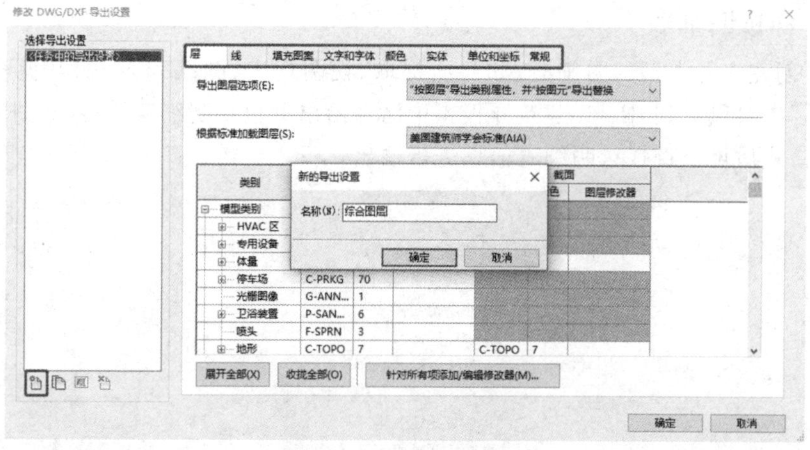

图 5－14　修改导出设置

如图 5－15 所示，将新建样式参数设置完成后，点击“下一步”导出 DWG 图纸。在弹出的对话框中对 DWG 文件的名称、文件版本类型进行更改设置，并取消勾选下方的“将图纸上的视图和链接作为外部参照导出”。

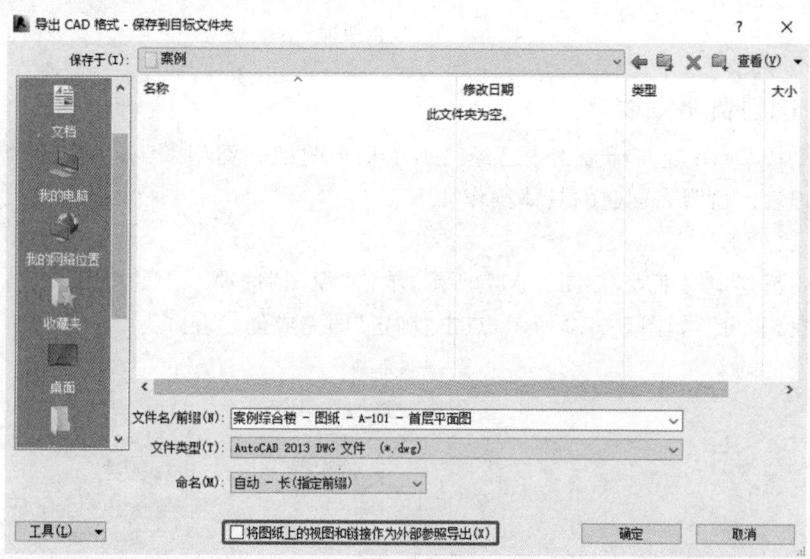

图 5－15　图纸导出保存

5.2　材料用量统计

在 Revit 中，明细表以“.txt”格式进行导出，明细表中的信息是从模型的图元属性中提取的。明细表可以列出要编制明细表图元类型的每个实例，也可以根据明细表的成组标准将同类型的多个实例合并为一行。

因明细表内的信息与模型图元实时自动更新，所以在设计、施工过程中的任何时候都可以创建明细表。也可以将明细表添加到图纸中，将导出的“.txt”格式文件更改为 Execl 文件格式，这样会更有助于工程项目通过模型图元分析材料的用量信息。

5.2.1 样板明细表

Revit 可创建多种类型的明细表，如材质提取、视图列表、图纸列表、配电盘明细表等，从“项目浏览器”中可以看到，Revit 建筑样板当中已经给出了很多明细表类型，如图 5－16 所示，检查明细表格式后可以直接对明细表信息进行输出。

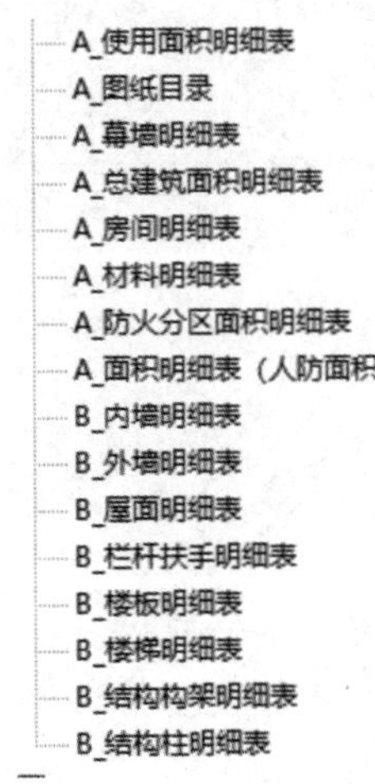

图 5－16　样板明细表

5.2.2 创建窗明细表

在 Revit 中，Revit 建筑样板当中已经给出了很多明细表类型，若有不满足的明细表类型需要新建明细表。窗明表创建的具体操作如下。

1.创建明细表

假如需要新建窗明细表，如图 5－17 所示，单击“视图”选项卡中的“明细表”，在弹出的对话框类别中找到“窗”，如图 5－18 所示，点击“确定”即完成创建。

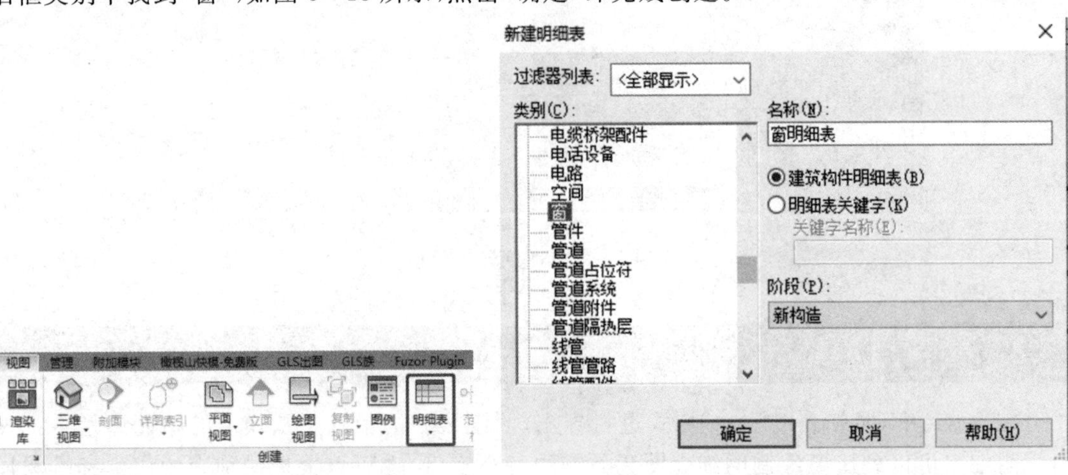

图 5－17　“明细表”选项　　　　图 5－18　新建建窗明细表

2.明细表设置

选择需要的窗参数信息字段，如图 5－19 所示，点击“添加”将字段添加到右侧，按照需要设置字段顺序。

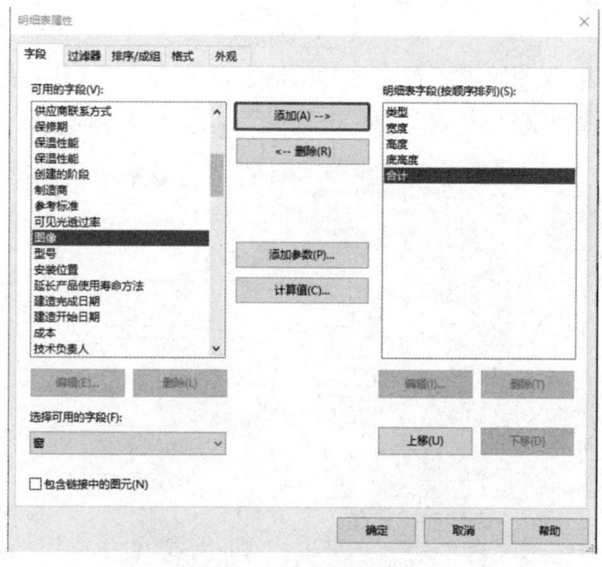

图 5－19　添加字段

如图 5－20 所示，单击“排序/成组”，在“排序方式”下拉菜单中选择“类型”，勾选下方“总计”按钮，并取消勾选“逐项列举每个实例”；单击“格式”按钮，选择“合计”，勾选右侧的“计算总数”，如图 5－21 所示。

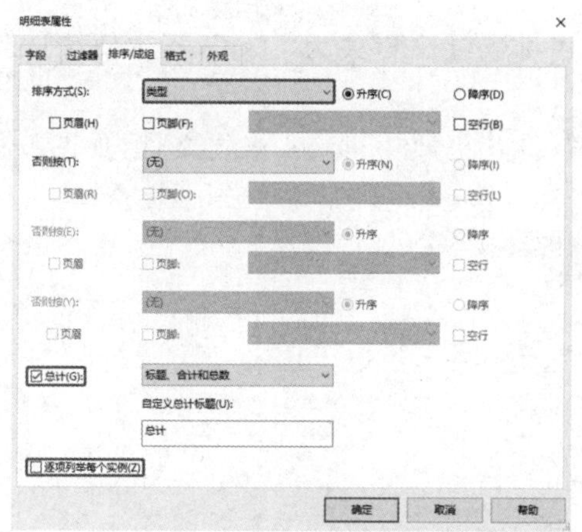

图 5－20　排序/成组设置

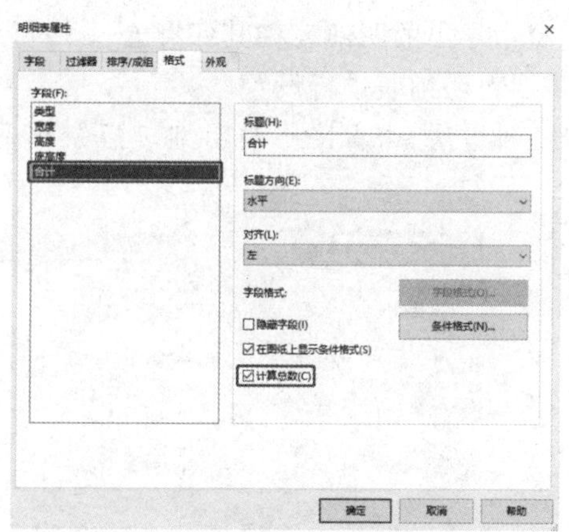

图 5－21　合计设置

单击“确定”之后生成创建的窗明细表，如图 5－22 所示。

<窗明细表 4>				
A	B	C	D	E
类型	宽度	高度	底高度	合计
FHC1515	1500	1500	800	1
LTC1518	1500	1800	900	32
LTC1815	1800	1500	900	4
LTC2109	2100	900	800	11
LTC2112	2100	1200	800	8
LTC2118	2100	1800	900	26
总计: 82				82

图 5－22　创建的窗明细表

5.2.3 导出明细表

导出创建的明细表，操作时需要首先打开明细表，点击 Revit 程序，在下拉列表中找到“导出”选项，并在“导出”选项内找到“报告”→“明细表”，如图 5-23 所示。

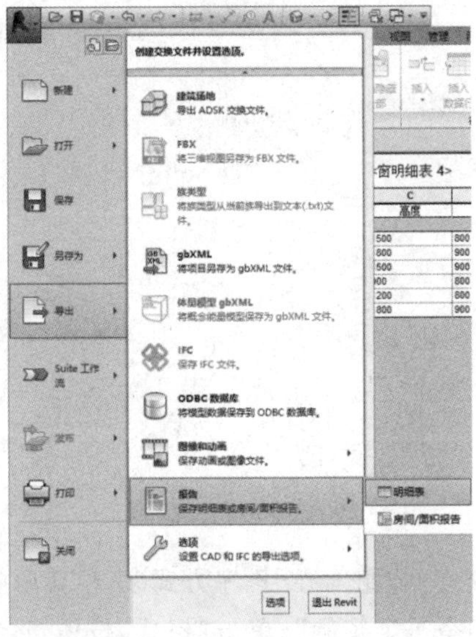

图 5-23　导出明细表操作路径

点击导出的明细表将其保存至文件目录，因明细表导出格式为“.txt”，不方便统计和整理，需要对明细表进行设置。

一种方法，可直接修改明细表后缀名为“xls”，将其更改为 Execl 格式文件，如图 5-24 所示。

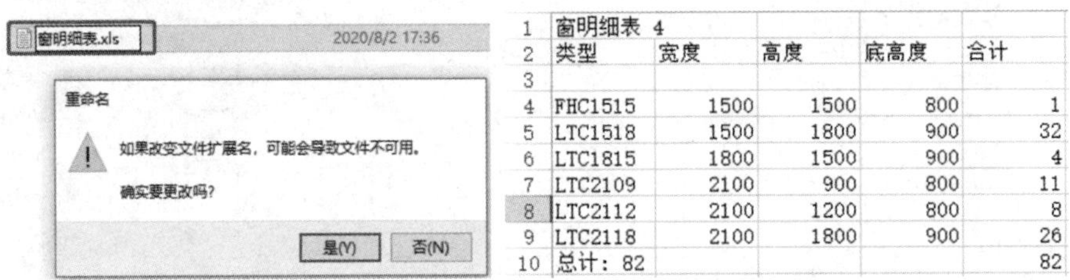

1	窗明细表 4				
2	类型	宽度	高度	底高度	合计
3					
4	FHC1515	1500	1500	800	1
5	LTC1518	1500	1800	900	32
6	LTC1815	1800	1500	900	4
7	LTC2109	2100	900	800	11
8	LTC2112	2100	1200	800	8
9	LTC2118	2100	1800	900	26
10	总计：82				82

图 5-24　修改明细表后缀

另一种方法，在电脑中新建 Execl 表格并打开，将文本格式明细表中的全部内容复制、粘贴到 Execl 表格中，如图 5-25 所示。

```
"类型"  "宽度"  "高度"  "底高度"  "合计"
""  ""  ""  ""  ""
"FHC1515"  "1500"  "1500"  "800"  "1"
"LTC1518"  "1500"  "1800"  "900"  "32"
"LTC1815"  "1800"  "1500"  "900"  "4"
"LTC2109"  "2100"  "900"  "800"  "11"
"LTC2112"  "2100"  "1200"  "800"  "8"
"LTC2118"  "2100"  "1800"  "900"  "26"
"总计: 82"  ""  ""  ""  "82"
```

	A	B	C	D	E
1	窗明细表 4				
2	类型	宽度	高度	底高度	合计
3					
4	FHC1515	1500	1500	800	1
5	LTC1518	1500	1800	900	32
6	LTC1815	1800	1500	900	4
7	LTC2109	2100	900	800	11
8	LTC2112	2100	1200	800	8
9	LTC2118	2100	1800	900	26
10	总计：82				82

图 5-25　复制、粘贴明细表

5.3 建筑表现

在 Revit 中，可以根据不同的效果和内容渲染三维模型。可以通过视图展现出更为真实的材质和纹理，还可以创建模型效果图和漫游动画，更直观地进行可视化展示。因此，在 Revit 软件中即可完成从基础建模到可视化展示的所有工作。

本节将重点讲解在 BIM 应用阶段如何添加和赋予材质、创建室内外相机视图、场景设置及渲染，以及项目漫游的创建及编辑方法。

5.3.1 材质设置

在渲染之前，需要先为 BIM 模型中的构件设置材质，材质用于定义 BIM 模型中图元的外观。打开 Revit 建筑样板材质库，可以看到 Revit 提供了许多可以直接使用的材质，在建模过程中可直接进行材质的选择设置，也可以根据实际项目的需要自己创建材质。

打开"管理选项卡"→"设置"→"材质"命令，如图 5-26 所示，弹出"材质浏览器"对话框，在弹出的对话框中，以"场地-碎石"为例，单击"场地-碎石"后，在"材质浏览器"右侧"图形""外观"两个按钮中可以看到该名称材质的截面图案和材质纹理，如图 5-27 所示。

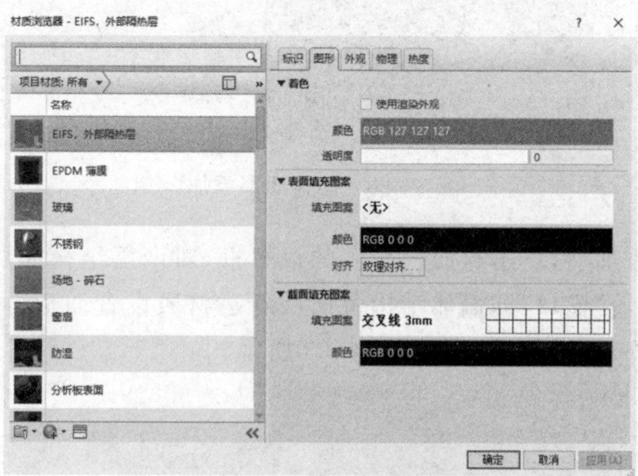

图 5-26　材质浏览器

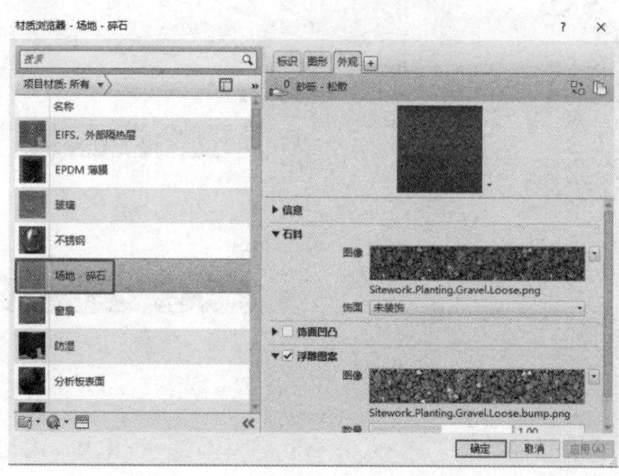

图 5-27　"场地-碎石"的外观情况

在建模过程中,不但可以创建建筑模型也可以同步设置材质属性,还可以同时为墙体等构件添加材质,从而生成更加具体的模型。

此处以建筑模型为例,在打开的建筑 BIM 模型中,单击选中需要添加材质的墙体构件,在左侧属性栏中,点击“编辑类型”。系统弹出“编辑部件”设置窗口,在窗口中可以增加墙体的面层,点击下方的“插入”即可增加墙体面层,两个面层就可以表现出墙面内外的不同材质。在“编辑部件”窗口中,找到“插入”按钮,添加墙体的两个面层,如图 5-28 所示。

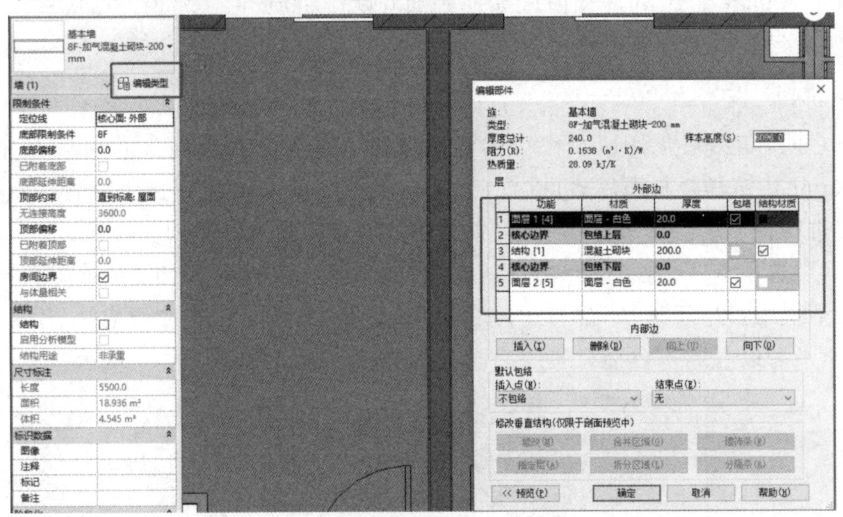

图 5-28　墙体面层添加

完成墙体面层的添加后,点击材质栏对应的设置框,对两层结构面层进行材质设置,系统会自动弹出“材质浏览器”窗口,即墙体结构及面层新建材质设置面板,可依次对“表面填充图案”“截面填充图案”“外观”进行设置,如图 5-29 所示。

图 5-29　墙体材质设置

在材质浏览窗口，根据需要选择合适的材质即可，在左侧选择材质后，右侧可以根据材质类型进行细致的修改，完成后点击“确定”。由于墙体拥有两种材质，完成材质设置后，还需要在后面设置对应结构层、面层的厚度，全部结构层厚度相加即为墙体厚度。完成墙体结构材质的设置后，点击“确定”回到绘图区，在平面图可以看到墙线变成了三层，表示墙体的构造材质，在三维视图着色、真实模式中就可以看到材质的具体样式效果。

5.3.2 透视图的创建

在 Revit 中，透视图能够直观地查看模型的实际效果，更能够检查模型的完整性。打开 Revit 平面视图，如图 5－30 所示，单击“视图”选项卡中 “创建”面板的 “三维视图”，在下拉列表中选择 “相机”进行透视图创建。

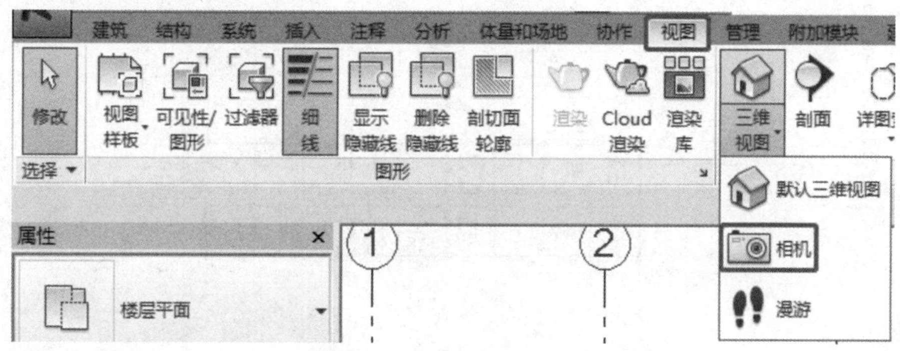

图 5－30 创建透视图命令

在绘制透视图范围前，确保选项栏上“透视图”前面已勾选，在绘图区域中单击鼠标左键以放置相机，根据实际需要手动拖拽透视范围，点击“确定”后直接进入创建完成的透视图，如图 5－31所示。

图 5－31 创建完成的透视图

5.3.3 动画漫游

在 Revit 中，可直接创建漫游动画，动态查看及展示项目设计，直观了解项目情况。利用本书第 3 章现有的案例综合楼建筑模型，如图 5－32 所示，选择“视图-三维视图”选项，在下拉列表中点击“漫游”。

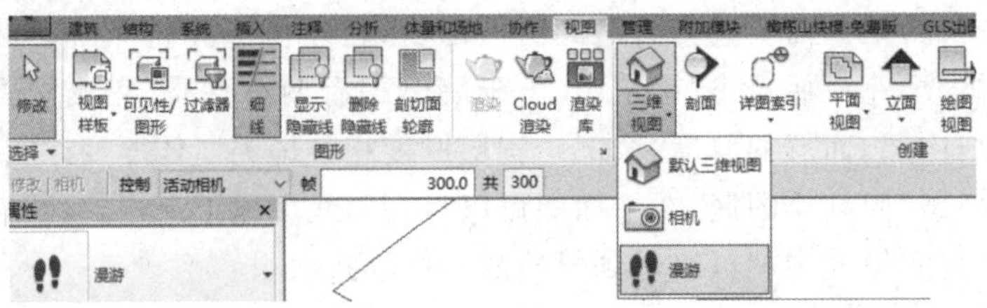

图 5-32　漫游设置

进入“漫游”命令状态后，依次点击鼠标绘制漫游路径，最后点击“完成漫游”即完成漫游路径的绘制，如图 5-33 所示。

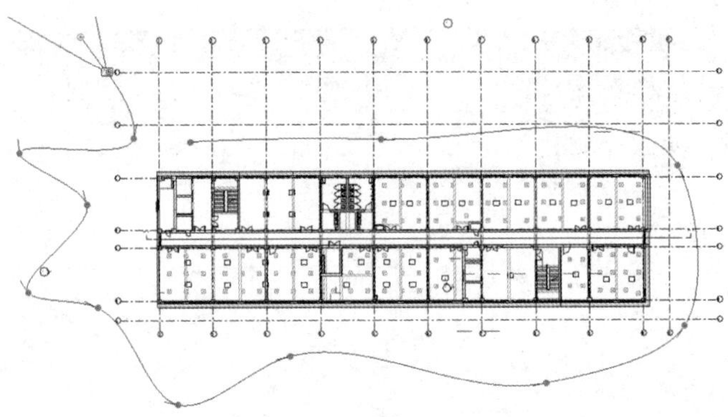

图 5-33　绘制漫游路径

选中漫游路径，点击“编辑漫游”，见图 5-34。进入命令状态后，可以对漫游的相机方向、视野范围进行编辑设置，图 5-35 中的相机方向的圆点为可编辑的控制点，也就是可以修改相机在这些位置的拍摄方向，鼠标左键按住这个圆点上的加号进行拖动，可以调节相机的方向，拖动过程中还可以预览相机的方向。

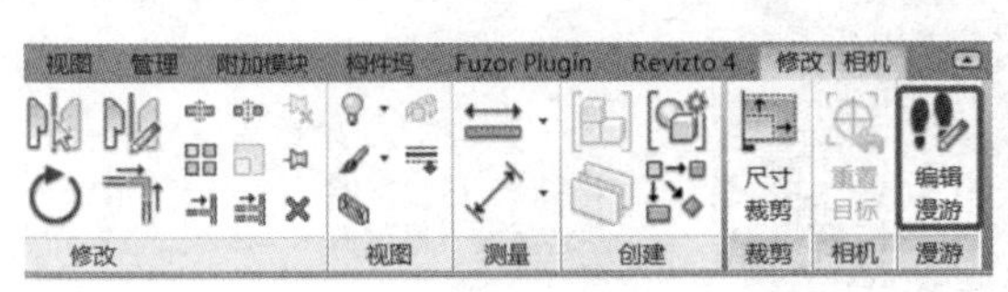

图 5-34　编辑漫游

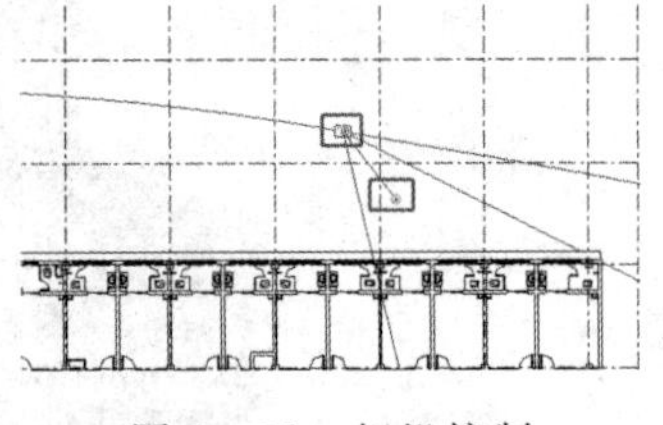

图 5-35　相机控制

按住鼠标左键拖动，可以修改相机的位置。调整完漫游的相机方向后，如图 5-36 所示，点击“打开漫游”，调整视图点的四个位置，可以调整视图的大小，点击“播放”，可以查看漫游效果，如图 5-37 所示，将视图显示模式调为真实，就可以看到真实环境下的漫游。

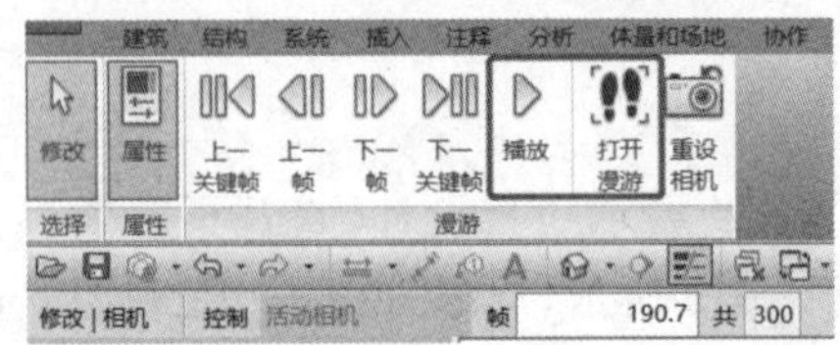

图 5-36　打开漫游相机

图 5-37　模型漫游效果

创建完成的漫游视频可以直接导出视频文件，这样便于项目各方直接查看，如图 5－38 所示，打开创建完成的漫游，点击“导出”→“图像和动画”→“漫游”，启动导出漫游命令。

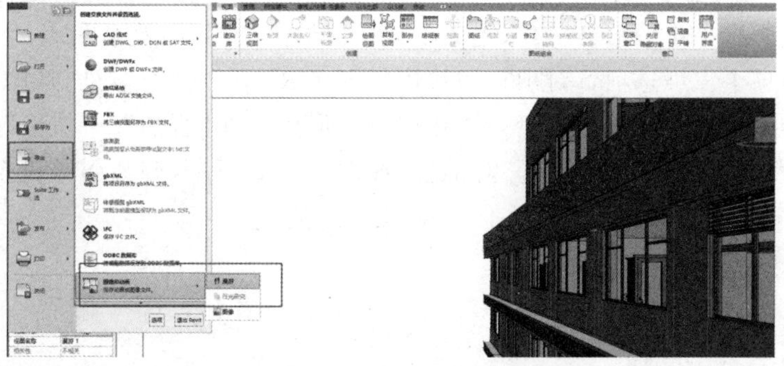

图 5－38　启动导出漫游命令

如图 5－39 所示，弹出“长度/格式”对话框，将“输出长度”“格式”“视觉样式”等设置完成后点击“确定”。

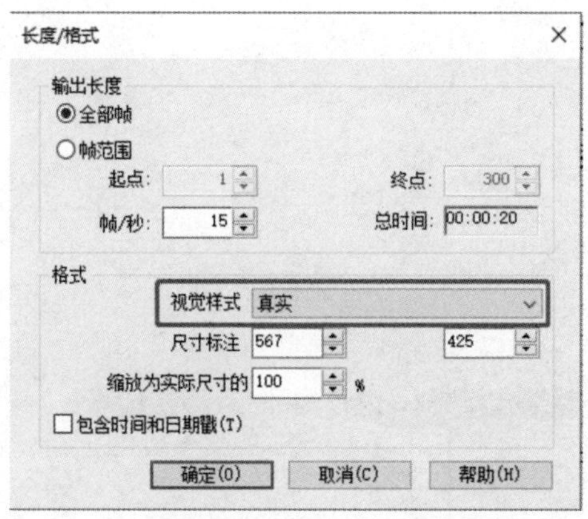

图 5－39　长度/格式设置

漫游视频仅可以导出 AVI 格式的视频文件，点击“保存”就可以导出为独立的视频文件，保存至电脑当中，见图 5－40。

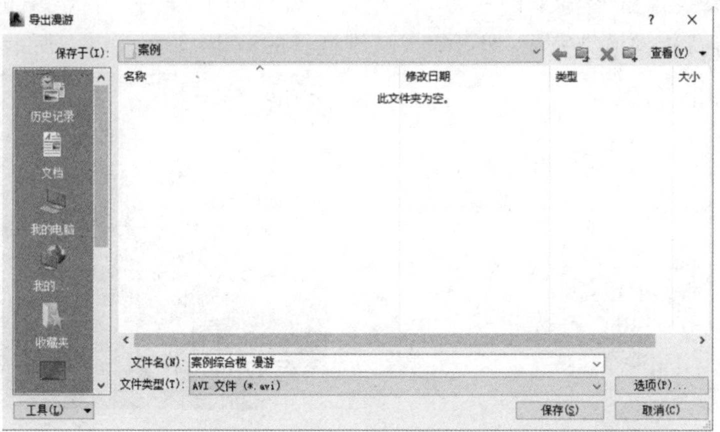

图 5－40　导出漫游文件

5.3.4 渲染图

在Revit中，利用精细、真实模式可以直观地看到项目的实际纹理，通过渲染功能可实现对不同角度的视图进一步的渲染美化，生成项目所需的渲染图（即效果图）。

在“视图”选项卡渲染选项下对项目的整体三维在Revit中进行渲染，具体操作流程如下。

(1)在Revit中打开整体三维模型，如图5-41所示，点击“视图”→“渲染”按钮。

(2)点击“渲染”，弹出“渲染设置”对话框，如图5-42所示，调整引擎设置选项为光线追踪，质量设置为“高”，日光设置为“＜在任务中，静止＞”。

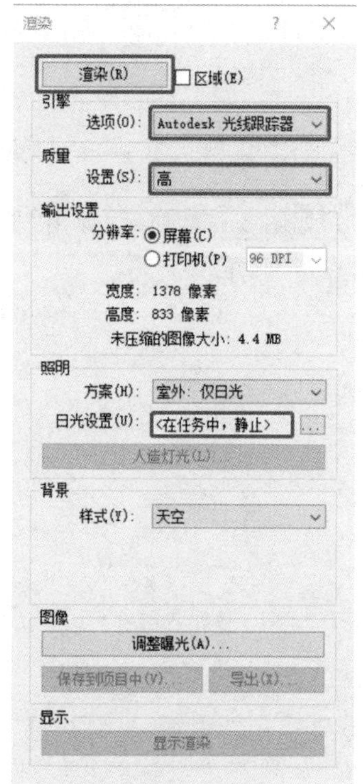

图5-41 “渲染”选项

图5-42 渲染设置

(3)根据渲染要求选择渲染的质量，设置完成后点击渲染，弹出“渲染进度”对话框，如图5-43所示；等待软件渲染完成，即可完成三维视图的渲染，如图5-44所示。

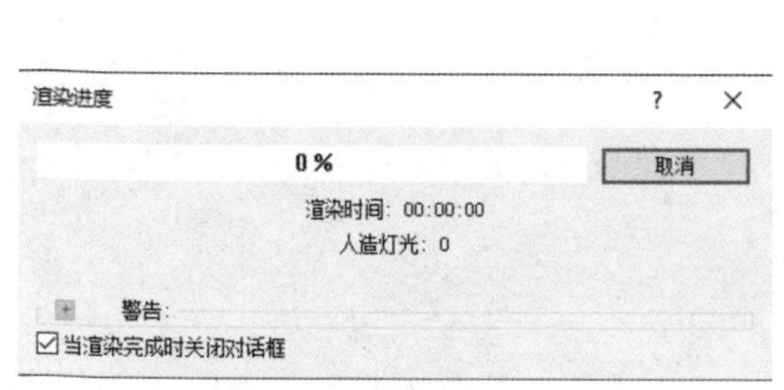

图5-43 “渲染进度”对话框

图5-44 完成的渲染图

5.4 协同

5.4.1 协同模式

一个项目的 BIM 模型包含了不同专业、不同阶段的大量信息，这很难由一个人独立完成。BIM 的核心是协同，可以通过协同实现高效、快捷的工作。从建模到应用全过程处处需要协同，协同不仅体现在专业内部及不同专业之间，也体现在不同阶段、不同参建方的全面协同。基于 Revit 平台的协同有模型链接和工作集两种方式。

工作集的协同是多个设计人员同时编辑一个模型的方式，链接模型的协同原则是各个设计人员独立编辑模型，通过“链接”命令看到其他设计人员的模型，但不能对其他人员的模型进行编辑，类似于 CAD 的“外部参照”功能。基于工作集的方法是一种较能体现 BIM 优势的协同方法。但当工程项目较大时，使用基于工作集的协同方法会由于受计算机硬件条件的限制而影响工作效率，给工程师带来一定的不便。基于链接的协同方法在管理上相对灵活，受计算机硬件条件的限制较小。因而，如何结合目前常用的计算机硬件条件，选择合适的协同方法，是 BIM 实践中需要解决的问题。

5.4.2 模型链接协同

在 Revit 中，用户可以在一个项目中链接许多外部模型，使用户在处理大型项目时能很方便地管理各个部分，或者提高使用性能及效率。在实际应用过程中，链接模型有着不同的使用形式。在一个项目中，需要有多栋建筑物，建模者可以将每一栋建筑物分给不同的建模人员分别建模，然后利用链接模型的方式将每个建筑物链接到一个项目中。在不同规程（如建筑模型与结构模型）之间的协调过程中，需要进行多专业协同设计，建筑、结构专业设计人员也可以各自完成自己的工作，然后利用链接模型的方式将建筑专业模型与结构专业模型链接整合在一起。

项目组各成员利用 Revit 分别建立分单体、分专业的 BIM 模型，通过模型间相互链接的方式，使各专业间的 BIM 模型和数据得到可视化共享，但不能对其他人的文件进行编辑。以土建专业协同为例，首先需要确定同一坐标原点即项目基点，然后根据专业划分，将项目分为多个模型文件，分别为建筑装修模型、建筑结构模型，最终将完整的建筑装修模型与建筑结构模型进行链接合并。当然同一个专业内也可进行协同，可以通过将项目模型分楼层创建，在统一的一个模型文件上完成链接组装，这种模式占用的硬件资源更低，性能更稳定，链接的模型更细化，组合的方式更加灵活。然而，专业协同对模型的拆分合理性、统一的建模规范及建模人员的水平要求较高，否则会造成模型文件散乱，信息沟通不流畅，影响整体项目的设计效率，适合整体硬件资源不高或者对协同需求不大的项目。

1.项目基点

项目基点在 Revit 整合模型过程中有着非常重要的作用，它是各专业模型整合的参照点。一般情况下，在建立各专业模型时，默认将 A 轴与 1 轴的交点放置于项目基点位置。为了方便整合模型，各专业模型创建需要基于同一个项目基点位置，项目基点坐标位置默认为“0,0,0”。

Revit 软件默认“项目基点”为隐藏状态，可通过“视图” 选项卡下的“可见性图形”或快捷键“VV”打开，点击“场地”中的“项目基点”使其为显示状态，见图 5－45。

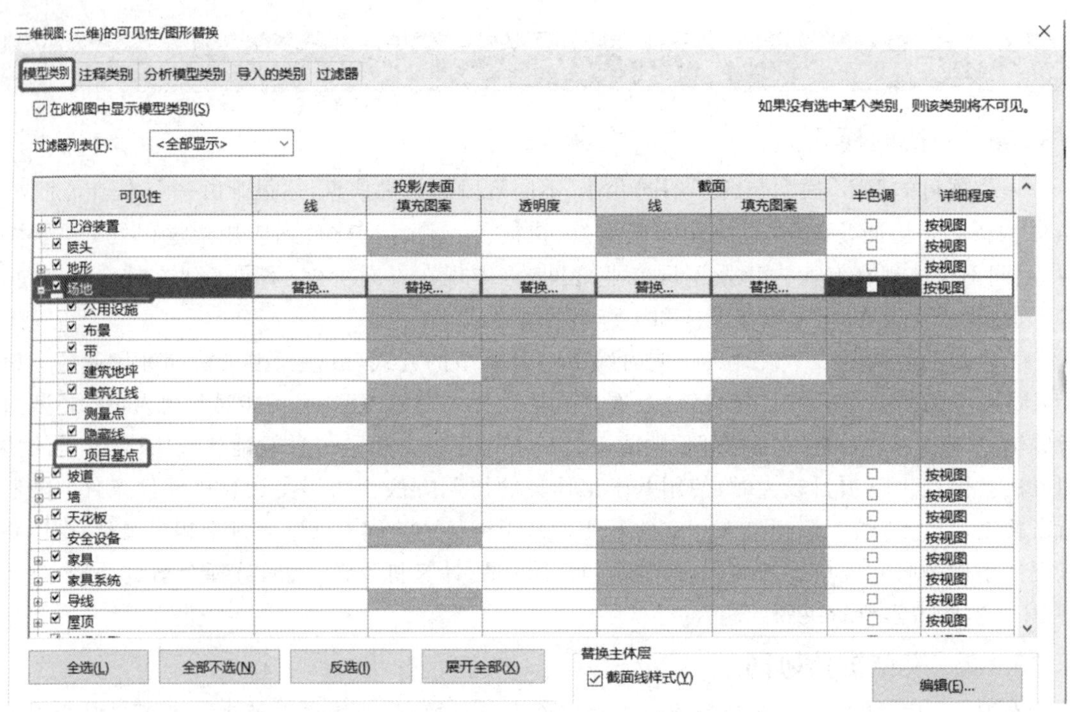

图 5 - 45　设置“项目基点”

2.模型链接

模型链接的基本操作流程如下：

(1)选定链接的基础文件，各参与方都在这一基础文件上建模，确保各成员基于同一个坐标系、楼层、轴网工作，方便后期链接时定位。

(2)点击“插入”命令面板链接面板中的“链接 Revit” 命令(见图 5 - 46)，在弹出的对话框中选择要链接到主体文件的链接文件，链接进来的模型定位方式应选择“自动-原点到原点”。

(3)链接文件载入主体文件中，链接文件的项目基点与主体文件的基点相对齐。

(4)若出现原点不对位的情况，使用“移动”命令移动链接文件，将其移动到正确的位置，并采用“管理”命令面板的“发布坐标”功能记录该位置，链接位置会作为位置信息返回到链接文件中。在 Revit 中发布坐标的操作较为烦琐，并且容易出错，因此建议在各专业建模前先确定好协同方式，若确定采用基于链接的协同方式，应根据操作步骤(1)，事先确定链接的基础文件，从而保证项目中所有模型都基于相同的基点建模。

图 5 - 46　模型链接界面

(5)绑定链接。选择链接进来的模型，并点击“修改”，选择“RVT 链接”，绑定链接，完成链接模型的绑定。绑定之后，外部链接的 Revit 项目文件将以“组”的形式内置到当前的项目文件中。

3.链接注意事项

在各专业模型链接的过程中以及完成后有以下几点注意事项：

(1)版本问题。Revit 软件低版本不能打开高版本模型，所以在链接模型前需要确认链接的 Revit 模型版本是否低于已打开的模型版本或与打开的 Revit 模型版本是否一致。

(2)项目基点问题。在模型链接过程中，应确认各专业模型的项目基点坐标相同。第一次载入时必须使用“自动-原点到原点”，而不能采用自动中心到中心。因为中心到中心方法中的“中心”位置其实是整个模型的三维中心。使用中心到中心方法载入的模型，其三维中心与主体模型的三维中心应相对齐，因而通常情况下载入的模型在竖直方向上会有偏差。采用原点到原点的方式，能保证模型图元保持原来的标高。

(3)链接到的项目模型可通过视图显示功能控制模型的可见性并进行构件碰撞检查。一般情况下链接进来的模型不能进行编辑，必要时也可通过绑定链接并解组的方式进行编辑。然而，该过程是不可逆的，所以建议对原模型修改后重新链接。

(4)各专业模型建议都在 Revit 建筑模型的基础上进行建模，以保证各专业链接在一起时位置的准确性。

(5)单体模型有拆分的，建议先建立一个附带轴网的定位文件，各个拆分部分都在这个定位文件的基础上进行建模，以保证各个部分链接时位置相吻合，减少链接模型时的协调成本。

4.链接协同的适用性

链接协同的方式因其无须建立中心文件、不受局域网的影响、管理相对灵活而被广泛应用。所以对项目体量过大，实际工作受计算机硬件限制时，适合采用链接协同。

5.4.2 工作集协同

工作集协同是先建立一个中心文件，利用工作集的形式对中心文件进行划分，工作组成员在个人的工作集中进行建模设计工作，模型文件内容可以及时在本地文件与中心文件间进行同步，成员间可以相互借用属于对方的模型信息进行协同建模或设计，这样才能够实现信息和三维数据的实时沟通。工作集就像 CAD 中的图层，它们的区别在于工作集不仅仅是图层的含义，因为 Revit 当中包含了协同工作的桥梁，它是不同人工作的区分标准，在以后的模型拼装中起着隔离与区分的作用。

1.工作集协同操作流程

(1)在局域网内选定工程项目的服务器，设定可进行读写操作的服务器路径。

(2)将项目的初始文件复制到服务器，并以“项目名称＋中心文件”的形式命名。

(3)在 Revit 界面中，点击“协作”选项卡中的“工作集”，会弹出如图 5-47 所示对话框，点击“确定”。此时软件创建了 2 个基础工作集，即“共享标高和轴网”和“工作集 1”，如图 5-48 所示。关闭“工作集”对话框，点击“保存”，此时软件弹出询问是否将文件另存为中心模型，点击“是”，将该模型直接保存为中心模型，点击“工作集”重新打开“工作集”对话框，将“共享标高和轴网”和“工作集 1”的“可编辑”属性改为“否”并保存。

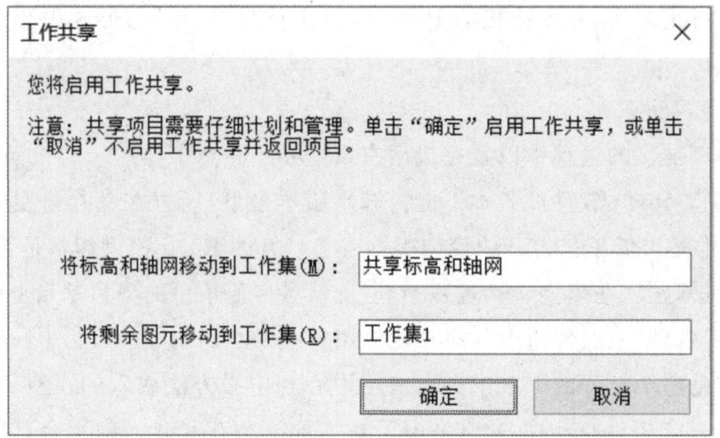

图 5-47　“工作共享”选择界面

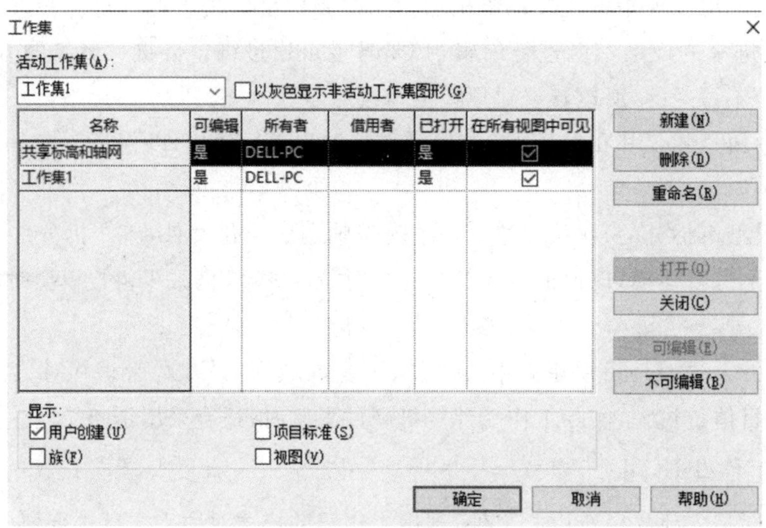

图 5-48　工作集创建

(4)参与项目的工程师在应用程序的“选项”→“常规”中设定好各自的用户名(见图 5-49)。

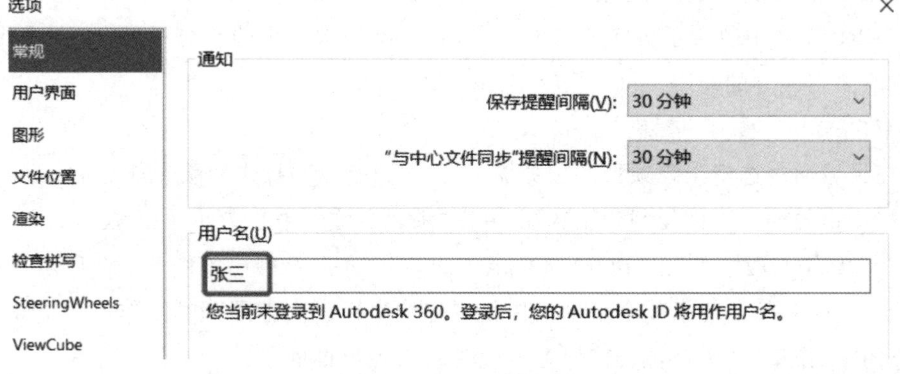

图 5-49　用户名设定

(5)创建本地文件。建议将中心文件拷贝至本地文件夹,不要通过"另存为"的方式,建议以"项目名称+用户名+日期"命名。

(6)参与的各专业项目工程师分别建立自己的工作集。首先进入"工作集"对话框,然后点击"新建"创建工作集,并以工程师自己的名字命名,再点击"同步"选项卡上的"与中心文件同步",将自己的文件同步到中心文件。

(7)同步完成后再次进入"工作集"对话框,将所有用户的"可编辑"属性都改成"否"。

(8)项目参与人各自在自己的本地文件中编辑模型。由于所有工作集的"可编辑"属性都是"否",项目参与人可自由编辑,同步后文件为被编辑过的构件,若要编辑的某构件已被其他参与人编辑过,则需要等其他人将文件同步到中心文件后再编辑。

2.工作集协同注意事项

(1)确认 Revit 软件的版本问题,即确认在共享工作集的所有计算机上使用同一版本的 Revit。

(2)工作集协同的工作模式是建立中心文件,中心文件将存储项目中所有工作集和图元的当前所有信息,并充当该模型所有修改的分发点。所有用户都应保存各自的中心模型的本地副本,并在本地工作空间进行编辑,然后与中心模型进行同步,将其所作的修改发布到中心模型中,以便其他用户可以看到修改后的工作成果。

(3)如果要关闭某些"工作集",要选择功能区的"协作"→"工作集"命令关闭其图元的可见性,而不要在"可视性/图形"对话框中关闭。

(4)创建新的工作集时,为了提高性能,在"新建工作集"对话框中有一个"在所有视图中可见"的复选框,仅当必要时才选择该复选框。

(5)创建一个中心模型的本地副本,可减少对中心文件服务器的负担。这样所有工作都在本地进行,在其他项目成员需要创建的最新模型时才与中心文件同步。

(6)中心文件不可重命名或改变路径,否则所有本地文件都要重新链接至新的中心文件。文件损坏时,可将本地文件拷贝至原中心文件的路径,代替原有中心文件。

(7)在与中心文件同步时,可勾选"压缩中心模型"选项,以减少文件占用空间。在压缩过程中将重写整个文件并删除旧的部分以节约空间。因为压缩过程比常规的保存更耗时,所以建议只在可以中断工作时执行此操作。

(8)定期打开中心文件,打开时选中"核查"选项,然后保存文件,这样可有效避免中心文件数据错误。

(9)如果需要把中心文件提供给外部其他成员独立使用,不要直接提供中心文件,而是应该将其从中心文件分离,把分离出来的模型文件提供给外部其他成员独立使用。其做法是在打开中心文件时,勾选"从中心分离"选项。

3.工作集协同适用性

工作集是基于同一个中心文件进行协同,本地模型可以随时同步到中心文件,方便其他人查阅和调用,通过共享,本地和云端都保留了项目文件,增强了项目文件的安全性。但是当项目体量较大时,中心文件也会非常大,这对电脑的软硬件及网络都要求比较高。所以现阶段来说,工作集适用于项目体量不大(按经验一般在 20000 平方米以内,总图数量不超过 100 张),设计人员不超过 5 个,且同一个专业内仅有一个设计人员的情况。当然随着软硬件技术的不断发展,工作集协同模式的优势也会越来越明显。

参考文献

[1] 中华人民共和国住房和城乡建设部.建筑信息模型应用统一标准:GB/T 51212—2016[S].北京:中国建筑工业出版社,2016.

[2] 中华人民共和国住房和城乡建设部.住房城乡建设部关于印发推进建筑信息模型应用指导意见的通知[EB/OL].(2015-06-16)[2020-12-26].http://www.mohurd.gov.cn/wjfb/201507/t20150701_222741.html.

[3] 何关培.BIM 总论[M].北京:中国建筑工业出版社,2011.

[4] 李建成,王广斌.BIM 应用·导论[M].上海:同济大学出版社,2015.

[5] 刘济瑀.勇敢走向 BIM2.0[M].北京:中国建筑工业出版社,2015.

[6] 彭靖.BIM 技术在建筑施工管理中的应用[M].长春:东北师范大学出版社,2017.

[7] 王茹.BIM 结构模型创建与设计[M].西安:西安交通大学出版社,2017.

[8] 焦柯,杨远丰.BIM 结构设计方法与应用[M].北京:中国建筑工业出版社,2016.

[9] 孙仲建,肖洋,李林,等.BIM 技术应用:Revit 建模基础[M].北京:清华大学出版社,2018.

[10] 于春艳.BIM 建模基础[M].北京:化学工业出版社,2017.

[11] 曾浩等.BIM 建模与应用教程[M].北京:北京大学出版社,2018.

[12] 陈长流,寇巍巍.Revit 建模基础与实战教程[M].北京:中国建筑工业出版社,2018.

[13] 朱溢镕,焦明明.BIM 概论及 Revit 精讲.[M].北京:化学工业出版社,2018.